稻谷及副产物加工和利用

林亲录 吴 跃 王青云 丁玉琴 李丽辉 编著

科 学 出 版 社

北 京

内 容 简 介

本书针对目前众多繁杂的稻谷及副产物制品，系统地介绍了其加工工艺和技术、品质评价、质量标准和控制，分析了国内外稻谷加工的现状及趋势，首次将稻谷加工制品分为原米制品、原米加工利用制品和稻谷副产物加工制品，并分别进行了详尽介绍。

本书具有较强的实用性，可供从事稻谷加工相关的科技人员阅读、参考，同时也可作为各高等院校相关专业研究生及本科生的学习参考用书。

图书在版编目（CIP）数据

稻谷及副产物加工和利用/林亲录等编著. —北京：科学出版社. 2015.6
ISBN　978-7-03-044287-1

Ⅰ. ①稻⋯　Ⅱ. ①林⋯　Ⅲ. ①稻谷–粮食加工　Ⅳ. ①TS212

中国版本图书馆 CIP 数据核字（2015）第 100734 号

责任编辑：贾　超　孙　曼/责任校对：赵桂芬
责任印制：肖　兴/封面设计：迷底书装

科 学 出 版 社 出版
北京东黄城根北街 16 号
邮政编码：100717
http://www.sciencep.com

三河市骏杰印刷有限公司印刷
科学出版社发行　各地新华书店经销
*
2015 年 6 月第 一 版　　开本：720 × 1000　B5
2015 年 6 月第一次印刷　　印张：13 1/4
字数：258 000
定价：88.00 元
（如有印装质量问题，我社负责调换）

前　　言

　　我国是世界上最大的稻谷生产国和消费国，但受经济、环境以及进口米价格优势的冲击，我国稻谷加工业"稻强米弱"、购销冷清、利润微薄等情况仍将继续存在。湖南"镉大米"事件爆发之后，稻谷产量居全国首位的湖南省，其大米市场份额严重萎缩。同时，我国稻谷加工产能利用率比其他主要粮食作物如小麦、玉米均低。相比其他国家的稻谷及副产物加工和利用，我国在此领域存在相当大的发展空间。未来该产业必将面临资源整合、结构调整、提升利用率等一系列重大变革问题。

　　为了适应未来稻谷产业的快速变革及相关专业教学工作的需要，编者组织多位科研与实践经验丰富的高校教师编写了本书。在编写过程中，力求对目前稻谷及副产物的加工利用进行有效梳理和归纳，从而希望在该领域形成一定的基础理论和知识脉络。在此基础上，日后将不断整合更新的研究和应用进展，从而形成我国稻谷及副产物加工利用的完整知识体系，以期为该领域的发展提供必要的理论指导。

　　由于稻谷及副产物加工利用制品种类繁多，进行系统归纳时在内容取舍、编排和写作等方面难免存在不妥之处，敬请专家、读者批评指正，编者将不胜感激。

编　者

2015 年 6 月于长沙

目　　录

第1章 国内外稻谷加工概述

稻谷是世界上一半以上人口的主食,仅在亚洲就有 20 亿人从稻谷中摄取其所需 60%～70%的热量。稻谷还是非洲增长最快的粮食来源,对低收入缺粮国的粮食安全至关重要。稻谷关系到人类的生存,2004 年为国际稻米年,联合国粮食及农业组织提出了"稻米就是生命"的口号,希望通过发展稻谷种植解决世界粮食安全问题、消除贫困和维持社会稳定。稻谷生产系统及相关的收获后经营,为发展中国家农村地区的近 10 亿人提供了就业,世界稻谷的 4/5 是由低收入国家的小规模农业生产者种植的。因此,有效、高产的稻谷生产系统对促进经济发展、改善生活质量至关重要,对农村地区尤其如此。稻谷加工是粮食再生产过程中的重要环节,是粮食产业链条中的重要组成部分,是关系国计民生的重要产业,在国民经济和国家粮食安全中具有重要的地位和作用。

稻谷是世界上最重要的谷物之一,它的产量居各类谷物之首。世界上共有 122 个生产稻谷的国家,主产区集中在亚洲,亚洲稻谷产量占全球总产量的 90%左右。值得一提的是,非洲的饮食相比于其他传统粮食在向大米快速转变,预计该地区的人均大米年摄入量将从 2010～2012 年的 24kg 增长到 2022 年的 30kg。我国稻谷产量占世界总产量的 31%,居世界首位,其中约 85%的稻谷作为主食食品供人们消费,饲料和工业用米约占 10%,其他只占 5%左右。全国有近 2/3 的人口以稻谷为主食,米制食品在我国人民的膳食结构中占有重要的地位。

1.1 国外稻谷加工现状及发展趋势

稻谷以其低热量、低过敏性、高生物效价成为人们喜爱的谷物,但是,近十年来作为亚洲国家人民主食品的稻谷,人均消费量逐渐降低,而在欧美国家的人均消费量却有所增加。在经济发达的美国、加拿大、欧洲等,稻谷被认为是一种健康食品,因此,欧美国家以及稻谷主要生产国如日本、泰国、菲律宾、印度等对稻谷制品的研究如火如荼,发展较为迅速。稻谷是关系国计民生的一种重要战略物资,世界各国都非常重视稻谷的生产加工和转化,对稻谷的利用已由原来的仅作为口粮转化为深加工和综合利用,以最大限度地发挥稻谷的各项功能。

1.1.1 国外稻谷加工特点

目前，世界上一些技术先进的企业开始把工艺研究的重点放在稻谷深加工和综合利用上，达到全面利用稻谷的主副产品，实现产业全面增值。这方面，日本和美国走在世界前列，其稻谷深加工主要分米制食品和稻谷深加工产品，品种多元化、专用化、系列化，为食品、保健、医药、化工等工业生产提供了各种高附加值配料。

目前，世界大米的生产工艺已比较成熟，并已基本定型，各生产企业和科研机构已将研究的重点转为稻谷的深加工和综合利用上。为了满足消费者对于食品提出的安全、方便、营养、保健的要求，美国和日本等国家不断开发新的大米产品，如免淘米、营养强化米、配制米、发芽糙米等大米种类；方便米饭、冷冻米饭、罐装米饭、蒸煮袋米饭、干燥米饭、调味饭、米粉面包、速食糙米粉、大米粉、米酒、米饼、米糕等大米加工食品。近年来，又出现了一些新的大米产品，如免淘洗 γ-氨基丁酸（γ-amino butyric acid，GABA）大米、功能性涂层大米、人造大米、功能性速食米粉条、速制功能性软米粉团；印度培育的浸泡即可食用大米新品种；日本开发的低盐保健米酱油；韩国的大米葡萄酒等。在生产米制品的同时，充分利用大米生产的副产物，如米糠、稻壳、碎米等，实现稻谷全面增值。

近几年来，国外稻谷加工业的发展可以归纳为以下几点：

（1）加工水平比较高。

稻谷的加工程度决定着稻谷的增值程度。越是精深加工，增值程度越大。国际上，稻谷可被精加工成为几十种产品，增值程度是其原料产品价值的十几倍至几十倍，有的可达几百倍。米糠有近 100 种食用和工业用产品，最高附加值可提高 60 倍；稻壳增值 3 倍；碎米附加值增加 5 倍；谷物胚芽增值 10 倍。深加工产品有各种米淀粉、米糠食品、米糠营养素、营养饮料和营养纤维、米糠多糖、米糠神经酰胺、米糠为原料的医药产品、米糠为原料的日化产品、米糠高强度材料、稻壳制环保材料等。这表明稻谷精深加工是未来的发展趋势，这也表明稻谷加工业的科技含量也越来越高。

（2）米制品种类丰富。

在稻谷的消费中，除了以大米的形式被消费外，稻谷还被加工成品种多样、口味丰富的各式方便或休闲米制品。米制品是以大米及糙米为主要原料，利用其物理、化学、生物性质，经过机械加工处理，改变其形状、性质和功能特性，使其具有安全卫生、营养健康、品质优良、高效方便、种类繁多等特点的一类产品。由于稻谷是关系国计民生的一种重要战略物资，世界各国都非常重视稻谷的生产加工和转化，有关米制品的研究成果很多，米制品的种类也在不断地推陈出新，米制品在食品消费市场占有重要的地位。

（3）稻谷加工企业自身经营管理水平高。

稻谷加工企业与其他现代企业一样，经历着现代管理的冲击。发达国家的稻谷加工企业，尤其是那些国际性企业，管理水平普遍比较高。主要表现在：①企业管理主题的层次较高。管理主题是指某一时期企业管理所侧重的关键问题。当前，发达国家企业管理的主题已经跳出企业内部的成本管理、生产管理，逐渐转向侧重于企业外部的战略管理，竞争也从低层次的价格战转向了高层次的战略选择与实施方面的较量。企业在前瞻力和判断方面有着很大优势。②企业的产品优势。发达国家的稻谷加工企业一般规模较大，拥有品种繁多的产品系列。由于这些企业规模大，技术力量雄厚，产品的开发、生产都非常稳定，产品质量可靠，成本较低，所以它们有着较强的竞争优势。

1.1.2　国外稻谷加工发展趋势

（1）规模化生产和集约化经营。

稻谷加工业的规模化生产、集约化经营是发达国家发展稻谷加工业的成功经验。稻谷加工企业要想不断发展壮大，增强实力，就要走规模化生产、集约化经营的发展道路。

（2）采用新技术，提高稻谷资源利用率。

稻谷是人类赖以生存的最宝贵资源，利用高新技术大力开发和充分利用稻谷资源及其副产物，使其增值，是国外稻谷加工业的主要趋势。

（3）延伸产业链，实施稻谷加工循环经济是米制品加工的一个重要发展方向。

米制品企业既要在主产品上实施安全、营养、品牌三大战略，又要实现主产品的延伸，同时还要发展稻谷加工副产物深加工和综合利用。

（4）高效、节能、环保的稻谷产品加工技术。

高效、节能、环保是全世界高度关注的重要课题，米制品加工企业只有走这条科学发展道路，才能立于不败之地。

（5）营养、安全、方便和绿色是稻谷加工产品的主流。

卫生安全是米制品加工企业的首要任务，而随着人们对自身健康的日益重视以及为适应现代快速的生活节奏，营养、安全、方便和绿色稻谷制品将会成为消费趋势和主流，越来越受到人们的欢迎。

（6）深加工、多产品是高效增值的重要途径。

稻谷初级加工带来的产品利润空间非常有限，只有实行深加工和综合利用，并不断开发新产品以适应消费市场的需求，才能实现产品的高效增值。

1.1.3 国外主要国家稻谷加工现状及发展趋势

1. 日本

目前，虽然日本的粮食自给率为39%，但稻谷的自给率非常高，且每人的年均消费量也减少到59kg，致使其过剩。在这种背景下，日本国内的稻谷生产、加工、流通具有其独特的竞争力。

2004年《改正食粮法》实施后，大米流通自由化（计划流通制度被废除）促使加工流通行业为进一步满足消费者的需求而作出努力。加工企业的合并增加，高利润的大米商品不断增多，整个行业出现以下特点：

1）大型碾米工厂的寡占化

日本的大米流通是糙米方式，农业协同工会（简称"农协"）仓库、大型烘干储藏设施中的糙米基本上都在碾米工厂加工成大米。经过合并后，企业不断大型化，出现了年加工能力为60万t（相当于日本大米总生产量的7%）的碾米企业。其结果是促使碾米企业系列化，许多碾米企业直接将农协和农户并入旗下。此外，碾米企业还开发了免淘米、留胚米、发芽糙米等高附加值的大米商品。

2）加工销售行业与上游的统合

随着超市大米销售量的增加，专业米店（大约3万家店）大量减少。便利店的便当销售不断增加，促使煮饭工厂的加工量增加，同时对原料大米也产生一定的影响。超市、方便店等流通行业具有资金优势，不仅自己建碾米工厂，还将生产农户、农协加入自己的行列，出现了消费—加工—生产一条龙的趋势。

3）大米商品的高附加值化

免淘米已普及，年均加工量大约为90万t。符合消费者健康需求的各种高功能性大米（留胚米、发芽糙米、营养包膜米等）的加工技术逐渐普及各加工企业。

4）外餐行业用商品的多样化

随着消费需求的提高，外餐行业用的半加工商品（如咖喱饭、炒饭等）品种不断增多，其加工技术也不断提高。

5）安全意识的提高

大米的安全性主要体现在农药残留、镉等重金属的含量问题上。在残留农药方面，日本于2006年5月制定了《食品中残留农业化学品肯定列表制度》，对没有设定基准的农药一律适用0.01mg/kg的基准。在大米含镉方面采用了Cordex委员会制定的0.4mg/kg基准。此外，开始了DNA大米品种鉴定制度，同时建立了品种、产地、碾米加工日期等信息的追溯体系。这些措施保证了国产大米的安全性。

6）健康意识的提高

日本人由于饮食趋于欧美化，导致热量摄取过多，并且脂肪摄取过剩、碳水化合物摄取不足，使得营养不均衡，造成了成人病激增而使国民医疗费膨大化。从 2008 年 4 月起开始实施成人病诊断，通过食育推广"日本型的饮食生活"。

7）注重方便性

由于夫妇双方都有工作或重视业余消遣，使家庭里的烹调时间缩短，外餐或购买熟食的机会增多。便当等熟食、无菌米饭、免淘米、半煮米的销售量有所增加。

今后，日本在大米生产加工上的发展方向有：①从田间到餐桌的体系一元化。②大米商品的高附加值化。③副产品的有效利用。④食用以外的多用途利用等。

2. 泰国

碾米业是泰国农产品加工业中历史最为悠久的，到 20 世纪 80 年代初就已发展到 3 万多家碾米厂，广泛分布于水稻主产区的水陆交通沿线。目前，泰国大米特别是香米的加工技术相当先进，部分企业甚至拥有世界上最先进的大米生产加工设备。通常香米都要经过绿色检测、多重洗米、激光色选、振荡抛光、颗粒分级、综合抽检等 8 道严格工艺，有效地保证了泰国出口大米的品质。

泰国是世界上大米出口的第一大国。泰国市场上销售的优质大米颗粒均匀饱满、油亮润泽、气味清香、滑软可口，受到人们的喜爱，在我国的高档米中占有很大的分量。泰国大米品质优良，除具有良好的水稻品种外，另一个重要因素是采用了科学的加工技术和严格的质量控制。加工过程始终围绕着最大限度提高整精米率、降低碎米率等各项措施。同时，泰国稻谷总产量中的 10%用于加工各种米制食品。泰国的米制品包括米粉、糯米粉、米粉丝、粉丝、甜饼干、华夫饼、米纸等。泰国稻谷总产量中的 10%用于加工各种米制食品。

泰国大米始终保持国际市场竞争力。泰国绝大多数大中型大米加工厂都配备了先进的碾米机、抛光机、光谱筛选机等设备。帕图木（Patum）稻米经营公司、巴福费斯稻米经营公司，这两个公司都是在近 20 年内建设起来的现代化大型稻谷生产企业，主要加工出口大米。帕图木稻米经营公司年加工稻谷 20 万 t以上，巴福费斯稻米经营公司年加工稻谷 12 万 t 以上，凸显了规模化加工，形成了米业经济优势。这两个企业都安装了先进的成套加工设备，采用了先进加工技术。稻谷进厂，经过清洁机清除稻谷中的沙石、泥土、杂物后，直接送入烘干机逐步干燥，到稻谷含水量在 14%时入仓储藏。烘干机 1h 可以烘干稻谷100t。加工时经过脱壳、碾白、抛光、色选后分级、分等包装进入市场销售。稻谷不经太阳暴晒，直接采用烘干机烘干，稻谷在 38～40℃ 逐步降低到适宜水分含量，在磨碾过程中可减轻谷粒的不同程度的断裂，降低碎米率，提高整精米率。加工过程完全采用电脑程序控制加工质量，只有两三个人看管加工设备的仪表运行状况。加工后的稻壳、米糠都实施精深综合开发。帕图木稻米经营公司每年的稻壳发电量达 920 万 kW·h，每度电 3 泰铢，产值 2760 万泰铢；稻壳灰 1.4 万 t，出口给欧洲钢铁厂、化纤厂做生产模具，每吨 3500 泰铢，产值 4900 万泰铢；颗粒饲料 3 万 t，每吨 5000 泰铢，产值 15000 万泰铢；糠油 800t，每吨 2 万泰铢，产值 1600 万泰铢。实施综合开发，不仅提高了副产品的加工效益，增加了生物能源，更重要的是消除了加工污染，清洁了环境，实现了社会化的文明生产。

泰国稻谷加工业十分发达，已由过去的小企业向中大型加工企业方向发展。例如，帕图木大米加工仓储大众有限公司是一个具有 4 个子公司的大型稻谷上市公司，日加工糙米达 1000t、抛光 100t、包装 500t、装卸 3000t、风干 2400t，有容纳 7 万 t 稻谷和 1.2 万 t 大米的大型仓库。公司的产品包括香米、白米、蒸米、糙米、碎米、米粉、糠油、稻壳灰等。稻谷收购入厂时，公司要对稻谷进行抽样和小型加工试碾，测定水分、出糙率、精米率、整精米率、外观品质、食味品质等（全过程仅需 10min），依质定价，然后再送储存库进行清洁、干燥、分储。加工生产过程十分讲究，全自动化程度高，程序为粗选—精选—剥壳—去皮—筛选—色选—抛光—去杂—分级—包装，泰国大米抛光的技术含量较高，主要是水分和湿度控制技术十分严格，确保了大米质量上档次。该公司还对加工副产品进行综合利用，将稻壳做燃料用于发电，将发电后的稻壳灰做肥料供应出口，而将米糠提取糠油，干糠做饲料。

泰国对出口大米的质量要求十分严格，生产厂家都建立了企业质量标准，国家有统一的稻谷分级标准。泰国稻谷标准中将大米分成 11 个等级，各级中对米粒长度、米粒完整度、碾磨程度、杂物允许量、水分含量都有对应的规定。

3. 韩国

大米是韩国的主要粮食作物。在韩国人的日常生活中占据着重要地位。但据韩国统计局发布的报告显示，2013 年韩国人均大米消费量降至 67.2kg，比 2012 年的 69.8kg 减少了大约 3.7%。2013 年，韩国人均大米日消费量为 184g，比 2012 年减少了 3.8%。非农人员的人均大米消费量为 71.9kg，比农业人员的人均大米消费量 118.5kg 低了 40%。韩国人减少大米消费，而实行多样化饮食。2013 年韩国人均大米消费量降至 1963 年以来的最低，1963 年为 105.5kg。美国农业部预计，2013/2014 年度韩国大米消费总量将降至 449 万 t，比上年度的 452 万 t 减少约 3 万 t。韩国政府已决定从 2015 年 1 月 1 日起全面开放大米市场。政府决定对进口大米征收高关税，一方面是为了切实保护国内大米产业，另一方面是为了打消在今后其他谈判中大米关税率被降低的忧虑。政府还制定了大米产业发展对策，内容包括保持大米种植的稳定性、稳定农户收入、提高大米竞争力、禁止将国产大米和进口大米混合后销售。

韩国的大米加工食品在海外市场上很受消费者的欢迎。用大米加工而成的快餐食品在美国以健康零食很是受宠，韩国风味辣味米线产品的海外出口也在持续增加。韩国的大米加工食品正式进入海外市场是从 2000 年开始的，初期主要是在海外侨民开办的商店销售，后来，随着陆续开发出适合海外消费者口味的各种大米加工食品，现在已发展到向世界各地出口产品。海外消费者喜欢韩国大米加工食品的最主要原因在于大米的营养丰富。大米中不仅富含膳食纤维、蛋白质、脂肪及维生素，而且还易于消化吸收，对肥胖、高血脂、糖尿病等具有显著的预防效果。最新的研究结果还表明，大米中还富含可抑制成人病的有效成分。

韩国产大米加工食品出口量的 70% 都集中在美国、日本和中国。在美国畅销的是利用大米制作的快餐、大米辣椒酱和即食加工米饭。而在日本和中国，马格利和大米饮料很受市场欢迎，对东南亚地区出口比较活跃的则是米线产品。总之，近几年来在韩流热潮等韩国文化的影响下，购买炒米糕等韩国大米加工食品的海外消费者在不断地增加。

4. 欧美国家

美国稻谷生产的最主要目标是高产、优质和出口创汇。美国水稻产量不到世界总产量的 2%，但大米的商品率却达到 99.52%，美国是世界第三大米出口国。美国水稻分为长粒、中粒和短粒三种类型。出口大米大多是长粒硬质淀粉型，完全没有腹白和心白，商品大米整齐度高、不含杂质、竞争力强。泰国是美国优质长粒米市场的主要竞争者，中国和澳大利亚主要与美国在亚洲优质粳米市场上角逐。

1.2　国内稻谷加工现状及发展趋势

1998 年以前，我国稻谷加工业基本上是以国有企业为主导。随着粮食改革不断深化，国有企业不断改革，民营企业大量增加，特别是 2004 年以后，国内稻谷加工行业发展较快，市场多元化经营竞争格局已经形成。但近几年，稻谷加工行业产能过剩开始显现，稻谷加工行业正逐步向规模化、品牌化、产业化方向发展，且随着国家政策的偏向，预计今后几年内稻谷加工业面临"洗牌"格局。

我国稻谷加工业虽然取得了很大进步，但与发达国家相比，还存在一些差距。

中小型米企数量众多。中小型米企规模小、技术相对比较落后，且为粗放型加工模式，稻谷副产品加工利用水平低。我国稻米除了作为口粮外，出口和深加工转化率低。例如，食品工业用米只占 4%左右。由于米制品加工处于初级加工或粗加工水平，对稻谷的深加工不论在理念上还是技术水平上与发达国家均有较大的差距，产品质量不稳定、生产能力低、规模小的现象普遍存在。

1.2.1 我国稻谷加工现状

（1）大米加工产能过剩，小企业仍然占主导。

稻谷作为我国主要的口粮消费品种，波及范围广，由于门槛低、标准宽松，大米加工企业数量众多，加工能力严重过剩。据国家粮食局统计，2012 年，我国年处理稻谷能力为 3.1 亿 t，比上年增加 2325 万 t，增幅为 8.2%；大米实际产量为 8693 万 t，比上年增加 700 万 t，增幅为 8.8%；实际处理稻谷为 1.37 亿 t，产能利用率仅为 44.5%。由此可见，大米加工产能严重过剩，加工企业争夺粮源和销售市场的竞争十分激烈，由此形成我国大米市场长期"稻强米弱"的现象。

据国家粮食局统计，2012 年，全国入统大米加工企业为 9788 个，比上年增加 439 个，其中，日产能大于 400t 的大型企业为 386 个，占 3.9%；日产能 200～400t 的中型企业为 1229 个，占 12.6%；日产能 200t 以下的小型企业为 8173 个，占 83.5%。可见，小型企业数量多，而且布局分散，导致米糠、米粞等稻谷加工副产物资源分散，难以有效开展副产物综合利用。全国稻谷加工产能利用率一直处于 48%以下，一半以上的产能空置，浪费极大，比小麦粉、食用植物油加工业产能利用率低。与国际上超过 70%的产能利用率相比，更处于较低水平。从整个大米加工产业来看，跟油脂油料、面粉等加工业相比，大米加工业具有小而散的特点，企业数量众多，但是规模偏小，抗风险能力偏低。成本效益比较研究表明，日处理稻谷 200t 以上的加工规模有利于节约土地、设备、能源等投入，开展副产物综合利用；有利于提高原料综合利用率和劳动生产率，减少单位产品生产成本，获得更高的经济效益。

（2）稻谷产业链延长，但深加工仍不足。

近年来，随着一些大型稻谷加工企业崛起，我国稻谷加工程度越来越深，产业链也越来越长。稻谷加工成大米后剩下来的碎米可以生产米线、雪米饼等；米糠可以榨油，榨油的剩余物还可制取谷维素、植酸钙、肌醇等产品；稻壳可以用来发电，发电剩下的稻壳灰可用来生产活性炭等。但目前在我国，除益海嘉里集团、中粮米业有限公司、东方粮油集团、辽宁中稻股份有限公司、湖北国宝桥米有限公司等一些现代化大型稻谷加工企业能对稻谷资源进行全面加工利用，做到"吃干榨净"外，从整体上看，稻谷深加工比例仍比较低，可加工的产品只有几十种，深加工比例不及 10%。而美国、日本精深加工品种多达 350 种，深加工比例高达 40%。

从总体看，稻谷加工业以初级产品加工为主的格局仍没有得到改变，总体产能严重过剩。此外，产品结构不合理。一是，稻谷加工产品仍以普通大米为主，深加工不足，企业加工产品高度同质化、品种单一、产业链短、附加值低；二是，稻谷主食产业化进程缓慢。发达国家的食品加工是以主食为主体，居民主食消费的工业化水平达 80%～90%；我国食品工业中副食比重大，主食工业化水平仅 15%。我国 13 亿人口中有 7 亿以大米为主食，全国年平均口粮消费大米 1.19 亿 t。对于习惯米食的消费者而言，方便米饭、方便米线比方便面更具吸引力。但是，工业化生产的米制品所占市场的份额却很少。以方便米饭为例，目前，我国一线城市年人均消费量仅为 0.08 盒，日本 1999 年全国年人均消费量就达到约 10 盒（2.1kg）。可见，米制主食品工业化生产薄弱，这也是制约稻谷加工产业链延伸的主要因素。

（3）过度加工严重，副产物综合利用水平低。

我国稻谷过度加工现象严重。目前，稻谷加工一般采用"三碾二抛光"工艺，很多企业为了增加产品外观上的精细，甚至采用三道或四道抛光，而每增加一道抛光，虽然改善了稻谷加工后的外观效果，但由此每吨产品多耗能 10kW·h。抛光易造成过度加工，日本早在 1980 年就已取消抛光。更重要的是，稻谷加工精度越高，加工过程越长，电力等能源消耗越多，而且也容易造成加工原料浪费、营养成分损失、出米率下降。在过度加工的情况下，稻谷平均出米率仅为 65%。

在副产物综合利用方面，问题也比较突出。我国稻谷加工业大部分副产物没有得到充分有效利用（表 1.1）。规模以下稻谷加工企业的副产物利用效率更低，造成了资源浪费。

表 1.1　稻谷加工副产物综合利用情况

项目	名称	利用情况	产量（万 t）	所占比例（%）
稻谷加工副产物	米糠	总量	1137.6	100
		制油用米糠	78.2	6.9
		饲料用米糠	317.3	27.9
		其他用途	274.7	24.1
		废弃未利用	467.4	41.1
	稻壳	总量	2073.8	100
		发电用稻壳	83.2	4
		供热用稻壳	315.3	15.2
		废弃未利用	1675.3	80.8

数据来源：粮油加工业统计资料，2011 年。

（4）低价进口大米持续增加冲击加工企业。

2012/2013 年度，由于国内稻谷市场价格相对较高，东南亚一些国家的稻谷价格较低，进口大米完税后还比我国南方籼米价格低 0.6 元/kg 左右，导致大米进口量大幅增长。据海关数据统计，我国大米主要进口国为越南、巴基斯坦和泰国等。2013 年，我国大米进口量为 224 万 t。据美国农业部数据显示，我国已经成为继尼日利亚之后世界第二大大米进口国。除了海关进口之外，每年通过边境贸易等方式输入到国内的大米数量也在 100 万 t 以上。由于国内外大米价差较大，贸易商进口大米，然后跟国产大米按一定的比例进行掺兑，通过这样的方式降低生产成本。通过掺兑这一"杠杆效应"，大米终端市场流通数量增加，给原本宽松的市场增加了更大的供给压力。

（5）营养型、绿色无公害的稻谷产品供应不足。

随着城乡居民生活水平和健康意识的不断提高，居民食品消费结构也发生了明显变化，对营养型、绿色无公害稻谷的需求明显加大。虽然消费者对营养型、绿色稻谷存在着巨大的潜在需求，但是这些稻谷市场却面临供给不足与需求不旺的困境，究其原因主要是稻谷优质优价长期得不到实现，优质不优价现象的长期存在使真正营养型、绿色稻谷的供给不足。

（6）"镉大米"事件影响消费。

2013 年年初，产米大省湖南的部分地区生产的大米被检出镉含量超标，此后，湖南当地大米的市场销售遭遇巨大阻力。受"镉大米"事件影响和进口大米冲击，南方大米加工企业经营状况普遍欠佳，中小企业因缺乏资金、市场、技术装备，开工率明显不足。

1.2.2　我国稻谷加工发展趋势

政策对稻谷产业链上游的倾斜，使得农民增收较为稳定，但是对于稻谷加工企业来讲，就意味着成本的上升、加工利润的减少。产业链下游大米价格低迷，产业链上游稻谷价格高涨，稻谷加工企业近年来面临着"稻强米弱、利润低下"的困扰。同时由于加工能力过剩，大量低价进口大米进入国内市场，进一步抑制了国内大米价格，而使国内大米走货缓慢、价格呈现弱势。随着大米消费结构的变化，稻谷加工业会不断进行整合、重组，唯有增加产品附加值，企业才能做大做强。面对上游原料稻谷价格高涨以及下游大米价格低迷的双向夹击，稻谷加工行业面临着整合、重组、转型与升级。

国家粮食局编著的《粮油加工业"十二五"发展规划研究成果报告》（以下简称《报告》）显示，2010 年全国入统企业规模以上大米加工企业由 2008 年的 7698 家减少至 5666 家，年产能约 9463 万 t，但日加工 400t 以上的企业仅为 48 家，超过 80%的企业日加工能力在 100t 以下，且以民企居多。《报告》还显示，目前我国对稻谷资源的增值率为 1∶1.3 的水平，而在美国、日本等稻谷加工业发达国家，加工业对稻谷资源的增值率已经达到 1∶4～1∶5。美国、日本稻谷精深加工产品多达 350 种，深加工比例高达 40%以上。稻谷全产业链深加工模式不仅必要而且可以借鉴。在稻谷精深加工技术和工艺不断创新发展的形势下，如果按照稻谷产出约 67.5%的大米、8%的碎米、6.5%的米糠和 18%的稻壳计算，深加工产业链将使得稻谷附加值大幅提高，有 70%以上的升值空间。

参 考 文 献

国家粮食局. 2012. 粮油加工业"十二五"发展规划研究成果报告. 北京：中国财富出版社

经济合作与发展组织，联合国粮食及农业组织. 2013. 经合组织-粮农组织 2013-2022 年农业展望. 北京：中国农业科学技术出版社

李经谋. 2014. 中国粮食市场发展报告. 北京：中国财政经济出版社

王瑞元，朱永义，谢健，等. 2011. 我国稻谷加工业现状与展望. 粮食与饲料工业，（03）：1-5

袁美兰，赵利，苏伟，等. 2010. 国外米制品的发展及我国的差距. 粮油加工，（11）：49-52

第 2 章 　 稻谷原米制品

2.1 　 概　　述

　　据国家统计局数据显示，2012/2013 年度我国稻谷播种面积为 3029.7 万 hm^2，比上年度增加 24 万 hm^2，增幅为 0.8%；稻谷总产量为 20429 万 t，比上年度增产 351 万 t，增幅为 1.7%，占全国粮食总产的 34.7%，仅次于玉米居第二位；平均单产为 6743kg/hm^2，比上年度增加 55kg/hm^2。我国是世界上最大的稻谷生产国和消费国，总产量居世界第一，占全球的 30% 以上，年产稻谷约 2 亿 t，约有 7 亿人口以稻谷为主食，稻谷及其制品的消费市场是中国最大、最稳定的粮食市场之一。估计 2012/2013 年度国内稻谷总消费量为 20150 万 t，比上年度增加 310 万 t，增幅为 1.6%。其中，食用消费量为 17200 万 t，较上年度增加 300 万 t，占 85.3%。

　　稻谷加工业是农产品加工业的重要组成部分，是食品工业基础性行业之一。随着稻谷产业的发展，对稻谷加工有了新的定义和分类。其中，稻谷原米制品是指稻谷经过适当加工生产出的保持原生米粒形态的制品，主要包括糙米、大米、留胚米、蒸谷米、免淘米、发芽糙米和营养强化大米等。

2.2 　 糙　　米

2.2.1 　概况

　　糙米是指除了外壳之外都保留的全谷粒，主要由三部分构成：最外层为糠层，由果皮、种皮、糊粉层和次糊粉层组成，占整粒米的 7%～9%；糠层再向里层为胚乳，占 89%～90%；糙米腹部的下端部分为胚，占 2.5%～3%。糙米因保留胚芽、米糠层，含有丰富的营养素和多种大米所缺乏的天然生物活性物质，如 γ-氨基丁酸、谷胱甘肽、γ-谷维醇、神经酰胺等，被证实具有抗癌、防治糖尿病、高胆固醇血症和肥胖症等功效，对人体健康和现代文明病的预防和治疗具有重要意义。因此，糙米也被美国 FDA 列为全谷物健康食品，倡议直接食用，这意味着糙米替代大米成为主食将成为未来健康膳食的新方向。据有关资料统计，2011 年，中国糙米的总产量仅为 70 万 t，占稻米总产量的 0.9%（不足 1%）。

稻谷是我国最大宗的粮食作物。我国年产稻谷约 2 亿 t，每年稻谷流通量高达 7000 万 t 以上，由于稻壳表面粗糙，孔隙度大，储藏时会占很大一部分仓库容量（稻谷所占的仓库容量是糙米所占的 1.60 倍）。而大米因为结构裸露，所以储藏稳定性极差，且缺少发芽活性。相对而言，以糙米作为流通和储存对象，不仅能节约大量的仓库容量，而且减轻了劳动强度。据我国有关专家预测，每年可节约高达 20 亿元以上的运费，同时节约 200 亿 kg 的仓库容量。因此，在产区就地加工稻谷制取糙米，改稻谷流通为糙米流通，对于减少城市环境污染，节约全社会运力和仓库容量，将产生巨大的社会和经济效益。而日本已经将糙米替代稻谷作为主要储运对象，并具备十分成熟的储存流通加工技术和体系。

因此，基于糙米特殊的营养价值，糙米形式的稻谷储存流通体系的建立，在带来良好的社会、经济、生态效益的同时，也为糙米营养价值的深度开发提供便利。

2.2.2　加工工艺和技术

用于流通和储存的糙米对糙米皮胚的完整性和整糙米率较一次性加工成大米的糙米有更高的要求。在制取糙米的过程中，如果脱壳和分离不当，将直接影响糙米的质量和储存性。因此，为确保流通糙米的质量，需严格控制糙米制取工艺和技术，以满足糙米流通模式发展的需要。

1. 日本

日本以糙米形式流通为主，历史悠久。日本在全国建立了一批稻谷收购点（相当于我国的小型收纳库），进行收购、干燥和脱壳。因日本普遍采用机械收割，稻谷的含杂量较低，因此，稻谷清理、干燥和脱壳的工艺流程简单，即：湿稻谷→初清→干燥→清理→脱壳→谷糙分离（重力筛）→净糙→包装→入低温库（15℃以下）储存。

2. 国内

1）原粮情况

进入粮食收纳库、粮食管理所或碾米工厂的稻谷，其含杂总量基本上都超过国家规定的 1%，有的甚至达到 3%～5%。杂质主要以砂石、草秆、瘪谷、灰尘为主，尤其是籼稻，不仅品种繁多，品质差，其爆腰率和糙碎率也很高，糙米产品制取的难度更大。籼稻和粳稻的正常收购水分为 13.5% 和 14.5%，但是实际上农户出售给粮库的稻谷水分经常超量，有时甚至达到 18%。高水分稻谷给清理和制取糙米造成困难，糙米产品也不宜储藏。

2）工艺技术要点

（1）为了保证糙米产品的质量，宜尽量缩短工艺线路。

（2）针对我国原粮品种多、含杂和水分高的现状，工艺上确定为加强清理和吸风。同时采用合理的稻谷干燥技术，使稻谷水分含量达到要求，既不影响糙米的产品质量，又有利于糙米的制取和储藏。

（3）为了提高糙米的产品质量，需加强糙米的精选。

3）流通用糙米加工工序

流通用糙米加工工艺包括清理、干燥、砻谷、谷糙分离与糙米精选、计量包装等工序。特点是，先清理后干燥。由于去除了瘪谷、灰尘、草秆等杂质，增强了稻谷在干燥塔内的流动性，有利于提高干燥效果，也有利于后续的脱壳、谷糙分离以及糙米的储藏和流通。谷糙分离和糙米精选采用不同原理的两台设备串联使用，不仅能保证糙米质量，而且能保证回砻谷糙米含量低于正常指标。

（1）稻谷清理工序。

该工序的目的是清除稻谷中各种杂质，以达到砻谷前净谷质量的要求。

工艺流程：原粮稻谷→初清→除稗→去石→磁选→净谷。

初清工序去除粗大杂、中杂、小杂和轻杂，并加强风以清除大部分灰尘，常使用的设备为振动筛、圆筒初清筛；如果历年加工的原粮中稗子数量很少，少数稗子可在其他清理工序或砻谷工段中解决时，可不必设置除稗工序，高速振动筛是除稗的高效设备；去石工序一般设在清理流程的后面，这样可以避免去石工作面的鱼鳞孔被小杂、稗子及糙碎米堵塞，常用吸式及吹式比重去石机。使用吸式比重去石机时，去石工序也可设在初清之后、除稗之前，好处是可借助吸风等作用清除部分张壳的稗子及清杂，既不影响去石效果，又对后续除稗有利；磁选工序去除磁性杂质，安排在初清之后，摩擦或打击作用较强的设备之前，一方面，可使比稻谷大的或小的磁性杂质先通过筛选除去，以减轻磁选设备的负担；另一方面，可避免损坏摩擦作用较强的设备，也可避免因打击起火而引起火灾，常用的设备是永磁滚筒。

（2）稻谷干燥工序。

工艺流程：高水分净谷→干燥→缓苏→冷却→净谷。

若稻谷需要干燥，则毛谷暂存仓的稻谷经提升进入干燥工序，经过一定时间的干燥、缓苏、冷却后，达到要求水分的稻谷出机，提升至净谷暂存仓。

（3）砻谷（脱壳）工序。

该工序的主要任务是，脱去稻谷的颖壳，获得纯净的糙米，并使分离出的稻壳中尽量不含完整粮粒。

工艺流程：净谷→砻谷→谷壳分离→谷糙分离→糙米精选。

符合水分要求的稻谷，由砻谷机脱壳，常用胶辊砻谷机。然后，从砻谷下物中分出稻壳，若不先将稻壳分离，将妨碍谷糙混合物的流动性，降低分离效果。目前广泛使用的胶辊砻谷机的底座就是工艺性能良好的稻壳分离装置。稻壳风网中设置有稻壳提粮器，用以分离混入稻壳中的粮粒、青白片、糙碎。其中，糙碎是指不足整粒糙米长度 2/3 的碎粒，青白片是砻谷后的未成熟粒、小粒、不透明的粉质粒。为尽量减轻对糙米的损伤，保证糙米产品的质量，在生产操作中，控制脱壳率在 80%左右。为使稻壳风网尽量少带走粮粒，在具体生产操作中，允许谷糙混合物中含有少量的稻壳。经稻壳分离器分离出的谷糙混合物进入谷糙分离工序，目的是分别选出净糙与稻谷。其中的稻谷再次进入砻谷机脱壳，也称为回砻谷。如不进行谷糙分离，将稻谷与糙米再一同进行砻谷脱壳，则不仅糙碎增多，而且影响砻谷机产量。谷糙分离使用的设备有谷糙分离平转筛、重力谷糙分离机等，为了进一步达到糙米精选的目的，可将二者串联使用。

（4）谷糙分离与糙米精选工序。

①谷糙分离平转筛+重力谷糙分离机。谷糙分离平转筛的最上层筛面用于控制回砻谷的指标，最下层筛面用于筛出糙碎，同时起谷糙分离和糙米精选作用。混合物进入重力谷糙分离机，分离出合格的净糙。这样可以由谷糙分离平转筛和重力谷糙分离机共同确保回砻谷和糙米的质量。②重力谷糙分离机+糙米精选机。重力谷糙分离机对谷糙混合物进行分离并保证回砻谷的质量指标，分离出的糙米则由厚度分级机去除糙碎等后，制取符合标准的糙米产品。为尽量减轻对糙米的损伤，保证糙米产品的质量，在生产操作中，控制回砻谷含糙在 8%以下。为确保谷糙分离的效果，可以在谷糙混合物进入第一道谷糙分离设备前，设置吸风分离器或吸风道，以进一步吸除残留的稻壳，提高谷糙混合物的流动性和分离性。

4）食用糙米加工工序

长期以来，糙米一直是作为碾米过程中的中间产品，主要是用来加工制米的原料，但随着现代科学和营养知识的普及与提高，糙米作为一种营养米已被广大消费者所认知。食用糙米的加工工艺流程一般分为原粮选择、稻谷清理、砻谷、糙米精选、磁选、色选及计量包装七大工艺流程。

2.2.3　储藏和保鲜稳定化技术

1. 储藏技术

鉴于糙米储藏在节省仓库容量、节约运输成本等方面的优势，以糙米为主要流通方式值得在我国推广。就储藏方式而言，我国的储粮方式还比较传统，长久以来，我国都是以稻谷为主要储藏形式，对糙米储藏的研究还处于探索阶段，未有完善的储藏技术投入实际应用中。

糙米储藏重要控制环节有：①要求低温干燥。对新收获的高水分（18%～20%）

稻谷采用 38～55℃低温循环干燥（日本称之为调和干燥），将水分降到 14.5%～15%后加工成糙米，在干燥过程中要求不得降低稻谷发芽率，要减少爆腰粒和焦粒。②保持糙米的完整性。③提高糙米的纯度。在加工中将青粒、破碎粒、灰杂等清除干净，达到饱满、纯净的要求，以提高储藏的稳定性。④加强糙米的初期保管，防止害虫、螨虫及微生物的感染。⑤将糙米储藏在一个恒定的环境内，仓温控制在 15℃或 20℃以下，仓内空气相对湿度为 68%～70%。

目前，糙米储藏的方法主要有：常温储藏、气调储藏、低温储藏等几种方法。而日本已拥有两套商业化糙米储藏系统，分别是：①常温储藏。在储藏过程中不控制温度。②低温储藏。在储藏中将温度控制在低于 15℃。低温储藏可最大限度地降低虫害和霉菌生长，但却需用一套耗电的冷却装置。日本学者对糙米气调储藏法也试验过，但目前未投入工业化、进行大规模使用，可将此作为今后的研究方向之一。

1）常温储藏

常温储藏，就是稻谷收获以后，经自然晒干至安全水分以下，再加工成糙米装在缸或编织袋内，然后放在常温仓内进行储存。常温储藏条件下，影响糙米品质的主要因素是含水量。但是，在实际储藏过程中，温度往往会随地区和季节的变化而变化。我们的研究也表明，相比 4℃和−18℃，温度为恒温 25℃时，储藏的糙米品质最佳，发芽率也最高。

2）气调储藏

气调储藏，是指利用新型材料制成的包装，对糙米进行自然密封或在袋中充入 N_2、CO_2 或抽真空储存糙米。糙米在充 CO_2 和 N_2 的气调储藏下，在低氧状态下储藏时，由于好氧性呼吸被抑制，所以有机酸含量减少，而还原糖含量则比在空气中储藏显著增加，淀粉酶的效应与之没有关系。所以认为还原糖的增加并不是由淀粉的分解造成的，而是在供给-消耗动态中，由还原糖分解速度降低造成的，所以其品质比常温储藏更好。气调储藏可以有效抑制粮食自身的呼吸和微生物、害虫及虫卵的繁殖，能够较长时间防虫保鲜；但是，气调储藏受气体成分及其浓度、温度的影响较大。对包装材料的阻隔性能要求高，受环境条件的影响大。

3）低温储藏

低温储藏，是与常温储藏相比较而言，利用自然低温条件或机械制冷设备，降低仓内储粮温度，并利用仓房围护结构的隔热性能，确保粮食在储藏期间的粮堆温度维持在低温（15℃）或准低温（20℃）以下的一种粮食储藏技术。低温储藏的特点在于经糙米加工成的稻谷食味值变化微小，且能有效地保持糙米的发芽率。目前，低温储藏法仍然是糙米储藏的最佳方法，在这一点上，国内外学者已达成共识，但其不足之处在于一次性建设投资和运行成本较高。

在国外，低温储藏是一项较先进和成熟的储粮技术，尤其是谷物冷却机的发明，低温储藏技术开始得到推广。目前，低温储藏已应用于欧洲、美洲、澳大利亚和东南亚等地的 50 多个国家和地区。1989 年，美国开始在得克萨斯州、衣阿华州、佛罗里达州对粮食进行低温储藏，美国还普遍对糙米、大米、稻谷进行低温储藏，效果良好。为了保持糙米的品质，特别是在越夏时节，日本从 1995 年开始普及糙米低温储藏，并将糙米水分控制在 13%以下。此外，日本还利用冬季的自然寒冷气候，将谷温降至冰点以下，进行超低温储藏，可得到与新米相同的优质储藏米。而我国低温储粮技术的应用研究起步较晚，低温储藏技术尚需不断完善。

低温储藏可通过两种方式达到：

（1）自然低温。

利用自然冷源，并采取隔热或密闭措施来维持糙米处于低温状态。由于糙米的热阻大、热导率小，因此，糙米能够在较长的时间内保持低温。此法简单易行，能耗低；但是，它的不足之处在于，受地理位置、气候条件以及季节的影响较大，尤其是在盛产水稻的南方地区，这一影响表现得尤为突出。

（2）强制性低温。

利用机械通风或机械制冷对糙米仓进行强制性通风或冷却，使糙米温度维持在 15℃以下。机械通风仍然是利用自然冷源，它也存在自然低温法所存在的缺点，但与后者相比，它的冷却效果要好得多。机械制冷法是南方地区在高温季节使糙米维持低温的重要途径，此法对低温仓房的隔热保冷性能要求较高，能耗和保管费用高。目前，在这一方面应用较多的机械设备是谷物冷却机，其能够很好地维持糙米仓的低温环境。

虽然低温储藏糙米的投资费用较高，运行成本也较高；但是，它却能很好地保持糙米的品质，满足人们对"高品质"生活的要求。因此，需要不断跟踪国际技术前沿，强化糙米低温储藏的理论与试验研究，根据不同地区的气候特点，完善我国的糙米低温储藏仓的设计，进一步优化储藏条件，降低糙米低温储藏的成本。

尽管低温储藏被认为是一种最佳的糙米储藏方式，但其他储藏方式也有其独特的优势，应当根据产区的气候特点进行选择。例如，在气候较寒冷的北方地区，可以充分利用气温低的特点选择常温储藏，只要建立适宜于区域性气候条件的入仓前干燥、入仓后通风等标准操作程序，就可以得到理想的效果；对于储藏期短，尤其是直接食用不再碾制的糙米，可以选择气调小包装（如 1～5kg）的形式进行储藏，直接进入超市的流通环节。

2. 保鲜稳定化技术

糙米的储藏性能介于稻谷和大米之间，虽然它的耐藏性高于大米，但其在储藏期间，要保持良好的加工品质，不劣变、不爆腰、保持发芽率，加工为大米时，碎米不超标。为此，糙米的保鲜稳定化难度不能低估。国外对糙米保鲜研究较早的是日本、朝鲜、菲律宾和美国；我国也有一些报道，但在研究过程中存在诸多问题。例如，对糙米储藏时间的研究不长，糙米的品质判断标准相对单一。

在保鲜新技术方面，主要利用辐照保鲜、纳米保鲜膜保鲜技术、生物源保鲜剂保鲜技术、微波处理等技术对糙米进行保鲜。而在保鲜新技术方面，微波处理存在一定的热效应，使糙米的品质下降，辐照保鲜处理可能会存在辐照残留，影响食品的安全性。

由于糙米失去颖壳保护，胚和胚乳呈裸露状态，很容易氧化；而又保留了胚芽，具有强烈的呼吸及其他生理作用；更重要的是，糙米的脂类含量较高，在储藏过程中易发生由脂肪酶引起的水解反应和脂肪氧合酶引起的氧化反应，导致水解性酸败、氧化性酸败，造成糙米品质下降，产生酸度增高、黏度下降等一系列变化。糙米的这种不稳定性，不仅严重制约糙米作为储藏流通对象的实行，也极大程度地限制糙米营养价值的深度开发利用。因此，需要进行稳定化处理。糙米稳定化处理是涉及酶和营养成分变化的复杂过程，不仅要求酶活性受抑制，在储藏期间酸值和氧化程度控制在预期范围内，而且要避免各类营养成分损失。因而，无论是从粮食流通经济的角度，还是从营养健康的角度，对糙米的稳定化研究都具有十分重要的现实意义。

纵观国内外糙米储藏稳定技术的研究，有相当一部分集中在糙米储藏条件的控制上，包括水分、温度、真空、气调和熏蒸等。虽然获得一定效果，其中，日本的低温储藏技术已十分成熟，但整个储运体系的投入维护成本高，而且不能从根本上抑制糙米的品质劣变。近年来，国内外也有不少研究者致力于糙米灭酶稳定技术的研究，先后有热处理、有机溶剂处理、乙醇处理、油减压加热法、辐照处理以及过热蒸汽处理等技术的出现。

1）热处理

热处理包括干热、湿热、蒸汽、"浸泡—蒸煮—干燥"程序。与米糠稳定的热处理一样，利用脂肪酶的热变性使其失活的原理。干热导致糙米碎米、裂纹率增多，且灭酶效果不佳。蒸汽稳定效果较好，且营养成分损失较小。"浸泡—蒸煮—干燥"程序不仅达到灭酶稳定的目的，而且形成快速复水结构，可用于生产方便米饭。热处理在灭酶稳定的同时，也会破坏糙米抗氧化物，引起谷粒油脂的重新分布。

2）有机溶剂处理

糙米油脂按能否被有机溶剂萃取分为游离油脂和固定油脂，研究发现，只有游离油脂是脂肪酶的底物，与糙米的酸败有关。因此，用石油醚或沸腾乙烷浸提糙米，游离油脂被有机溶剂萃取出来，脂肪酶失去作用底物，从而达到糙米稳定化的目的。虽然灭酶效果较好，但存在有机溶剂残留问题，因而较少采用。

3）乙醇处理

利用脂肪酶和过氧化物酶的醇变性作用，同时乙醇对糙米表面产脂酶的细菌及霉菌致死作用，将糙米经过不同温度的液体乙醇和乙醇蒸气处理后发现：乙醇蒸气处理的稳定效果最好，且最终产品具有天然糙米的外观和蒸煮特性。

4）辐照处理

早期研究发现，将糙米进行 γ 射线处理，研究稳定糙米的游离脂肪酸、淀粉和蛋白质性质在储藏中的变化规律。辐照对糙米的稳定效果显著，但对糙米各组分物化特性影响较大。后来，同样将糙米进行 γ 射线处理，研究脂肪酶、糙米感官特性在储藏中的变化规律。γ 射线被证实能有效降低酶活性，且不影响糙米的感官特性。

5）过热蒸汽处理

研究过热蒸汽对糙米的稳定效果后发现：过热蒸汽处理 1min 能有效降低酶活性，同时温度在 150℃ 以内，淀粉结构未受到损伤，表明低温短时过热蒸汽足以灭酶，且不影响淀粉质量。然而过热蒸汽的灭酶效果仍需在储藏中证实。

6）微波灭酶

微波的热和非热双重效应使其在食品灭酶工业中广泛应用。微波对于酶的作用，除热变性外，非热效应会加速酶的变性失活，因而效果比传统沸水或蒸汽烫漂显著。微波作为灭酶稳定技术应用已十分成熟，先后有研究对不同原料中不同酶进行微波稳定。

7）超声灭酶

超声波作为近 20 年来应用于灭酶的研究新手段，已有不少研究报道其灭酶的有效性。但对于一些耐热酶，单独超声作用效果并不理想，研究发现，适当压力下超声的空化作用极大增强，因而在灭酶处理中，超声常与高压、热联合应用，称为压热声处理（MTS）。MTS 能有效提高酶的失活速率，原因之一可能是：随着温度升高，超声的空化作用降低，到达沸点时消失，而适当的压力可使空化作用在接近或高于沸点时发生，增加气泡内爆强度，因而 MTS 的灭酶效果优于超声单独作用。在 MTS 处理中，温度、压力、超声振幅以及处理介质都会对灭酶效果产生影响。其中，介质的 pH 过高过低都可造成蛋白质构象的改变，在多数情况下辅助 MTS 灭酶。处理介质对 MTS 的影响复杂，相同介质对于不同酶可能具有不同的效应。

超声波可降解淀粉，并优先降解无定形区，破坏支链结构和淀粉长链，直链淀粉含量（amylose content，AC）增加。赵奕玲等将木薯淀粉进行超声波处理发现：淀粉结晶度下降，糊化焓基本不变，糊化温度（gelatinization temperature，GT）升高，表观黏度降低，老化趋势增强。孙俊良报道，经超声波处理后，玉米淀粉黏度降低，较原淀粉难糊化。罗志刚等研究发现，超声处理增加玉米淀粉糊化温度、溶解度，降低熔值、黏度，但其黏度曲线未变。

8）超声微波复合系统

超声微波复合系统（UAMS），是近年来研制的超声和微波可同时作用的新仪器，主要应用于天然产物的热敏成分提取。例如，江南大学娄在祥等应用该系统从牛蒡根中提取菊粉，证实超声微波复合提取具有节约时间、提高产率、节约能耗等优点。然而，UAMS 对糙米脂肪酶活性的影响尚未有研究报道。

2.2.4　品质评价

糙米品质的好坏决定了糙米的安全储藏和经济价值，在糙米购销中，糙米品质指标的高低又直接决定着糙米价格。由于糙米是有生命的活体，在储藏、运输等过程中其品质随着环境的不同逐渐发生变化，从而导致品质的差异。糙米品质指标研究对糙米在储藏、流通、加工等过程中的质量和安全状况评价极为重要。为了能够掌握糙米的质量变化和安全状况，要对糙米客观及时地进行检测，获得糙米品质。因此，世界各国的仓储企业、加工企业和相关研究机构从不同的角度关注糙米品质和检测技术研究，保持糙米品质和商品价值。国际水稻研究所、日本水稻研究机构等都把糙米品质机制研究作为主要研究目标，并力求研究出一些简单、快捷、准确的品质测定新方法和仪器。

1. 色泽

糙米色泽是品质最直接的外观表征之一，正常糙米的色泽应该是蜡白色或灰白色，表面富有光泽，传统上，人们通过感官和经验来判断。鉴定时，将试样置于散射光线下，肉眼鉴别全部样品的颜色和光泽是否正常。

储藏过程中，米粒内部成分缓慢变化，造成米粒颜色改变。基于采用色泽判定糙米陈化度的重要性，国内外已进行了依据色泽变化快速、精确判定糙米劣变程度的大量研究。例如，采用近红外考察储藏过程中糙米的表面颜色变化与其脂肪酸值的关联，糙米储藏过程的色差变化与脂肪酸值增加的趋势一致，具有较高的关联性；也通过采集糙米图像并基于计算机图像处理方法提取图像颜色特征，用图像处理方法检测出糙米储藏过程米粒表面颜色的变化。糙米表面的亮度值随着储藏时间延长和储藏温度提高而增大的趋势明显，说明用图像处理方法及用米粒颜色特征参数表征糙米储藏过程品质变化的有效性和可能性。采用米粒图像的色泽变化检测稻谷储藏过程的理化性质变化特征信息，再建立这些信息与化学成分及品质指标的数学模型，从而探讨简便实用的稻谷陈化无损快速检测方法。日本佐竹公司已研制生产出 MMIC 型白度计，用于糙米及大米色泽的快速检测。

2. 气味

糙米气味不仅能够在一定程度上表征糙米品质，而且也是糙米品种的标识之一，尤其是东南亚和中亚所产的香米。目前对于糙米气味的研究主要集中在其储藏过程中气味变化的研究。糙米在储藏过程中，随储藏时间的延长会产生臭味，最终影响到大米的食用品质。因此有学者提出，挥发性物质也可衡量糙米的陈化变质。引起陈米臭味的主要为酮类和醛类物质，这些物质多来自油脂、氨基酸和维生素的降解。随着储藏时间的延长，糙米气味也会发生相应变化，糙米储藏 10 个月后的陈米臭味明显，经仪器测试，糙米的陈米臭味的主要成分为正己醛，而在 4℃低温下储藏 10 个月的糙米与新鲜糙米无明显差异。也有研究对糙米做了储藏中挥发性组分变化的试验，指出储藏温度为 30℃，湿度为 84%，常规储藏 3 个月后，糙米出现轻微的霉味，其中酸性挥发物和碱性挥发物变化较小，而糙米陈化的挥发物主要组分是 2-乙酸吡咯。因此，研究挥发性物质的变化是一条新的分析糙米劣变情况的途径，但对高效液相色谱（HPLC）条件的选择及不同储藏阶段各种挥发性物质的生成及降解缺乏标准化、系统化的检测方法，这有待于进一步的研究。

3. 容重和千粒重

糙米容重（体积质量）在一定程度上能反映籽粒的粒形、大小和饱满程度。容重大，则籽粒饱满、坚实、整齐，出米率高。同时，容重的大小还取决于糙米的密度和堆装时的孔隙度。一般籽粒长宽比愈大，籽粒愈细长，则孔隙度愈大，容重就愈小。容重检测主要以称取一定体积的糙米的质量确定。目前开发出的容重、水分快速测定装置，其方法是在传统检测容重的基础上，通过减少测定量达到快速检测容重的目的。该方法是传统容重检测方法衍生出来的一种方法，能够达到快速检测容重的目的。

千粒重的大小决定了籽粒的粒度、饱满程度和胚乳结构。千粒重大，则粒度大，籽粒饱满而结构紧密，胚乳的含量相对较大，因而出米率高。有研究采用图像处理的方法，提出一种改进类间最大方差二值化法与欧氏距离变换相结合的方法来解决粮食和油料种子颗粒之间的粘连和孔洞问题，并采用区域种子点搜索方法对种子进行计数，实现了种子千粒重的自动测定，该系统不仅精度高，而且速度快。

4. 不完善粒

我国《糙米》国家标准（GB/T 18810—2002）规定不完善粒包括下列尚有食用价值的颗粒：未熟粒、虫蚀粒、病斑粒、生芽粒、生霉粒。传统不完善粒的检测，要求必须由受过培训的专业人员进行检测。方法为：样品经分样后，检测人员先进行目测挑拣，将检出的不完善粒称量，计算得到样品不完善粒含量。现在，研究人员研制了一种谷物籽粒自动处理系统，该系统由一个自动检测机械和一个图像处理单元组成。利用该系统将糙米分为完善粒、爆腰粒、未熟粒、死米、破损粒、被害粒（霉变粒、异色粒、异形粒、虫蚀粒）和其他粮粒。采用 16 种糙米图像特征作为识别参数，并编写了稻谷品质检测软件将糙米分为 13 个类别，改进分类精度和自动识别系统的操作。当一组糙米参数输入时，识别程序将会运行。该软件在 Windows 环境下运行，具有以图形为基础的人机互动界面。

5. 黄粒米

黄粒米是指糙米或大米受本身内源酶或微生物酶的作用而使胚乳呈黄色，与正常米色泽明显不同但不带毒性的颗粒。黄粒米的形成主要是在收获季节，稻谷不能及时脱粒干燥，带穗堆垛，湿谷在通风不良情况下储藏，微生物繁殖，堆垛发热，从而产生黄粒米。稻谷受到外界影响的程度不同，产生的黄粒米黄色程度有所差异，可根据其颜色的深浅对黄粒米进行分类，将米粒分为 4 类：微黄、浅黄、黄和极黄。从感官上分析，黄粒米与正常米粒颜色明显不同，数字图像处理方法多是通过这种差异对黄粒米进行检测识别和分类。不同的学者分别从 RGB 色度空间和 HIS 色度空间寻找黄粒米和正常米的差异。在 RGB 色度空间中，有学者通过对比发现，黄粒米与正常糙米的 B 值（蓝值）差别最大，依据 B 值进行黄粒米与正常糙米分割。对于 HIS 色度空间，其检测得到的大米色泽与人的生理视觉特性感知的大米色泽相一致，有研究者使用 RGB 模型得到 HIS 模型，从而得到大米色度信息。

6. 爆腰粒

裂纹粒，俗称爆腰粒，是指米粒胚乳产生横向或纵向裂纹，但种皮仍保持完整。根据裂纹的条数和深浅的不同分成轻度爆腰、重度爆腰和龟裂。常规的扫描仪获取的爆腰粒图片中爆腰特征一般不太明显，要实现对爆腰粒的检测需要设计特定的光照条件，或通过图像增强将爆腰特征增强。采用常规方式采集到的米样的反射图像上几乎观察不出裂纹的存在，而从常规的透射图像上肉眼虽可以观察到裂纹，但须采用透明材料作为背景，米粒与背景的差异及米粒裂纹两侧的灰度变化均不大，使得计算机识别很困难。有学者采用 150W 的卤素灯提供光照，获取爆腰粒图片，利用小波变换提取图像边缘和去噪，与传统的检测算法相比，可得到更令人满意的边缘检测和去噪效果，有效地检出裂纹，为实现糙米爆腰率的快速、实时检测打下了良好的基础。也有人使用扫描仪和图像处理软件，有效检测大米爆腰。另外，利用图像正面相加的方法检测大米爆腰，分别对长粒和中粒大米颗粒爆腰结构进行检测。国内研究人员，在分析大米裂纹光学特征的基础上开发了一套大米裂纹计算机识别系统，通过图像二值化和区域标记方法从原始图像中提取单体米粒图像，对提取出的单体米粒图像进行灰度拉伸变换处理以突出米粒裂纹特征，然后提取单体米粒的行灰度均值变化曲线，并对曲线进行加权滤波处理，提出了一种基于单体裂纹米粒图像行灰度均值变化特征的大米裂纹检测算法。

7. 垩白

垩白是指米粒胚乳中不透明的部分，它与透明度呈极显著负相关。垩白之所以不透明是因为其淀粉粒排列疏松，颗粒中充气，引起光折射。国内使用垩白粒率、垩白大小和垩白度等概念来描述稻谷垩白状况。垩白检测的关键是使用图像处理方法将垩白分割出来，一般依据垩白部分亮度明显高于糙米籽粒其他部分来对垩白进行检测，这种方法目前也较为成熟。另外，通过灰度直方图可以发现垩白部分与正常部分的灰度差异明显，通过对灰度直方图进行统计，找出用于双峰法阈值化处理的阈值，把大米区域从背景中分离出来，统计垩白面积和垩白粒数，计算垩白度和垩白粒率。有学者研制了计算机图像处理系统，用于稻谷垩白度的检测，获取米粒图像后，经过中值滤波、平滑图像、灰度化处理，成为黑白灰三值化图像，其中灰色部分为透明谷粒，白色部分由于不透明为垩白部分。然后选择合适的背景阈值和垩白阈值对图像进行分割，统计得到相应部分像素数，进而计算出垩白度。吴建国等通过获取大米图像，然后使用一套自行设计图像处理程序对垩白进行分析，直接输出颗粒总数、面积总数、垩白总粒数、垩白粒率、垩白总面积、垩白大小以及垩白度等指标，同时将国标方法中的垩白粒率计数、垩白大小目测和垩白度计算等测定合而为一，只需一次图像分析即可输出所有垩白相关指标。其他分离垩白区域和正常区域的方法也有学者进行了探讨，主要是通过一些计算机算法，将垩白和正常两个区域的图像信息转换为可以对两部分区分的参数。基于分形维数的算法可以对垩白进行检测，分形维数包含了大米垩白区域的累计和空间分布特征，更能客观反映垩白区域的信息，该算法的识别正确率为 95.11%，可以有效识别垩白，与基于垩白大小的检测算法进行了试验对比分析，识别效果好于基于垩白大小的检测算法。黄星奕等建立了一个人工网络识别系统，对垩白区域与胚乳其他区域交界部分的区域内像素进行识别，从而达到垩白识别的目的。遗传算法作为对进化论思想的计算机模拟，这一非数学型自适应优化搜索算法能够有效地解决网络的构筑及结合权值的确定等问题，所建立的遗传神经网络能有效地识别垩白像素和胚乳其他像素，提高了垩白检测的客观性和一致性，为实现垩白度的自动在线检测打下良好的基础。

2.2.5　质量标准和控制

1. 糙米质量标准

稻谷国际标准 ISO 7301—2002（E）中将糙米分为：未蒸煮糙米、蒸煮糙米。要求待储藏的糙米水分含量低于 15%，杂质含量低于 0.5%，不完善粒中的霉变粒含量低于 1.0%，色泽气味正常等，并有其他指标，如稻谷粒、热损伤粒、损伤粒等。

日本糙米标准按种植分为水稻粳糙米、水稻糯糙米和旱稻粳糙米、旱稻糯糙米 4 类，按整米率可将糙米分为 3 个等级，也可按酿造用糙米将糙米分为 5 个等级。需测定的指标有：整米率、水分、坏粒、死米、着色粒、稻谷、异物、蛋白质及直链淀粉等。我国《糙米》（GB/T 18810—2002）将糙米分为 5 类：早籼糙米、晚籼糙米、粳糙米、籼糯糙米、粳糯糙米。各类糙米质量按容重、整米率分为 5 个等级，糙米储藏之前需达到水分含量≤14%，杂质含量≤0.5%，不完善粒中的霉变粒含量≤1.0%，色泽气味正常等。若未达到，需对原料进行清理、除杂和降水处理后再进行储藏。

从糙米标准原理上进行界定，一般分为两个方面，最高限量和最低限量。我国的国家标准《糙米》（GB/T 18810—2002）和日本的标准（2001，水稻うるち玄米及び水稻もち玄米）（表 2.1）采用最高限量和最低限量并用的标准。我国的最高限量包括杂质、不完善粒、水分、稻谷粒、黄粒米、混入其他类糙米 6 个指标。日本的最高限量采用水分、损害粒、空瘪粒、有色粒、异种谷粒和杂质 7 个指标，其中又将异种谷粒分为稻谷、小麦、稻谷及小麦以外的谷粒 3 类，并分别规定限量。我国的最低限量包括容重和糙米整米率。日本是使用整粒和标准样品两个方面，主要表示糙米完善粒含量和粒形。美国的标准（2009，United States Standards for Brown Rice for Processing）采用最高限量的糙米标准。美国标准中有稻谷、异种粮粒和热害粒、红米和被害粒、垩白粒、破损粒、其他类型、大米 7 方面的指标，其中稻谷又从质量分数和每 500 粒米粒含稻谷粒两个方面进行规定。

表 2.1　日本糙米（玄米）分级标准

分级	最低限量			最高限量							
	容重（g/L）	健全粒	外观与质地	水分含量（%）	损害粒含量（%）	空瘪粒含量（%）	有色粒含量（%）	稻谷粒含量（%）	麦粒含量（%）	异种粒含量（%）	异物粒含量（%）
一等	810	70	一级抽样*	15.0	15	7	0.1	0.3	0.1	0.3	0.2
二等	790	60	二级抽样*	15.0	20	10	0.3	0.5	0.3	0.5	0.4
三等	770	45	三级抽样*	15.0	30	20	0.7	1.0	0.7	1.0	0.6
等外品	770（最大值）	—	—	15.0	100	100	5.0	5.0	5.0	5.0	1.0

* 抽样为标准抽样；等外品指除一到三等外，异种粒和异物粒含量不超过 50%的糙米。

对不同国家糙米标准最高限量指标进行对比，最为基本的是水分含量，中国和日本为 15.0%，美国为 14.5%，相差不大。有部分指标其字面表述不大相同，但所表达意思大体相同，中国的不完善粒中包含未熟粒的概念，日本糙米标准中死米的概念与中国未熟粒相似。中国对不完善粒进行了总量的限定，不得高于7.0%，并将霉变粒单独列出，不得高于 1.0%，所有等级均按此要求。国外多为不同等级糙米设置不同最高限量。日本对不同等级糙米分别规定了最高限量，其中空瘪粒的一等、二等、三等的最高含量分别为 7%、10% 和 20%。

2. 糙米质量控制

随着科学技术的发展，人们对糙米质量指标研究给予了更多的关注。由于稻谷品质评价体系中更多依据其外观品质，如气味、千粒重、容重等指标已较少出现在各国标准中，而不完善粒分类及限量是糙米质量指标中关注较多的方面。对糙米质量指标的研究应加强对不完善粒的研究，尤其是依据不完善粒形成原因及外观进行分类的研究，从而客观反映糙米品质。

糙米质量检测方法研究主要集中在图像处理和近红外方面，作为快速、客观的检测方法，将是糙米品质检测研究的一个重要方向。近红外技术能够快速检测糙米中水分、蛋白质、直链淀粉等成分的含量。近红外技术检测糙米水分已经较为成熟，在实际收储和生产环节中已有应用。图像处理技术在糙米品质检测中逐渐得到应用，主要应用于糙米籽粒识别和分类。与传统检测技术相比，这些检测技术具有速度快、精度高、重复性好等优点，利用快速检测技术分级代替传统检测，是自动化分级发展的趋势。但目前仍然没有普遍应用到实际工作中。如果能够提高图像处理和近红外检测糙米品质技术对于我国糙米品种多、品质差异大的状况的实用性和适应性，该方法将得到更为广泛的应用。另外，当进一步研究以图像处理和近红外技术为基础，并与 X 射线成像、紫外波谱成像、微波成像以及超声波成像等快速无损检测技术相结合，将促进糙米品质及检测技术的发展。

为确保糙米加工过程的质量安全，按照 HACCP（危害分析和关键控制点）的认证体系的要求，结合生产实际，确定关键控制点（CCP），对糙米加工评估影响产品质量与安全卫生的风险，分析其存在的生物的、化学的、物理的危害风险，防止或消除食品安全危害，或分析将其降低到可接受水平的必需步骤。以下介绍糙米加工过程中关键控制点的控制。

1）原粮选择的控制

选种时宜采用当年的优质稻谷。原粮的卫生质量的依据是《粮食卫生标准》（GB 2715—2005），控制的内容是有化学危害的农药残留、黄曲霉毒素、有害重金属、霉变粒；有物理危害的杂质等 36 项检测项目。控制的措施是首先按标准抽取代表性样品进行检测，检测其以上内容是否符合相关规定要求，合格的才能进行采购，并且采购入场后对其按标准进行杂质和虫害等的检验，检验合格后才能调入糙米加工车间进行加工。

2）稻谷清理的控制

经过清理后的稻谷称为净谷，其含杂量参照成品糙米的标准应符合以下工序质量要求：含杂总量，<0.5%；其中砂石不超过1粒/kg；其中含稗粒不超过65粒/kg。该工序所需要的设备较多，只有严格按照每台设备的操作规程操作，才能确保通过该工序的再制品即净谷达到以上质量要求，从而保证成品糙米不含杂质等物理危害或将其降低到可接受水平。

3）砻谷、谷壳分离、谷糙分离的控制

砻谷后要满足以下的工艺指标：脱壳率为75%～85%；糙碎率<5%；精磨粒含量<10%；谷糙混合物中含稻壳不超过0.1%。砻谷后的谷糙混合物经谷糙分离机后的工艺要求：净糙含稻谷粒不超过40粒/kg；回砻谷含糙米不超过5%；谷糙混合物的谷糙比为15%～25%。

4）糙米精选的控制

糙米精选后要满足以下的工艺指标：不完善粒去除率不低于50%；糙碎去除率不低于50%；糙稗去除率不低于90%。

5）色选的控制

色选后要满足以下的工艺指标：色选精度不低于99.5%；红米含量不超过0.3%；热损变色粒不超过2粒/kg；垩白粒含量不超过2%。为保证物料色选效果，确保色选机运行可靠，务必要严格按照色选机的操作规程调整操作，特别是选糙米时的背景板、感度和流量的配合调节。

开机前要注意供气系统压力应达到0.5MPa；色选机压力调节器压力应达到0.25MPa；接通电源预热30min，方可启动系统设置菜单。功能的选择主要包括糙米中除异色粒、除垩白粒，除无机物（玻璃、石子）粒等项目；功能的实现依色选机的性能可在一台机器上同时完成，也可由多台色选机分功能实现。操作工严格按照以上设备操作流程进行操作，确保达到以上指标，使其物理性危害：如玻璃杂质，还有化学危害：如霉变粒，降低到可接受水平，从而保证糙米的安全质量。

6）磁选的控制

要及时清理金属杂质，确保磁选设备达到足够的磁力要求，生产过程中及时检测成品糙米中含金属杂质的情况，目前可以用食品用X射线探测仪进行探测，出现异常情况要及时调整好磁选设备，保证成品糙米中的物理性危害（金属杂质）不得检出或降低到可接受水平。

7）计量包装的控制

计量按相关标准规定进行标重。所选用的包装符合食品级的要求，所使用的气体符合相应食品级的安全标准。高浓度的CO_2能阻碍好氧细菌与霉菌等微生物的繁殖，延长微生物增长的停滞期及指数增长期，起防腐防霉作用。N_2 是理想的惰性气体，在食品包装中有特有功效：不与食品起化学反应和不被食品吸收，能减少包装内的含氧量，极大地抑制细菌、霉菌等微生物的生长繁殖，减缓食品的氧化变质及腐变，从而使食品保鲜。在应用 N_2 时，必须重视 N_2 的纯度与质量。通过膜分离或变压吸附方式从压缩空气中分离出的 N_2，纯度可达 99.9% 以上。食品包装中使用的 N_2 纯度必须达到纯氮级（即安全级）。

2.3　大　　米

2.3.1　概况

大米（包括通常所说的精米、精白米、白米）是指糙米经过碾米加工，保留胚乳部分，除去部分或全部皮层的不同加工等级制品。按照目前标准［《大米》（GB 1354—2009）］的规定，一级大米中去净米胚和粒面皮层含量达 90% 以上，而这些一级米是日常食用最多的。据有关资料统计，2011 年，中国大米产量中一级、二级、三级、四级大米的产量分别为 5609 万 t、1747 万 t、708 万 t、81 万 t，分别占总产量的 68.3%、21.3%、8.6% 和 1% 左右。

2.3.2　加工工艺和技术

大米质量很大程度上取决于稻谷的品质优劣和新陈程度，但大米加工技术水平的高低也至关重要。

1. 国内

1）工艺流程

国内大米加工工艺流程如下所示：

原米收购→筛选（去除各种杂质）→去石→磁选→水稻去壳（去除稻谷、糙碎）→谷糙分离（谷糙混合物）→厚度分级→碾米（分离出米糠，包括胚芽）→大米分级→色选→抛光→大米分级→成品包装

2）工艺要点

（1）稻谷清理与稻谷分级。

我国稻谷大部分来源于个体农民生产，品种多杂；收割、干燥条件差，原粮含杂较多，这给稻谷加工带来了较大的难度。针对这种现象，稻谷清理工艺设计多道筛选、多道去石，实际生产中依据原粮含杂灵活选用筛选、去石的道数。加强风选，保证净谷质量，不能依赖色选机在成品阶段把关，控制成品含杂。大型

厂在清理流程末端将稻谷按大小粒分级，分开砻谷、碾米，合理选择砻碾设备技术参数，减少碎米。大小谷粒分开包装，有利于提高商品价值。

　　清理工序的要求是除去稻谷中的杂质，保证后序加工效果和成品纯度。目前，国内的稻谷中主要杂质有灰尘、杂草、稻穗、砂石、麻绳等。清理的原则是"先大后小，先易后难"，一般要求有较强的适应性，一次性投资，不再重复投资。一般采用的工艺，如图 2.1 所示。

图 2.1　分级去石工艺流程图

　　①筛选工艺。

　　清理流程中的原粮首先经下粮坑，在下粮坑处要有吸尘风网。经提升后就进入筛理工艺的初清设备，初清要求去除绝大部分灰尘，初清工段要有除麻绳设备，初清设备产量要大，避免因杂质堵塞而影响去杂效果。同时要配有一定吸风量，避免灰尘外扬。毛谷仓是能保证连续稳定生产的必要设备。筛选工艺主要去除大中小轻杂质，现在普遍使用振动筛，振动筛的第一层筛面除大中杂，第二层除稗子、砂石等重、细杂质。振动筛既可以保证去除大杂，又可以减小后续除稗的负担，其配置的垂直吸风道可有效地清理轻杂，对目前的设备，一道工序就能满足要求。

　　②去石与除稗工艺。

　　目前我国原粮中含石普遍较多。去石成为清理任务中最关键的工序，对成品质量影响较大，如果设计不当，不是石中含粮超标，就是粮中砂石不净。传统的去石方法是在稻谷清理段设有一道去石机。实践证明，一道去石很难达到理想效果。其原因：一方面是水稻中含杂质多，变化大；另一方面，去石机对流量和风量两项指标特别敏感，而这两项指标以前都无法准确控制。因此，都采用多道去石工艺组合，一般可分为主流连续去石、副流连续去石、分级去石和强化去石，还有衍变的其他工艺。主流连续去石是指稻谷流连续去石，保证出石口的石中不含粮。副流连续去石是指每道工序保证稻谷中不含石，而出石口物料连续去石。分级去石的方法可满足不同原粮的清理，防止粮中含稗量过多，此工艺较灵活，为后序分级加工提供前提。强化去石是指砂石含量不高，而一道去石又不能满足要求时，在工艺上仅保证稻谷中不含石，而对含有的一定数量的砂石进行定期处理的一种工艺，它是副流连续去石的一种变型。在清理工序中，一般还有磁选设备，还可在初清前（或后）设置计量设备，以进行各种核算。为了方便核算，可将计量秤放置在初清之前；为了保护秤，则置于初清之后。

（2）砻谷及糙米精选工序。

此工序的主要任务是脱掉稻壳，并对糙米进行精选，确保糙米的质量。此工序是目前碾米工艺中的难点，没有十分理想的工艺。一般采用的工艺，如图 2.2 所示。泰国大米谷物脱壳不要求一次脱壳率达到 100%，一次脱壳率通常控制在 90%左右。根据经验，当脱壳率达到 100%时，断米、碎米会显著增加，导致综合经济效益下降。在脱壳率为 90%时，综合经济效益最好。控制脱壳率，可通过调整砻谷机的进料量及胶轮间隙等有关参数来实现。

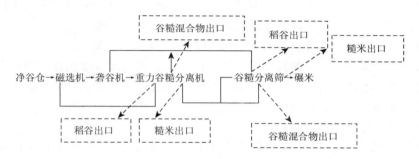

图 2.2　主流连续谷糙分离工艺流程图

①砻谷。

砻谷是控制糙碎含量的重要环节，砻谷机应选用性能优良，糙碎率低的先进机型。目前，不少工艺采用回砻谷单独处理的方法，此方法可配合重力分级去石机使用，将轻质稻谷和回砻谷用一台专门砻谷机处理。这样可对不同性质的稻谷设置不同的参数，有一定的效果。但要考虑投资、设备布置和效果的比较。

②谷糙分离。

谷糙分离是提取纯净的糙米供给下道工序，同时回收稻谷，送回砻谷机再脱壳。图 2.2 采用的是主流连续重力谷糙分离机-谷糙分离筛组合的谷糙分离工艺，其糙米分离路线长，净糙质量高，产量有所保证，较适合我国目前原粮互混的情况。如果对谷糙分离筛筛下物进行处理，可将糙米中的糙碎和部分不完善粒筛出，可改善糙米碾白过程，减少出碎量。谷糙分离有单道工艺，但已不能满足成品要求。谷糙分离工艺组合形式变化多样，但都遵守同质合并的原则，即将相同或相似的物料合并处理的方法。

③其他。

砻谷机和谷糙分离机前都设有缓冲仓，以稳定流量，保证连续生产。砻谷工段的自留管应选用加有耐磨内衬的预制管道；稻壳的输送一般采用风运，也有机械运输的，但要做好除尘工作，砻谷机上都有磁选设备。砻谷与谷糙分离工序一定要注意流量与质量的平衡，否则易造成糙米的恶性循环。目前，不少米厂的工艺设计还进行糙米调整处理，即在碾白前进行糙米厚度分级、糙米去石、糙米计量和糙米调质等工序。这对后序碾米工艺有一定的帮助，但目前国内的各项技术不成熟，考虑到成本与投资，这种处理方法并未得到普及。

④回砻谷加工与糙米调质。

大型厂采用回砻谷单独加工。砻谷后未脱壳的稻谷经过一次辊压，承受辊压力能力减小，将这部分未脱壳稻谷（回砻谷）并入主流稻谷进入砻谷机再脱壳，易产生爆腰、碎米。选用一台砻谷机单独加工回砻谷，合理调整辊压及线速差，既减少糙碎、爆腰粒，又降低胶耗、电耗，还方便操作管理。

适宜的糙米碾白水分含量为 13.5%～15.0%。糙米水分低，加工中产生的碎米多。采用糙米雾化着水并润糙一段时间，增加糙米表层的摩擦系数，有利于糙米皮层的研削和擦离，可降低碾白压力，减少碾米过程中的碎米，提高出米率，同时有助于成品大米均匀碾白。

（3）碾米与成品整理

碾米与成品整理的任务是保证大米精度，并能生产出不同精度等级的大米，以满足客户的要求，按目前市场对大米的要求，加工时必须采用多级轻碾工艺。粳米和籼米的特性不同，加工工艺也有所不同，加工粳米可重碾，加工籼米则要求轻碾。为了使工艺灵活，适应不同原粮，一般采用的工艺，如图 2.3 所示。

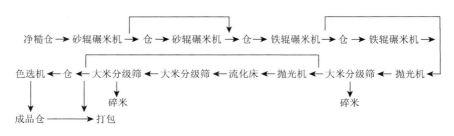

图 2.3 "二砂二铁二抛光"工艺流程图

①多级轻碾。

多道碾制大米，碾米机机内压力小，轻碾细磨，胚乳受损小、碎米少，则出米率提高，糙白不匀率降低。

图 2.3 的工艺为"二砂二铁二抛光"，这种工艺组合，可转变为"二砂一铁"，或"一砂二铁"，且抛光也可变为一道抛光，这样灵活的工艺就可以生产出不同等级的大米，以满足不同客户的要求。但这种工艺的一次性投资大，设备多，给米厂设计的设备布置带来难题。因此，不同厂家应根据主要加工原粮的情况来决定

采用什么样的工艺流程。

②成品整理。

成品整理的主要任务是保证大米的各项物理感性指标满足要求。其中，一般由抛光、大米分级、凉米、色选等工序组成。抛光是利用抛光机使米粒表面淀粉糊化和胶质化，使米粒表面光洁细腻。如设两道抛光，则其中第一道起清除米粒表面米糠的作用，俗称"擦糠"。第二道抛光起糊化淀粉的作用，俗称"上光"。有实验证明，两道抛光在设置的当时，效果明显好，特别是在最后一道抛光后用流化床使大米冷却降温。大米抛光是加工精制米、优质大米时必不可少的工序。抛光借助摩擦作用将米粒表面的浮糠擦除，提高米粒表面的光洁度，同时有助于大米保鲜。生产有色米、食和糙米时，借助抛光作用，除去米粒表面黏附的米糠。对于大米抛光不论是光亮度和增碎指标，根据实践证明，冷米抛光明显优于热米抛光。在抛光机前增加凉米工艺，使米温接近室温，不仅提高大米抛光后的亮度，而且可使增碎降低 1%～2%，提高大米完整率，降低热效应造成的增碎。在抛光机的前道工序安装一台流化床瞬间冷却大米降温，能起到一定效果。如果条件允许，可以考虑一个米仓临时储放大米，等冷却 24h 以后再抛光，效果会更明显。但是，目前国内学者普遍呼吁"适度加工"，减少抛光的次数。每增加一道抛光，每吨产品能耗增加 10kW·h，碎米率将增加 1%～2%，营养成分越来越少，损失、浪费比较严重。

大米分级是利用自动分级（运动分级）的作用配以合适筛网将大米中的碎米与整米进行分离。成品大米的含碎量以其加工的品牌、档次而定。经头道大米分级筛后的一、二级整米既可作为普通精米打包，也可经后续的成品整理再打包或进行配米，以适应多等级米的加工。一般生产高档小包装米时还要配合滚筒精选机（长度分级机），以保证碎米含量。

色选是将优质米中的异色米、腹白米、未清理干净的杂质（如稻谷、砂石等）除去，是生产精制米、出口米时一道重要的保证产品质量的工序。大型厂设计色选流程时，考虑到副流（异色粒）量较大，单独选用一台色选机处理副流。中型厂直接选用带副流的色选机。目前，国内不少厂家已经注意到色选的重要性，特别是生产高档米，色选机更是必不可少的设备。设备的技术效果决定这种工艺的效果，正因为如此，有的国外知名企业的产品要优于国内产品，但价格昂贵。大米色选在工艺设计时，色选机的产量要与前面的加工设备达到流量平衡，当原料质量发生很大变化时，特别是黄米严重超标时，在整个生产工艺设备中，反应最敏感的是色选机，一般黄米含量超过 2%时，色选成品米很难达标。这种问题在哪家企业都会发生或遇到，而且每年都会季节性出现，只是持续时间长短不同，当这种问题出现时，色选机将无法与前面的加工设备达到流量平衡。针对这个问题，有的企业在工艺设计设备选型时，会选用一台处理量大的色选机或用两台色选机并联的办法，以此来提高色选机的产量。他们认为色选机不耗电，只不过是一次性投资而已。其实，不一定非要选用处理量大的色选机或用两台色选机并联使用，因为每年季节性出现黄米严重超标的情况，在一年生产时间中占的比例终究不是太大，有时只是短时的、极个别的。可以考虑设计一种色选工序的辅助工艺，即先采用物料分流储备而后再色选的办法，物料分流储备就是采用储料斗先将生产中色选机临时处理不了的物料存放到储料斗中，等有时间再色选。储料斗在工艺布置上与色选机并联，只要车间空间位置允许和楼板载荷足够就行。

（4）配制米。

配制米是指将两种或多种大米按一定比例混合在一起作为一种大米产品。通过将不同营养、不同口感的大米混合，实现不同大米理化性能互补，从而提高大米的营养，改善大米的口感。例如，将黑、紫、红色米与白米配制来提高白米的营养；将优质籼米、粳米与普通籼米配制来改良普通籼米的口感。配制米并非单纯地将碎米配入整米。

米厂的工艺设计除了以上主要工序外还有下脚料及副产品的处理工序，但由于其不属加工工序，就不在此进行探讨。米厂的加工工艺设计是进行米厂设计、改造的基础环节，决定了其他设计步骤、改造方法，因此，设计时一定要结合实际，考虑全面周到。

2. 日本

自古以来，日本的大米是以糙米的形式进行储藏和流通，所以，日本的碾米工艺与国内的最大区别是从糙米开始，经过选料、碾米、包装三大流程生产出商品大米，具体工艺流程，如图 2.4 所示，其随着技术开发以及行业的发展而不断变化，不同的工厂也稍有不同。

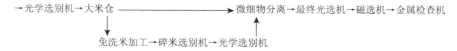

下粮坑→平面回转筛→风力选别器→光学去石机→磁选机→糙米仓→碾米机→碎米选别机

→光学选别机→大米仓 ——————→微细物分离→最终光选机→磁选机→金属检查机

　　　　　　　　　↓　　　　　　　　　　↑
　　　　免洗米加工→碎米选别机→光学选别机

→振动杂质选别→计量包装→金属检出机→出厂

图 2.4　日本大米加工流程

1）选料流程

选料流程主要经过去杂机、去石机将糙米中的杂质去除，有的工艺上还有糙米粒厚选别机和糙米色选机，通过粒厚选别机去除未熟粒和死粒等来提高糙米的品质（等级）。1996 年前后，北海道大型烘干储藏设施为去除糙米中的异物和着色粒，开始采用粒厚选别后再色选的选别工艺，粒厚选别时可使用小的网目来增加良品率，然后再通过色选去除未熟粒、死粒、着色粒及异物，从而达到既提高选别效果又提高良品率。粒厚选别和色选并用的糙米精选技术通过 2003 年 1 月召开的"北海道农业试验会议"的审定，被北海道农政部指定为"普及推进事项"，现正在普及中。日本 2010 年产糙米的等级检查结果显示，全国一等米的平均比例为 61%。虽然一等米比例很大程度上受天气和地域的影响，但北海道的一等米比例高达 88%。碾米工厂评价北海道的糙米品质稳定、碾米时出米率高，这些好的评价正是糙米色选的效果。粒厚选别和糙米色选工序在日本的大型烘干储藏设施和农户也应用较多。

原料糙米经过检测，投入到下粮坑，在下粮坑处设置除尘风网，除去轻杂质，使用气体输送将糙米原料输送到糙米清理的平面回转筛而使米中夹杂的稻壳和杂质除去，然后利用风力选别器除去稻草和纸屑等轻巧杂质，最后将干净的糙米投入光学去石机。光学去石机与历来的比重选别机有不同之处，它是利用了"电子眼"检测和除去砂石、玻璃、塑料等杂质，然后使用大约 1 万高磁的强力磁选机除去金属和铁线，糙米清理结束后，再次通过气体输送将糙米输送到糙米仓。

2）碾米流程

碾米流程一般包括碾米、精选、色选等，有的在碾米后有免淘米装置，日本佐竹公司推出的 NTWP 新型大米抛光机就是免淘米装置的一种。碾米流程就是通过碾米设备将糙米加工成大米。由于糙米的最外层（表皮）为蜡质而难以产生摩擦，所以在碾米初期使用研削式碾米机，其后去除果皮和种皮时使用碾磨比较均匀的摩擦式碾米机。日本的碾米设备一般第一道是研削式碾米机，第二道和第三道是摩擦式碾米机。

根据稻谷的形质（软硬程度、粒形长短等），其研削和摩擦的工作比例有所不同。研削式碾米机是以剥离糙米的果皮、种皮为目的，用研削辊接触米粒，通过冲击作用削剥糠层。摩擦式碾米机是以剥离糊粉层为目的，依靠增加米粒间压力所产生的摩擦力来剥离糠层。在研削摩擦式碾米机组中，一般将研削比例控制在 15%～20%，尽量不要切削到淀粉层，这样才能保证出米率和食味。

碾米不充分会引起米饭带有米糠味和饭粒变黄，而过度碾米则会使米饭无味及口感差。一般用白度来判断碾米的程度，糙米的白度与糙米的品质有关，一般糙米的白度上升 20% 时，精米率为 90.5%。图 2.4 中，日本碾米工艺流程的精选和色选工序类似于我国，精选主要是大米分级的需要，色选主要是将大米中的异色粒、垩白粒和病斑粒等异物去除。

糙米仓中的糙米通过计量进入碾米工序。组合式碾米机首先利用研削作用轻微地对糙米表面的糠层进行研削，然后通过米粒之间的摩擦来碾磨，最后为了达到适度的碾米条件，以喷雾着水的方式对米粒研磨，而且在空气寒冷干燥的冬季，可以利用布袋除尘气的余热，对碾米车间采暖，同时给予加湿，力求提高品质。

碾米工序结束后，进行到大米选别工序，由于碾米之后的米粒变热，在受到风的吹拂后容易发生裂纹，所以采用了提升机输送而不采用气体输送，在碎米选别机上除去糠球和碎米后，再次用光学选别机选别，这种光学选别机为了安全地除去杂质，机器本身实施二次选别，然后使用配置有加湿器和冷却机的气体输送装置将大米输送至大米仓。

3）包装流程

日本大米包装流程一般包括金属选别、光学选别、计量包装、金属检验和出厂。金属选别主要是通过磁选机将大米中的金属物去除，光学选别通过色选机将大米中的着色粒、垩白粒等异色杂质去除。日本的计量包装、打剁一般是由全自动包装机和机器人完成，日本大米的包装材料一般为塑料包装，包装材料是卷状的，只需将包装材料放入包装机指定位置即可完成包装。最后，包装完毕还需要检测大米在包装时是否混入金属杂质，确保成品安全。

对大米仓中排出的米，正确地实施计量，在最终选别工序通过微细物分离机、最终光选机、磁选机，在计量包装工序之前通过振动杂质选别机输送到计量包装室，在成品计量包装室使用计量包装机对产品进行计量打包，最后再一次检测金属的混入，确认每袋米的质量后方可出厂。成品出厂区采用内侧阻断式双重门，用来隔断产生灰尘的原因，是始终如一强调卫生理念的构造。

3. 泰国

泰国大米加工厂家对大米的质量控制从稻谷收割开始。过早收割稻谷，灌浆不完全，成熟率低，加工出来的米垩白面大、光泽性差、食味品质下降。延后收割，成熟过度，同样会造成米质下降，且米粒易碎。为保证稻谷质量，泰国米厂通常要求农户对稻谷的收割时间控制在水稻成熟率为 90%～95% 时，进行收割。脱粒的稻谷送到米厂后，米厂用谷物清洁机和除石机对稻谷进行清洁处理，清除稻谷中的杂草、泥土、砂石等杂物，同时检测稻谷的含水量。对含水量在 14% 以下的稻谷，直接送入谷仓存放。对含水量大于 14% 的稻谷，送入烘干机房，根据含水量的多少，分别采取不同的干燥方法，待水分降至 14%，再送入谷仓保存，以待加工。对于香型稻谷，存放期都不超过半年。因为稻谷的内在质量如香味、油润性、光亮度等会随存放时间的增加而逐渐降低。在谷物存放期间，考虑到环境湿度、温度对稻谷的影响，工厂定期检查谷仓的湿度、温度和稻谷的含水量。根据检查结果，采取相应措施，以防稻谷腐坏变质。如谷仓温度高，则送凉风进入谷仓降温，如稻谷含水量高，则送热风除湿。在复杂情况下，需采取综合措施。稻谷的含水量对大米加工的整精米率影响很大，含水量太低，脱壳时，谷粒易脆断；含水量太高，同样易断裂，而且碾米质量难以控制。因此，泰国大米加工对稻谷含水量控制得很严格，对加工各类品种稻谷的最佳含水量，都根据实践总结出一系列指标，分门别类进行质量控制，绝不混杂在一起。

1）碾白

泰国大米加工工艺流程中，从砻谷机出来的只是糙米，不是大米。要将糙米变为大米，还要用碾白机进行加工。这一工序，主要用白度仪检查加工质量。白度的最高等级与最低等级相差 20 个数量级。泰国普遍采用多次碾白的方法，即每碾白一次，白度等级只要求提高 3～5 个级数，经过多次碾白，白度逐渐提高，一般经过三次碾白即可达到所需要的白度指标。这样做可以降低碎米率和碾米损耗，提高经济效益。实际经验和试验数据都证明：在碾白过程中，多次碾白比一次碾白可大大提高整精米率。采用多次碾白似乎是浪费时间和物力，实际上，综合计算可知是提高了经济效益。一般来说，稻谷加工至稻谷碾白阶段，大米机器加工就结束了。为提高稻谷的外观质量和稻谷的档次，优质大米的加工还要进行抛光处理。

2）抛光

泰国稻谷抛光是在抛光机中进行的。该国米厂用卧式抛光机，采用湿米加工技术进行抛光。在抛光过程中，机器中的雾状液体使米粒表面湿润，米粒在机械力的作用下相互摩擦，最终使外表面变得光滑油亮。其关键技术之一是控制抛光液的加入量，加入量少，抛光效果差；加入量多，抛光出来的米易板结、腐坏，严重时甚至会损害机器。具体操作过程要综合考虑生产量、稻谷品种、光亮度要求等因素。一般抛光一次，以光亮度提高两个数量级为宜，提高太多，碎米率便会随之增加。通过抛光处理后，稻谷外表光滑油亮，白度与亮度显著提高，颗粒晶莹透明，十分诱人。

3）色选

在泰国，光谱筛选分级后的优质米中，还会混杂有极少数褐色米、红色米、黄色米等杂色米。它们在优质米中特别显眼，严重影响优质米的外观美感。在泰国的大型米厂，对优质米要用光谱筛选机进行筛选，将其中的杂色米清除。至此，优质米的加工才算圆满完成。最后按照市场供求情况，将各种等级的米分别装入印有商标的不同容积的塑料袋中，便进入市场销售了。泰国大米按级定价，各级米的价格差异很大，优质米的价格往往是普通米价格的数倍。因此，在大米加工过程中，提高整精米率，才能取得较好的经济效益。

4）大米分级

泰国稻谷分级经过以上一系列的加工过程后，有些米粒经受不了加工过程的冲击，变成了断米和碎米。为适应市场各类消费者的需求，收到最好的经济效益和社会效益，泰国米厂对大米进行严格分级。按照泰国大米行业的标准，大米分级主要是按照米粒外形尺寸来划分。具体地说，是根据整精米率和碎米率的比例来确定其等级。优质米整精米率高，碎米率低，外观表现为颗粒均匀，几乎全为整米粒。

4. 大米加工关键技术

1）原粮低温储藏技术

低温储藏是将粮食温度控制到一个较低水平，以达到安全储藏的目的。有条件的企业可以建造低温立筒库，利用制冷机产生冷气送入库房，使粮食处于冷藏状态，达到抑制各种微生物的生命活动，即使在夏天也能保证储粮安全。因为有相当大一部分细菌在高温情况下滋生快、繁衍迅速，只能靠熏蒸来杀灭，但同时也给粮食带来污染。

2）稻壳提粮器的应用

稻壳提粮器被许多大米加工企业忽视，没有被采用，大糠中瘪稻、糙碎等副产品随大糠流失而浪费。稻壳提粮器由机架、分流沉降室、粗选室、精选室和储料管构成，是利用稻壳提取物在可控气流中密度、粒度、重力、惯性、悬浮速度等的差别，在一台设备内依次完成多次分流、多次粗选、多次精选的设备，从而实现稻壳和粮食的分离。该设备是串联在稻壳吸运风网中，不需配动力，一般不需维修，能取得很好的经济效益。一个年产 2 万 t 大米的加工厂每年可以靠此增加十余万元效益。

3）稻谷的分级加工技术

分级加工是指按稻谷籽粒的粒度、容重、结构力学性质等特性的差异，将一批稻谷分成若干个等级，然后根据各等级物料的性质，采用不同的工艺及工艺参数分别加工。其包括原粮初清、去石、砻谷前分级、碾白前分级及成品整理阶段的分级。其中碾白前分级是在谷糙分离工序完成后，选用改进的谷糙分离筛提取糙秕、糙碎、小粒糙米和不完善粒。虽然这些也可以在后道成品工序分级提纯时除去，但在糙米中除去，利于提高碾米产量，降低碾米电耗。对于优质米加工，一定要在生产体系中设置糙米精选与分级工序。目前，瑞士布勒等公司都有成熟的糙米厚度分级机。成品整理阶段的分级是为配米做准备的，它由大米分级筛将降温后的大米分成整米、大粒碎米、小粒碎米，根据市场行情配制成不同碎米含量的成品大米。

4）砻谷工序技术创新

稻谷加工过程中，成品产量、质量、出米率、加工成本的高低很大程度上取决于砻谷工序的工艺效果，从产量、脱壳率、单位胶耗指标来看，关键取决于进机稻谷的质量。从砻谷机理论上讲，稻谷纯度越高、粒度越整齐饱满，其加工工艺效果越好，而纯度越低、粒度越不整齐，其加工工艺效果越差。现实加工中，进砻谷机的稻谷不全为粒度完全整齐、纯度又高的稻谷，而是由大部分粒度完整的稻谷、一部分经谷糙分离设备分离出来的回砻谷组成，回砻谷中有完整稻谷、半脱壳稻谷、整糙米、糙碎以及极少部分未能分离出来的稻壳，以这样的混合体进入砻谷机中进行砻谷，经砻谷机同样辊间压力砻谷后，将直接导致以下结果：正常稻谷部分脱壳；半脱壳稻谷基本全部脱壳，其中一部分成糙碎；整糙米经一定压力搓撕后，一部分变成糙碎，而原来的糙碎就更碎了。这样，再进入后道谷糙分离工艺进行分离，势必造成恶性循环。如果设立一个砻谷旁路，单独用一台砻谷机专门处理"纯稻谷"，而用另一台专门处理"回砻谷"，这样，采用两种压力等级来分别处理以上"纯稻谷"和"回砻谷"。采用这种工艺有如下优点：可以提高整个砻谷工序的工作效率，即各台砻谷机的台时产量；优化砻谷工艺指标效果；可以大大提高砻谷机单位胶辊脱壳量；生产过程中，还可以与原砻谷机互补调节，不会因原砻谷机短时故障而导致生产中断；在稻谷品质较好时，可以利用上方储料斗做间隙启动，单独处理回砻物料，如果回砻物料太少，还可以从原砻谷机上方料斗中引流一部分"纯稻谷"来加工，以保证各台砻谷机来料充足；可以提高单位时间内净糙产量与净糙完整率。尽管增加了设备和电耗，但糙碎含量减少了 1%，效益也是十分明显的。

　　5）糙米调质技术

　　稻谷加工水分含量应控制在 14.5%～15%，经过长期低温储存的稻谷，加工前需要测量水分含量，糙米的水分含量低于 14%，最好采用糙米调质器进行加工前调质处理；调质后加工大米的色泽明显改善，光泽度增加，加工成品率提高了 1%，碎米率减少 0.5%；同时，调质后稻谷的水分含量增加，加工过程中的工作电流降低 10%，节约了加工的单位能耗。大米色泽的改善和碎米率的减少在一定程度上提高了大米的销售价格，而加工成品率的提高会增加稻谷加工成大米的数量，大米水分的适当增加会改善大米的食用品质。由上可见，稻谷在加工前进行适度的着水调质，会明显改善稻谷的加工工艺品质，经济效益和社会效益显著。

　　着水调质主要在糙米阶段进行，通过对糙米添加水或蒸汽将糙米表层湿润，使表皮与内层的结合力降低，并使糙米表面的摩擦系数增加，这样碾米时所需压力减小，出米率随之增加。因为碾米有一个最适水分含量，糙米的最适水分含量在 14%～15%，如低于这个水分含量，碾米的工艺效果不会最好，不利于减少碎米和节省碾米动力。另外，水分含量过低时加工出的大米，其食用品质不佳。为此，糙米进米机碾米前应进行糙米着水调质处理，对陈稻和水分含量低于 14%的糙米更有必要。目前，通常采用的着水调质的着水方式有水滴式、空气压缩机雾化式、水泵喷雾式、超声波雾化式。其中超声波雾化式，水滴粒度小且喷雾均匀，效果优于前述几种雾化方式。不过无论何种着水方式，米机前均应该设置一缓冲仓让糙米粒湿润，使水分渗入皮层、糊粉层，以降低皮层及糊粉层与胚乳的结合力。但水分不得进入胚乳，以免胚乳着水后强度下降，碾米过程中增加碎米的产生。因此，加水量与湿润时间尤为重要。

目前国内尚未广泛使用糙米调质技术，所使用的湿法碾米和湿法抛光方式有水滴式、空气压缩机雾化式、水泵喷雾式。水滴式即通过控制每分钟的间歇水滴数量进行加水，由于间歇时间长，水滴粗，着水均匀度很差；空气压缩机与水泵雾化效果相差不很大，但空气压缩机成本略高，噪声大；超声波雾化加湿调质方式，水雾已呈微粒状，雾化粒度在微米级，雾滴分散性大，效果均优于上述几种雾化方式，但在国内鲜有报道使用的实例。

6）大米的精碾技术（多机轻碾加工技术）

实际经验和试验数据都证明：在碾白过程中，多次碾白比一次碾白可大大提高整精米率。采用多次碾白似乎是浪费时间和物力，实际上，综合计算可知是提高了经济效益。米机碾白室内米粒密度越大，内压力越大，米粒在研削过程中的温度升高越快，会造成碎米或爆腰。在碾米过程中，结合产量、质量，为了降低碾米过程的增碎，应用"多机轻碾"工艺，实质上是通过增加米机台数，降低碾白室内米粒密度、减小压力，从而减少碾米过程的增碎，目前大米加工厂多数采用三机出白，而一些大型的加工厂则采用四机出白甚至更多。采用多机轻碾技术可以减少碎米的产生，提高大米加工的整精米率，减少大米中糠粉的含量，使外观更加光洁。当然，增加一机出白也增加了机械成本，降低了生产率。在实际生产中可设计一种既可加工粳米又可加工籼米的工艺流程。建议采用四机碾白组合，即两砂两铁米机组合，采用这种工艺布置可以灵活组合，加工籼米采用两砂一铁加工工艺，加工粳米采用一砂两铁加工工艺。大米抛光采用两道抛光，企业可以根据原料质量和成品质量的具体要求灵活调整，第二道抛光机根据原粮品质和加工要求，生产时可以做到可开可停，但不可没有第二道抛光工序，否则一旦第一道抛光效果达不到成品质量要求，将会十分被动，同时，设计时尽量做到两道抛光风网完全分开，相互独立。

碾米是加工优质大米的技术基础，大米精碾的技术关键在于合理地选择先进的精碾主机和精碾工艺。根据碾米机碾白辊材料不同，碾米机可分为两种不同类型：砂辊碾米机和铁辊碾米机。砂辊碾米机通过旋转砂辊和糙米之间的研削作用去除米粒的外糠层，通常用于头道碾白工序。铁辊碾米机通过在米粒之间产生很高的摩擦力而使糠层去除，一般用于末道碾白工序，即砂辊开糙，铁辊碾白。根据碾米室位置不同，碾米机又可分为立式碾米机和横式碾米机。立式碾米机起源于欧洲，欧洲稻谷品种是长粒型，类似我国的籼稻，它同样具有不耐剪切、压、折的缺陷。在立式碾米机内，米粒通过自重从上至下，在碾白辊旋转作用下，米粒在辊与筛笼之间通过摩擦碾白的原理进行加工，米粒不易破碎，整精米率高。所以，加工优质籼稻应选用立式碾米机，采用三道立式砂辊和铁棍碾米机串联碾白，以保证稻谷均匀碾白、碎米最少、白度最高。

　　日本、美国、泰国等国是世界大米加工水平较高的国家，其中又以日本的稻谷加工技术和装备最为先进。日本的大米加工技术先进、设备制作精细、自动化程度高。日本的碾米业在 20 世纪七八十年代开始集中化、大型化。1996 年，批发开始进入市场后大型碾米工厂数量增加，1998 年达 758 个。据估计，日本的年碾米能力为 1060 万 t 糙米，很容易满足市场要求。以糙米为原料的生产方式是日本碾米业的独特之处，而世界上其他国家的碾米工厂则都是从稻谷脱壳开始加工，有的同时具有稻谷烘干和储藏功能。

　　日本的现代化大米加工厂均拥有计算机中央控制室，实现了大米加工精度、产量的自动调节和控制。就碾米机而言，有先进的陶瓷辊碾米机，其开糙效果和耐磨性等均大大优于目前广泛使用的砂辊碾米机。此外还有新型的顺、逆流立式碾米机，这种机型加工大米时，米粒在碾白过程中处于垂直悬浮状态，受到的研削作用周向均匀缓和，碎米率很低。日本的大米抛光技术几乎都采用了软抛光工艺，除了利用铁质抛光辊对大米抛光外，还设置了大米表面热处理装置，利用干饱和蒸汽（过热蒸汽）或饱和蒸汽对米粒表面进行短时间加热，以确保米粒表面淀粉真正胶质化，形成薄膜包裹住米粒，使米粒具有永久性的蜡质光泽。用这种工艺及设备加工大米，抛光效果好，耐储存，适合各类品种稻谷的加工，正品率相当高。此外，日本还有专门的珍珠米碾米机和抛光机。色选机在日本大米加工业中已普遍采用，它能将成品大米中异色粒和杂质自动剔除，从而保证成品米的纯净及高品质。许多国外著名的稻谷加工企业都采用日本生产的稻谷加工设备。采用这些先进的设备生产出来的大米质量稳定，米色上乘。

　　碾米是大米加工过程中的重要工序。碾米的目的是为了将大米变得美味、易消化、易蒸煮，以碾米机为主，用物理方法将米糠（糠层和胚芽）去除。糙米的糠层由果皮、种皮和胚乳最外层的糊粉层构成，糠层和胚芽占糙米质量的 8%～9%，完全去除了糠层和胚芽的大米出米率为 91%～92%，在日本，将这种大米称为完全精米或十分碾磨精米。与此相比，将出米率为 93.7%～94.4% 的大米称为七分碾磨精米，将出米率为 95.5%～96.0% 的大米称为五分碾磨精米，这些大米被注重健康的人群所欢迎。为了达到去除糠层和胚芽的目的，碾米工厂使用的碾米设备有摩擦式碾米机和研削式碾米机。通过这两种碾米作用的组合，碾米设备可分成单机式、循环式和组合式。单机式是使用一台碾米机将糙米一次加工而成大米的方式，通常规模小的碾米机多属于这种类型。循环式为使用一台碾米机将糙米通过多次加工而成大米的方式，除了米机外，还需要循环用的米仓。组合式是使用数台碾米机将糙米连续地通过加工而成大米的方式。大型碾米设备多为组合式，通过 2～4 台的碾米机可以充分地利用摩擦式和研削式的特长，使碾米效率、出米率、米的品质和食味有飞跃性提高，其被多数的碾米工厂采用。1990 年后，出现了代替人工洗米的免淘米加工装置，通过各种改良，目前已占有一定的市场。目

宝饭"和"八宝粥"的专用米。

10）气调储藏技术

大米生产出来后，并不是马上消费。在这段时间里如何进行储藏，以及如何保证质量，在储藏期间确保大米脂肪酸不变质，是迫切需要解决的问题。真空包装、充氮气或二氧化碳包装，都起到杀虫抑菌作用，不过由于大米两端较尖，真空包装袋很容易被米粒扎破，形成针孔，这样包装袋就会漏气，造成真空包装失效。有试验表明，抽气真空度为–0.094MPa 的大米包装袋，静止放置，不堆垛，在 20 天之内，包装袋的破袋率为 16%，所以高真空度必然造成高破袋率。另外，包装袋在流通过程中袋与袋之间的摩擦、碰撞和跌落也很容易造成破袋。据统计，真空包装在流通过程中的破袋率达到 30%。由于真空包装的问题造成了大米的浪费，给消费者和企业都带来了损失和麻烦。所以用氮气来对大米进行保鲜包装可能会取得更理想的效果。

2.3.3　品质评价

在过去一段较长的时间里，我国对大米的生产以量为纲，不大重视品质。改革开放以来，随着人民生活水平的提高以及稻谷贸易对品质的要求，大家开始重视了优质稻的育种和生产。种优质稻，吃优质米已成为一种时尚。特别是中国加入 WTO 后，优质大米出口成为发展机遇。因此，了解优质大米的品质标准和影响因素，从而培育优良品种，生产优质大米，满足社会需要，就显得更为迫切。

大米品质是大米质构特性的综合反映，针对不同的用途，有不同的评价标准，目前尚未有统一的标准。就总体来看，大米品质应从外观、蒸煮、食味、营养、安全五个方面来衡量比较。

1. 外观品质

外观品质主要指大米形状、垩白性状、透明度、大小等外表物理特性。优质稻谷对外观品质的要求是：米粒透明，有光泽，垩白度≤1，最大透明度为 1。我国目前出口的优质籼米的外观标准是：米粒细长，无垩白，质地坚硬，油亮透明。垩白性状和透明度受环境影响大，特别是易受灌浆期间温度的影响。通常小粒米透光性好，而大粒米垩白度高。衡量外观品质的主要理化指标有：

1）大米形状

大米的形状一般以长度、宽度及其比值等表示。粒形通常以整米的长度/整米的宽度来表示。根据米粒的长短情况将米分为长粒、中粒和短粒三种。对米粒长度及形状的要求，因各地人民的生活习惯和食用嗜好而异。

2）透明度

透明度指整大米在光源的透视下的晶亮程度，分 5 级，它反映胚乳细胞被淀粉体和蛋白质充实的情况。

3）垩白性状

垩白是指稻谷中白色不透明的部分，是由于胚乳中淀粉体和蛋白质体充实不良，相互间存有空气而形成的一种光学特性。垩白性状主要指米中垩白的有无与大小。垩白粒率指垩白米粒占总米样本的百分比；垩白大小一般指整米的垩白面积（包括背白、腹白、心白等）占米粒剖面积的比例，我国将两项乘积合为垩白度。在稻谷的外观品质中，垩白大小与垩白粒率的高低是两项重要的指标。稻谷的垩白虽然与食味没有直接关系，但它影响米的外观，还容易使稻谷在碾米过程中产生碎米，因而受到水稻科学家们的特别重视，常把它作为攻克的目标。

4）加工精度

在我国，大米的加工精度是指大米粒面和背沟的留皮程度，可划分下列等级：特等米、标准一等米、标准二等米和标准三等米这四个等级。大米的加工精度，是评价大米品质的一个重要指标。目前，国内外对大米加工精度的检测，主要采用目测法和染色法，但这两种方法存在主观性强、随意性大、准确性不高和效率不高等缺陷。有学者也研究了磷含量变化法、光电法、计算机图像识别法、光谱分析法等。

2. 蒸煮食味品质

食味也称适口性，指米饭在咀嚼时给人的味觉感官所留下的感觉，如米饭的黏度、弹性、硬度、香味等。一般认为食味品质好的米饭应柔软而有弹性，稍有香味和甜味。食味品质和蒸煮品质既有区别又有联系。食味与米的成分和理化性质有关外，还与煮饭方法、煮饭后食用时间有关。由于食味与蒸煮有联系，因而又常将蒸煮品质和食味品质合称为蒸煮食味品质。蒸煮食味品质是指稻谷在一定条件下在蒸煮和食用过程中所表现的各种理化性质及食味特性，如吸水性、膨胀性、伸长性、糊化性、回生性、米饭的形态、色泽、气味、适口性及滋味等。在大米品质中，其蒸煮和食味品质是最复杂的米质性状。

1）影响因素

（1）稻谷品种。

世界上稻谷品种数千种，品种不同，其蒸煮品质、食用品质、稻谷的加工制品特性迥异，突出的例子就是亚洲不同国家由于地理位置的不同，稻谷质量差异较大。例如，生长在东亚、北亚国家的稻谷口感软而黏，而生长在南亚国家的稻谷硬而散，生长在东南亚国家的稻谷品质介于二者之间。正是因为品种的显著差异，吸引了研究人员的关注。

（2）稻谷的储藏。

新收的稻谷，因含水量较高，在进行干燥时，稻谷的形态和组成成分容易发生变化。例如，因为干燥速度过快，米粒内外收缩失去平衡，使米粒上产生许多裂纹，形成爆腰米。爆腰米外观差，做饭易夹生。干燥时的温度越高，稻谷组成成分的变化就越大，会使米中的脂肪酸和直链淀粉含量升高，并导致淀粉粒内部结构因热运动而排列得杂乱无序，使米饭的黏弹性降低，食味下降。稻谷热变性起始温度与其初始含水率有关，稻谷的初始含水率越高，其临界干燥温度越低。为了保证稻谷干燥后的品质，稻谷干燥宜采用先低温后高温的变温干燥工艺。在采用机械干燥时，一般以温度 35℃以下，干燥率（每小时水分减少的量）1.5%为好。

（3）直链淀粉含量。

长期以来，直链淀粉含量一直作为评价稻米品质的主要指标。它直接影响稻米的糊化特性，进而影响米饭的质地。直链淀粉含量与米饭的硬性呈正相关，与大米浸泡吸水呈负相关；稻谷的直链淀粉含量与淀粉质构特性指标的硬度和凝聚性均呈显著正相关，与淀粉黏滞性指标的最终黏度和消减值均呈显著正相关，与表示淀粉糊化中受剪切力作用淀粉颗粒破裂的崩解值呈极显著负相关。

稻米中直链淀粉又可分为可溶性直链淀粉和不溶性直链淀粉，其中不溶性直链淀粉主要是直链淀粉与脂类及其他物质的复合物，二者的比例不同会影响稻米的品质。

直链淀粉含量是衡量稻谷品质的重要指标。稻谷中直链淀粉含量高，会使米饭的黏度、柔软性、光泽度和口感变差。而稻谷中的支链淀粉能增加米饭的黏度和甜味，使米饭柔软而有光泽，口感变好。一般来说，高直链淀粉（淀粉中直链淀粉含量为 20%以上）的品种食味差；而中直链淀粉或低直链淀粉（直链淀粉含量在 15%～20%）的品种食味较好。籼米的直链淀粉含量低于 18.6%时会有较好食味，而高于 24.5%时则食味较差。我国有相当一部分水稻品种的产量较高，特别是一些籼型杂交稻，其产量可比常规品种增产 15%～20%，但品质较差，究其原因，主要与其直链淀粉含量偏高有关。然而，直链淀粉含量并非对米饭质地具有完全的决定作用，直链淀粉含量相近的品种之间（尤其是中等和高直链淀粉含量品种），米饭质地出现明显差异，直链淀粉含量相近的晚籼品种比早籼品种食味就好得多。

（4）脂类含量。

稻谷中脂类含量很少，糙米中仅含 2.4%～3.9%。虽然它是稻谷的营养成分之一，但它的组成对稻谷食味品质有着很大的影响。有学者研究支链淀粉、直链淀粉和脂类对谷物淀粉膨润和糊化的影响时指出，淀粉糊化是支链淀粉的特性，直链淀粉只起稀释剂的作用，但淀粉中直链淀粉和脂类形成复合物时就起到抑制淀粉糊化的作用，脂类中对稻谷品质起促进作用的是稻谷中的非淀粉脂类。刘宜柏（1982）等对早籼稻品质的米质进行相关性分析后表明，稻谷脂类含量较其他组分对稻谷食味品质有更大的影响，脂类含量高、直链淀粉含量中等偏低、胶稠度（gel consistency，GC）大、米饭软或中等偏软、米粒伸长性好的稻谷，食味品质好。脂类含量越高的稻谷，米饭光泽度越好。

（5）蛋白质含量。

蛋白质含量与食味值呈极显著负相关，蛋白质含量越高，米饭的食味就越差，但适当的提高稻谷的蛋白质含量能提高稻谷的营养品质。稻谷中的蛋白质含量在谷类作物中属于低值，但在生物体中的利用率比其他谷类要优越，其质量最好。因此，蛋白质含量是稻谷营养品质的重要指标，兼顾食味与营养，在选育新品种时将蛋白质含量控制在一定的范围之内。

事实上，稻谷蛋白质中的清蛋白、球蛋白和谷蛋白等都是由一些优良氨基酸组成，是营养丰富而不影响食味的蛋白质；只有阻碍淀粉网眼状结构发展的谷醇溶蛋白，才是导致食味降低而又几乎不为肠胃所吸收的蛋白质；稻谷中的游离氨基酸是提高食味的成分，但其前体物质酰胺及铵离子则是降低食味的因素。

大米中的蛋白质主要为谷蛋白与谷醇溶蛋白，由这两种蛋白的含量决定稻谷的食味品质和营养品质。关于蛋白质与食味的关系有两种不同的见解。一种认为，蛋白质含量与食味呈负相关，蛋白含量超过9%的品种，其食味往往较差。另一种认为，蛋白质含量多不一定会降低稻谷食味，食味取决于含氮物的种类与数量。前者认为米中蛋白质含量高时，对淀粉的吸水、膨胀以及糊化有抑制，使食味变差，谷蛋白在米中含量最高，因此，谷蛋白含量高时食味差。而后者认为，谷蛋白营养价值高，且易被人体吸收与消化，对食味有正面影响。只有消化性差的谷醇溶蛋白才是降低食味的因素。后者还认为，在含氮化合物中，以谷氨酸为主的游离氨基酸能提高食味；而以天冬酰胺为主体的酰胺态氮化合物和铵离子可降低食味。

（6）蒸煮过程。

米饭的蒸煮就是将含水分14%～15%的米加水加热，使其成为含水65%左右饭的过程。水和热是米中淀粉糊化所必需的条件。淀粉自身的糊化并不困难，但米中的淀粉是和米粒组织中的其他成分同时存在的，在煮饭过程中难以均匀地糊化。无论多么优质的米，如果淀粉没能很好地糊化，就不能获得食味好的米饭。因此，蒸煮过程也是一个影响食味品质的重要因素。

①水洗与浸米。

水洗的目的是除去异物，使煮出的米饭食味变好；浸米是为了使米粒均匀地吸水，蒸煮时易糊化。由于吸水膨胀，胚乳细胞中的淀粉体内外会出现许多细小的裂缝，这十分有利于淀粉对水分的吸收和在加热时均匀地糊化。米粒如吸水不匀，加热后会因表层淀粉糊化后妨碍米粒中心部分对水分的吸收及热的传导，而把饭煮僵。浸米吸水的程度，因米的种类和水温的不同而异，水温越低，浸米的时间应越长，使米充分吸水，这也是常识。

②加水量。

米饭的质量一般为米质量的 2.2~2.4 倍，即饭中水的质量是米的 1.2~1.4 倍，若考虑加热过程中水分的蒸发，实际加水量应是米质量的 1.5 倍左右。在实际操作中，测定容积比质量方便。若以容积来计算加水量，一般为米的 1.2 倍，新米为 1.1 倍，陈米稍微多一些，为 1.2~1.3 倍；若米饭用于炒饭，则加水量稍少些，以米的 1.0~1.1 倍为宜。

③加热。

加热是米饭蒸煮过程中最重要的环节。大体可分为三个阶段，第一阶段为强火加热阶段，此时锅内温度不断上升，逐渐达到沸腾，这一阶段米粒和水是分离的，温水在米粒之间对流，米的结构变化小，所需的时间因加水量不同而异。第二阶段为持续沸腾阶段，一般持续时间为 5~7min。这一阶段中米粒逐渐吸收水分，处在米外周的淀粉开始膨化、糊化，水在米粒间的对流逐渐停止。第三阶段为温度维持阶段，持续时间约为 15min。这一阶段中剩余的部分水分被米粒吸收，米粒从外向里进行膨化、糊化，最后当锅底水分消失时，部分米粒将出现焦黄，出现这种现象时应停止加热，这一阶段应注意加热不能过强。

稻谷的糊化主要有三种方式，第一种是蒸煮糊化，即在常压下淀粉乳加热到糊化温度以上；第二种是挤压自熟，通过高温高压的混合搅拌，使淀粉瞬时糊化；第三种是焙烤糊化，利用物料内部水分经相变汽化后的热效应，引起周围高分子物质的结构发生变化，使之形成网状结构、硬化定型后形成多孔物质的过程。

国内科研人员研究了机械煲、智能电饭煲、高压锅和微压力锅蒸煮对米饭应力松弛特性的影响，结果表明，不同工艺蒸煮的米饭其应力松弛参数有较大的差异性，较低温度下蒸煮的米饭的硬度较大，较高温度下蒸煮米饭的黏度较大。而压力无沸腾蒸煮工艺所做的米饭具有浓郁的特有清香味。

④保存。

米饭煮好之后都有一个保存阶段，在这一阶段也会发生许多变化。煮饭是一个加热处理过程，所以也具有灭菌的效果，但少数好氧细菌的芽孢仍然存在。据检查，在 1g 饭中残存 100 个左右的芽孢，当温度下降后，芽孢会萌发和繁殖，引起米饭的腐败和变质。通常残存在饭中的细菌在米饭温度下降至 30~37℃时快速增殖，约经 3d 达到初期腐败（初期腐败指细菌数达到 10^8 个/g）。而在揭盖保存时，空中飘落的细菌会引起米饭的二次感染，细菌增殖更快，20~30h 就达到初期腐败的细菌数。米饭的腐败和细菌的增殖与保存的温度密切相关。10℃以下及 65℃以上为米饭保存的安全温度。但在 65℃以上保存米饭，时间过长会使糊化的淀粉回生（老化、糊化后的淀粉粒再次聚合的现象），饭中有机酸和糖发生氧化反应，产生褐变物质，使米饭的色泽、香味和硬度发生变化，随着时间的延长，米饭的食味就变差。

2）品质评价方法

由于食味是人们对米饭的物理性食感，通常由其物化特性值和感官检查的结果进行评价。优良食味的大米有以下表现：白色有光泽、咀嚼无声音、咀嚼不变味，有一种油香带甜的感觉且米饭光滑有弹性，即通过人的五官感受能感受到米饭的好坏。但由于参评者所在地域的食俗不同，往往可能得出几乎相反的结论，如籼稻区的人们喜欢食用不黏发硬的大米，而粳稻区的人则相反，觉得黏软的米饭可口。这种评价上的差异，造成米饭品尝测定的困难和复杂化。因此，鉴定米饭的蒸煮食味品质需要辅以大米的一些理化性状、流变学特性的测定，使评价更加科学、合理。大米蒸煮食味品质与煮熟大米的黏度有关，用质构仪测定此性状指标的大小也能说明大米蒸煮食味品质的优劣。

（1）基本理化性质。

评定稻谷的蒸煮食味品质需要通过实地的蒸煮试验和品尝试验来完成，操作比较繁杂，费时费力。现代稻谷科学研究的成果表明，稻谷的蒸煮食味品质与稻谷本身的某些理化指标，如直链淀粉含量、胶稠度、糊化温度等密切相关，通过检测这些理化指标的特性或含量，可以间接了解各种稻谷的蒸煮食味品质类型。

中国科学院院士李家祥领导的研究团队，发现和解析了决定稻谷蒸煮食味品质的基因网络，从而在分子水平上揭示了直链淀粉含量、胶稠度、糊化温度的相关性，确定了这一个性状的高效基因和微效基因以及它们之间的作用关系。

稻谷的蒸煮食味品质与稻谷本身的理化指标等密切相关，如直链淀粉含量、胶稠度、糊化温度，因此，可以通过与米饭食味相关的理化性状测定，间接地评定食味品质的优劣，从而消除品尝评定的主观性，得出较客观的评价。其中，直链淀粉含量、胶稠度和糊化温度是衡量稻谷蒸煮食味品质的三项最重要理化指标，我国的优质稻谷国家新标准也将直链淀粉含量、食味品质等性状作为定级指标，胶稠度为重要参考指标。稻谷的蒸煮食味品质及影响因素较为复杂，评价难度较大。我国现今在大米的食味品质评级中仅以直链淀粉含量作为稻谷的定级指标，胶稠度和糊化温度为定级参考指标，指标偏少，难以如实地反映真实品质。

①直链淀粉含量。

直链淀粉含量指大米中直链淀粉含量百分率。直链淀粉含量高，饭的黏度小、质地硬、无光泽、食味差；含量过低，则米饭软、黏而腻、弹性差，超过一定范围的直链淀粉含量与稻谷食味品质呈显著或极显著的负相关。因而，较多的人爱吃中等直链淀粉含量的品种。

2002 年我国农业部颁布的行业新标准规定，一级籼米的直链淀粉含量为

17%～22%。而也有研究认为，优质米的直链淀粉含量一般为18%～20%。但我国现有指标也有不足之处。例如，有些品种的直链淀粉含量达到国家一级优质米标准，但食味一般，相反，有些品种品质未达到优质米标准，但其食味被消费者所认可。

②糊化温度（碱消值）。

糊化温度是决定稻谷蒸煮食味品质的重要因素，而碱消值则是衡量稻谷糊化温度的关键指标。糊化温度指大米中淀粉在热水中开始吸水并发生不可逆转膨胀时的临界温度，其数值变化于50～80℃。其评价分为三级：<70℃为低，>74℃为高，介于70～74℃为中。大米的物理蒸煮特性与糊化温度密切相关，高糊化温度的大米比低或中等的需要更多的水分和蒸煮时间。糊化温度可以反映出胚乳和淀粉的硬度。同时，通常糊化温度高的多为黏度小的大米，而糊化温度低的多为黏度大的大米。短粒型和中粒型大米的糊化温度通常比长粒型大米低，即粳米比籼米的糊化温度低，但糯米不符合此规律，因为其糊化温度有时要高于粳米和籼米。

③胶稠度。

胶稠度指大米粉经碱糊化后米胶冷却时的流动长度。胶稠度和糊化温度与直链淀粉含量密切相关。前三个指标除受水稻品种本身遗传基因控制外，在一定程度上受环境因素（温度、光照、海拔）和农业技术因素（播种期、栽培密度、灌水、施肥）等的影响，特别受后期温度影响较大。支链淀粉含量高的胶稠度大，一般糯米大于粳米，粳米大于籼米。胶稠度与食味呈极显著正相关。

④米粒伸长性。

米粒伸长性指米粒蒸煮时长度的伸长。

⑤长宽比。

长宽比对食味品质的直接作用最大。粒宽与食味值呈极显著负相关，与长宽比呈极显著正相关，因此，选择粒宽较小，长宽比较大的品种能提高稻谷的食味品质。

⑥垩白。

垩白率和垩白度与食味值分别呈极显著和显著负相关，而垩白大小与食味值间的关系不明显，可见在外观品质的选择上应注意低垩白率品种的选择。

（2）RVA糊化黏度特性。

稻谷蒸煮食味品质与RVA（rapid visco analyzer，黏度速测仪）谱的特征值具有密切关联，迄今为止，公认食味较好品种的RVA谱往往崩解值在100RVU（RVA黏度单位）以上（>1200cP*），而消减值小于25RVU（<300cP），且多为负值；相

---

* 1cP=10^{-3}Pa·s。

反，食味差的品种崩解值低于 36RVU（＜420cP），而消减值高于 80RVU（＞960cP）。RVA 谱与稻谷蒸煮食味品质的相关性主要反应在曲线的趋势特征上，而不是特征值的绝对值大小。研究认为，RVA 谱特征值尤其是回复值、消减值和崩解值能够较好地反映水稻品种间蒸煮食味品质的差异，这些特征值是通过影响米饭的柔软性、黏散性、滋味和光泽等进而影响食味的优劣。

回复值、消减值与食味值呈极显著负相关，崩解值与食味值呈极显著正相关，起浆成糊温度与食味值呈显著正相关。这说明提高大米的崩解值，降低回复值和消减值有利于改善精米的食味品质。RVA 谱中的崩解值与米饭的口感相关，其大小直接反映出米饭的硬软，而崩解值大的品种（系），胶稠度较大，米饭较软。消减值与品种（系）米饭冷后的质地相关联。一般消减值为负值，米饭往往过黏，似糯稻；消减值为正值且过大时，米饭硬而糙，小则软而不黏结。RVA 在稻谷品质检测中的应用，为 RVA 指标与蒸煮食味品质之间建立最佳的蒸煮食味评价体系打下了基础。

此外，RVA 谱的最高黏度时间与稻米的蒸煮品质存在一定关联。低直链淀粉含量品种达到最高黏度时间较短，中等或高直链淀粉含量品种较长。

（3）质构特性。

米饭的质构特性是大米食味品质中最重要的因素，不同品种和产地的大米蒸煮后其质构特性不同。同一品种的大米，由于其储藏过程中蛋白质、淀粉等组成成分含量和结构的变化，也会使大米的蒸煮品质发生变化，即使具有相近的化学特性的大米，蒸煮后其质构特性也并不总是相同。因此，一种有效的评价蒸煮大米质构特性的测定方法是对大米食味品质进行评价的依据。对食品的质构进行评价的最基本的方法是感官评价，这种方法是最经典的方法，但是，由于个人喜好的差异，会使评价结果产生一定的偏差。物性仪（texture analyser）是近年来用于测定食品质构特性的一种仪器，可以测定黏度、硬度、弹性等指标，除用于测定食品质构特性外，还广泛用于化工等其他研究领域。蒸煮后的大米其质构特性的评价主要有两个指标，即大米蒸煮之后的硬度和黏度。

国外研究人员采用 Spectral Stress Strain 分析发现，黏度、硬度、黏着性和咀嚼性可以较好地反映米饭的质构特性。研究发现，利用 Single Compression 得到的质构参数可以较好地预测米饭的质构特性。利用仪器测定得到的硬度与感官评价的硬度有极显著的相关性。

（4）米饭食味计评价。

近年来，在日本发展起来的可见光/近红外光谱分析技术，是一种较理想的稻谷食味品质测定方法。因此，国内的学者也开始采用可见光/近红外光谱仪器（米饭食味计）替代人的感官鉴定，在粳稻的食味品质检测中已有较多报道，但籼稻方面还较少。

米饭食味计作为评价刚刚做好的米饭的质量和味道的工具来使用，它是代替官能检验的新装置，比起依靠人的感官的官能检验，具有简便、偏差小、客观等优点。测量项目除了食味值以外，还有外观、硬度、黏度、平衡度等5个项目，与官能检验项目基本相同。由于测量项目多，而且能够用数值（100分满分或10分满分）表示各种物理、化学性质，所以可以更加客观地评价米饭的质量。只需称8g米饭装进测量用容器内，将测量用小盒放到测量计上即可，从计量到测量完毕只需1min左右。但食味计不能对气味如异味、香气等进行评价，因此，食味计测得的食味值无法反映气味对食味品质的影响，还需进一步改进现有食味计以适用于香米食味评价；不同食味计测定同一种米饭的结果不一致，并且有的食味计测定值与感官评价结果相关性不高；现有食味计多数是日本研发的，评分标准及所建回归模型都是以日本人的嗜好和日本水稻（粳稻）为标准的，不适合中国国情，推广较困难，研发适合中国国情的食味计显得尤为重要。

（5）感官评价。

日本对米饭的食味评价方法值得借鉴，见表2.2。

表2.2 日本谷物鉴定协会的食味评价法概要

对象米	指定产地及品种的各道府县的主要品种
基准米	滋贺县产的日本大米，品味为检查一等品
加水量	①大米600g加水798g（大米质量的1.33倍）。米的含水量以13%为基准，每差0.1%水分，增减1.2g加水量。②根据米质进行水量的补偿，硬质米按以上标准，超硬质米（四国、九州岛）和北海道产米增加12g加水量（含水量为13%），软质米减少12g加水量（含水量为13%）
蒸煮	使用电饭煲
评价专案	外观、香味、味道、黏度、硬度、综合评价6项 评价采分以基准米为0点，与基准米有少量差异：±1 有一定差异：±2 有相当差异：±3
食味位次排列	A：与基准米相比，食味明显为优的米 A′：与基准米食味相当的米 B：与基准米相比，食味稍劣的米 B′：与基准米相比，食味有一定程度下降的米 C：与基准米相比，食味有相当程度下降的米

（6）综合评价。

食味是一项极其复杂的综合性指标，受到很多因素的影响。研究发现，食味较优的品种,其具体的特点为:粒宽≤2.0mm、垩白率≤1.83%、垩白度≤0.44%、回复值≤1460cP、消减值≤123cP、蛋白质含量≤6.6%,而长宽比≥3.16、胶稠度≥83mm、崩解值≥1276cP;食味品质较差的品种刚好与此相反;食味品质居中的品种,各指标多与第一类相近,但个别指标存在不足。

研究结果表明,粒宽、长宽比、崩解值、消减值、回复值等与食味值存在着极显著相关性;碱消值、胶稠度、峰值时间等对稻谷的食味品质均具有较大的直接作用。前人的研究也认为,直链淀粉含量对食味品质并不具有决定作用,胶稠度、碱消值及米饭的柔软性、凝聚性、黏度、硬度、香味等也是食味品质的核心性状之一。

食味与大米的成分和许多理化性质有很大关系,韩国科学家根据多次实验,得出了如表 2.3 中所示的相关性。

表 2.3 食味与大米性质、成分之间的关联

分类	特征	食味好	食味差
淀粉性质	糊化温度	低	高
	最大黏滞度	高	低
	断裂度	高	低
	最终黏滞度	低	高
	延展性	低	高
质构性质	硬(H)	低	高
	黏($-H$)	高	低
	$H/(-H)$	低	高
蒸煮品质	吸水率	低	高
	膨胀性	低	高
	碘蓝值	低	高
	残留液中固化物	低	高
大米成分	直链淀粉含量	低	高
	蛋白质含量	低	高
	n_{Mg}/n_K	高	低

韩国科学家还研究出大米中矿物元素含量与大米食味的密切相关性,见表 2.4。

表 2.4 根据矿物元素含量划分食味

评估分级	矿物元素含量（%,占干重）				n_{Mg}/n_K	$n_{Mg}/(n_K·n_N)$
	N	P	K	Mg		
高品质	1.2	0.33	0.25	0.13	1.7	140
中品质	1.3	0.33	0.28	0.12	1.4	105
低品质	1.5	0.33	0.30	0.11	1.2	80

韩国的大米食味评价体系基本沿用了日本的大米食味评价体系。食味评价的具体方法也与日本基本相同，都是采用标准米作为参照的，分组蒙眼试验分别打分，得出最后结果。食味由好到劣分为 A、A′、B、B′、C 几个等级。一般认为口味好的大米的直链淀粉含量应为 17%～20%，蛋白质含量为 7%～9%，其他成分也有具体要求。

2.3.4　质量标准和控制

1. 质量标准

1）日本标准

日本标准主要为 JAS 标准（农林产品及其加工产品标准）和协会标准。日本稻米质量标准的 JAS 标准由农林水产省于 2001 年 2 月 28 日发布的《农产物规格规程》（以下简称《规程》）规定。稻米包括稻谷、糙米和大米，其中，大米质量标准有以下主要内容：

（1）分类、等级和质量指标。

大米根据其加工精度分为七分大米和完全大米，均设置一等、二等和等外 3 个级别。主要考虑外观、水分、粉质粒、被害粒、着色粒和碎粒等。标准中同时还对等外产品做了要求。

（2）品种、产地及生产年份。

日本对稻谷的品种、产地和生产年份管理很严格。在《规程》中对 46 个县级地区（相当于我们的省级地区）的水稻粳稻及糙米、31 个县级地区的陆稻粳稻及糙米以及 44 个县级地区的酿造用糙米的品种均进行了列表对照说明，不在上述产地和品种对照表中的产品，将不能标识该种产品的产地和品种。

（3）包装。

《规程》中规定大米只能用 3 种纸袋进行包装。

（4）成分。

需要标明大米中的蛋白质和直链淀粉含量。

（5）附录和定义。

包括术语和定义的解释以及对标准的补充说明。

为提高企业产品质量，增强企业竞争力，日本 200 余家大型碾米企业成立了日本大米工业会（JRMA），并在 JAS 标准的基础上，制定了高于 JAS 标准的协会大米标准。在协会大米标准中，将大米分为雪、花两个等级，以白度反映加工精度，并对胚芽残存做了限制。其他指标均不得低于 JAS 标准中的一等指标。另外，还有一些其他协会制定的标准中对大米品质做了不同的要求，较之 JAS 标准均更为严格。

2）泰国标准

泰国年产大米 2000 万 t 左右，出口量达 800 万 t，出口遍及五大洲 100 多个国家，长期保持着世界最大大米出口国地位，贸易额占世界贸易额的 30%以上。泰国香米也以其优良的品质享誉世界。泰国大米标准由商务部制定，并以部颁文件的形式发布，现行发布有大米标准（B.E.2540）和泰国香米标准（B.E.2544、B.E.2545）3 个文件。

（1）大米标准。

大米标准规定大米产品分为白米、糙米、糯米和蒸谷米 4 类。完整粒按长度和加工精度各分为 4 个级别。根据产品中完整粒的长度级别，不完整粒的组成，垩白、互混和杂质的含量以及加工精度等方面的不同，将白米分为 13 个等级，糙米分为 6 个等级，糯米分为 3 个等级，蒸谷米分为 9 个等级。标准规定，大米的水分应不超过 14.0%。对于不在标准规定范围之内的大米的贸易，需由买卖双方一起确定样品和标准，并报外贸厅批准。若贸易双方发生争议，以泰国外贸厅最新的标准样品为准。

（2）泰国香米标准。

泰国香米标准规定，只有"泰国皇玛丽香米"（Thai Hom Mali rice）才可以称为泰国香米。"泰国皇玛丽香米"是经过泰国商务部农业厅、农业与合作部证明为 Kao Dok Mali 105 号和 RD15 号的籼型大米，带有自然茉莉芬芳的香味。

泰国香米分白米和糙米两类，根据完整粒的长度级别、不完整粒的组成及垩白、互混和杂质的含量以及加工精度等指标的不同，白米分为 8 个等级，糙米分为 6 个等级。泰国香米标准非等级指标规定：产品中泰国香米的含量要不低于 92.0%；水分含量不超过 14.0%；具有长粒的基本特征且几乎没有垩白；不能有任何活虫；完整粒平均长度不小于 7mm，平均长宽比不低于 3.2∶1；直链淀粉含量为 13.0%～18.0%（水分含量为 14.0%）；白米碱消值为 6～7 等。

标准还规定，如果产品不能满足等级指标，但满足非等级指标，则可由贸易双方一起确定标准，并报专门对标准商品进行监督管理的部门 OCS（属商检局）批准；OCS 委托代理机构或标准产品检查机构对产品进行检查分析，出现争议时，根据具体情况，以 OCS 委托代理机构的检测结果作为最终结果；出口商需要以标准形式，提供出口泰国香米的包装物的材料、编织的经纬线数要求和封印等情况的详细说明。

泰国的大米出口量排名全球前列，并且其高档米如香米等是主要出口产品。泰国为防止优良品种的外流，规定不得向外出口稻谷，因此泰国的稻米标准实际上是大米标准。泰国的大米标准注重更新，有关大米的标准有 Rice Standards、Thai Fasmine（Hom Mali）Standards 等。在泰国 Rice Standards 标准中，同时规定了白米、糙米、糯米和蒸谷米的指标。泰国在大米标准制定上立足并服务于稻谷生产和贸易的实际。例如，泰国在 20 世纪五六十年代时仅出口普通白米和糙米，当时大米标准也只有白米标准和糙米标准。到 90 年代，糯米和蒸谷米贸易量较大，标准中适时增加糯米和蒸谷米标准。到 21 世纪初，"茉莉香米"成为贸易的主流，大米标准修订成以茉莉香米为主的标准，体现了服务生产贸易的宗旨。泰国大米标准在 1997 年大幅度调整以后，每年都会根据实际需要进行适当调整。一般情况下，标准修订的幅度不是太大，主要是为了避免引起贸易上的不便。1998 年公布的大米标准（B.E.2541）仅在少数地方做了改动：含碎 10%的大米中，碎米规格由 $3.5P \leqslant l < 7.5P$（l 是指目标米粒长度，$1P$ 为整粒米长度的 1/10）变成 $3.5P \leqslant l < 7.0P$；A_1 碎糯米中的 C_1 级碎糯米的含量由 $\leqslant 5\%$ 变成 $\leqslant 6\%$，其他没有大的改变。另外，泰国的大米标准起点高、指标多、分类细。特别是对米粒长度的要求很高，精确到整精米的 1/10。根据粒长和含量，将白米分为：一类长粒米、二类长粒米、三类长粒米、一类短粒米、二类短粒米。除了将不同类型的大米含量和不完善粒含量作为分级指标外，还将碎米含量作为重要的分级指标。在泰国，白米分有 13 级，糙米有 6 级，蒸谷米有 9 级，糯米有 3 级。分级数目多，可以进一步提高优质米的档次，对整精米实行优质优价，碎米也按不同的配比以不同的价格出售，达到物尽其用，满足不同层次的要求。在对大米分级进行严格细致的规定的同时，对优质大米的商标也进行了严格的管理。例如，泰国商业部从 2002 年 10 月起实施的茉莉香米新等级标准（表 2.5 和表 2.6）中即规定，标有茉莉香米的大米只能含有少于 8%的低等级大米，才可以在其包装上使用"茉莉香米"或"泰国茉莉香米"的标识。根据规定，对于茉莉香米中低等级大米量超过 8%的，不仅不允许使用"茉莉香米"的称号，而且必须在大米的包装袋上注明茉莉香米和低等级大米各自的比例。但是泰国大米标准中没有关于农药、微生物含量与重金属含量的安全与限量指标。随着泰国稻谷国际贸易的加大，泰国政府有关部门已经注意到了这些指标差距，已经在积极地调研，在未来几年就会有一系列这方面的标准出台。

表 2.5　泰国茉莉香大米分级标准（B.E.2544）

属性＼分类			100%A 级	100%B 级	100%C 级	含碎 5%	含碎 10%	含碎 15%	超特 A_1 碎米	超级 A_1 碎米
来源									100%大米	100%大米、含碎 5%、含碎 10%
整粒米含量			$\geqslant 60\%$	$\geqslant 60\%$	$\geqslant 60\%$	$\geqslant 60\%$	$\geqslant 55\%$	$\geqslant 55\%$	$\leqslant 15\%$	$\leqslant 15\%$
碎米	大碎	规格	$5P \leqslant l < 8P$	$5P \leqslant l < 8P$	$3.5P \leqslant l < 8P$	$3.5P \leqslant l < 7.5P$	$3.5P \leqslant l < 7P$	$3.5P \leqslant l < 6.5P$	$l = 5P$	$l = 6.5P$
		含量	$\leqslant 4.0\%$	$\leqslant 4.5\%$	$\leqslant 5.0\%$	$\leqslant 7.0\%$	$\leqslant 12.0\%$	$\leqslant 17.0\%$		
	不过 7 号筛	规格		$l \leqslant 5P$	$l \leqslant 5P$	$l \leqslant 3.5P$	$l \leqslant 3.5P$	$l \leqslant 3P$	$l \leqslant 5P$	$l \leqslant 6.5P$
		含量		$\leqslant 0.5\%$	$\leqslant 0.5\%$	$\leqslant 0.5\%$	$\leqslant 0.7\%$	$\leqslant 2.0\%$	$\leqslant 10.0\%$	

续表

属性＼分类	100%A级	100%B级	100%C级	含碎5%	含碎10%	含碎15%	超特A$_1$碎米	超级A$_1$碎米
C$_1$碎米	≤0.1%	≤0.1%	≤0.1%	≤0.3%	≤0.5%		≤1.0%	≤5.0%
头米规格	8P	8P	8P	7.5P	7.0P	6.5P		
红粒、低于碾磨粒含量				≤2.0%	≤2.0%	≤5.0%		
黄粒含量		≤0.2%	≤0.2%	≤0.5%	≤1.0%	≤1.0%		
垩白粒含量	≤3.0%	≤6.0%	≤6.0%	≤6.0%	≤7.0%	≤7.0%		
损害粒含量		≤0.25%	≤0.25%	≤0.25%	≤0.5%	≤1.0%		
糯米含量	≤1.5%	≤1.5%	≤1.5%	≤1.5%	≤1.5%	≤2.0%	≤1.5%（C$_1$糯米≤0.5%）	≤1.5%（C$_1$糯米≤0.5%）
未成熟粒、未发育粒含量		≤0.2%	≤0.2%	≤0.3%	≤0.4%	≤0.4%		
异种、异物							≤0.5%	≤0.5%
稻谷	≤5	≤7	≤7	≤10	≤15	≤15		
碾磨程度	EM	EM	EM	WM	WM	RM		

注：C$_1$碎米指过 7 号筛（筛子直径为 0.79mm 的金属筛）的碎米；水分含量均不超过 14%；EM 指超精碾，WM 指精碾，RM 指合理碾。

表 2.6　泰国茉莉香糙米分级标准（B. E. 2544）

属性＼分类		A级 100%	B级 100%	C级 100%	含碎5%	含碎10%	含碎15%
整精米含量		≥80%	≥80%	≥80%	≥75%	≥70%	≥65%
碎米	规格	5P≤l<8P	5P≤l<8P	5P≤l<8P	3.5P≤l<7.5P	3.5P≤l<7P	3.0P≤l<6.5P
	含量	≤4.0%	≤4.5%	≤5.0%	≤7.0%	≤12.0%	≤17.0%
头米规格		8P	8P	8P	7.5P	7.5P	6.5P
红粒含量		≤1.0%	≤1.5%	≤2.0%	≤2.0%	≤2.0%	≤5.0%
黄粒含量		≤0.5%	≤0.75%	≤0.75%	≤1.0%	≤1.0%	≤1.0%
垩白粒含量		≤3.0%	≤6.0%	≤6.0%	≤6.0%	≤7.0%	≤7.0%
损害粒含量		≤0.5%	≤0.75%	≤0.75%	≤1.0%	≤1.0%	≤1.5%
糯米含量		≤1.5%	≤1.5%	≤1.5%	≤1.5%	≤1.5%	≤2.5%
稻谷含量		≤0.5%	≤1.0%	≤1.0%	≤1.0%	≤2.0%	≤2.0%
未发育、未成熟、异物、异种的含量		≤3.0%	≤5.0%	≤5.0%	≤6.0%	≤7.0%	≤8.0%

　　泰国大米标准，包含定义、分类与加工精度、类型和等级、白米标准、糙米标准、糯米标准、蒸谷米标准。其中白米标准包括粒形、整米、碎米、杂质、不

完善粒、异品种粮粒、加工精度等指标。由于泰国将稻谷作为出口的支柱，因此其国家标准密切联系国际市场，特点在于：修订及时，标龄短；分等精细，等级指标中最有特点的是同时规定了整米和碎米指标以及粒形指标。

3）韩国标准

韩国的稻米标准起步相对较晚，但发展很快，某种程度上借鉴了日本稻米分级模式。新修订的大米标准分为国产稻（大）米标准（表2.7）和进口大米标准（表2.8）。国产大米标准与以往的标准相比，由以前的精米、糙米、糯米合并为一个标准，使用起来更加简便。韩国现行的国产大米标准以标准品作为参照基准，对谷粒的强度、形态、色泽、谷粒大小均匀度等做了描述性规定。以出米率代替了以前的出糙率，被害粒、着色粒、异种谷粒和异物的限量标准都有大幅度提高，这说明韩国稻谷加工技术已比较发达。稻谷的含水量定为15.0%，仍然高于安全标准。

表 2.7　韩国国产稻（大）米品质检查规格标准

项目 等级	最低限度		最高限度				
	性质	出米率（%）	水分含量 （%）	被害粒、着色粒含量（%）		异种谷粒含量（%）	异物含量 （%）
				总计	着色粒		
特等	特等标准品	82.0	15.0	1.0	0.0	0.2	0.2
一等	一等标准品	78.0	15.0	4.0	0.0	0.5	0.5
二等	二等标准品	74.0	15.0	7.0	0.1	1.0	1.0
三等	三等标准品	65.0	15.0	10.0	0.5	2.0	2.0

注：其他条件：（1）"统一稻"品种的出米率最低限度为一等75.0%、二等70.0%、三等65.0%。

（2）糯米中含白米（普通大米）最高限度为特等3.0%、一等5.0%、二等10.0%、三等15.0%。

表 2.8　韩国进口大米等级标准

要素	特等米	上等米	普通米
形态	糠皮完全去掉，谷粒有光泽、结实	糠皮完全去掉，谷粒有光泽、结实	达不到特、上等标准
味道	无陈臭味和霉味	无陈臭味和霉味	
硬度	为湿软米以上	为湿软米以上	
水分含量	小于16%	小于16%	小于16%
其他米含量	小于0.1%	小于0.5%	达不到特、上等标准
被害粒含量	小于0.5%	小于1.0%	
垩白粒含量	小于2.0%	小于5.0%	
着色粒含量	0	小于0.1%	
砂石含量	0	0	0

续表

要素	特等米	上等米	普通米
碎米含量	4.0%以下	7.0%以下	
空瘪粒、异种谷含量（粒/1.5kg）	0	2	小于 2
异物含量	0	小于 0.3%	达不到特、上等标准

条件：不同生产年度的大米混合或生产一年以上的大米不能归为特级。

　　韩国现行的进口大米标准不仅对于米粒的形态、味道、强度做了明确规定，而且对大米生产年度也有具体要求。一般认为优质米的直链淀粉含量为 17%～20%。把除大米以外的筛上物和筛下物统称为异物，同时标准中规定特等米碎米含量为 4.0%以下和异物含量为 0，上等米碎米含量为 7.0%以下和异物含量为 0.3%以下，这两个标准实际上是非常苛刻的。出口国如果没有先进的加工设备和成熟过硬的加工技术，是很难达到这样高的要求的。亚白粒和着色粒的定义显得较为宽松。大米最大允许含水量为 16.0%，显然高于安全水分标准。

　　进口大米标准主要是为了确保进口大米质量，总体来讲，标准指标的设立以及相关要求要严于国产大米标准。韩国此举的目的是既保护国内消费者的利益，又保护国内稻谷产业不至于受太大的冲击。韩国育种学家和营养学家根据多年研究成果，汇总出韩国高级大米选择标准（表 2.9）。该标准高度概括出优质大米的主要指标特征，对水稻育种和消费有重要指导意义。

表 2.9　韩国高级大米选择标准

分类	特征	标准
外观	粒形	粗粒：长宽比为 1.7～2.0
	心白或腹白	没有或极少
	色泽	透明、明晰、略黄
碾磨属性	出米率	＞75%
	头米率	＞90%
理化属性	糊化温度	65～72℃，碱消值为 5～7
	蛋白质含量	7%～9%
	矿物质含量	n_{Mg}/n_K，高比例
蒸煮属性	外观	米粒形状明晰
	香味	香味纯正
	质地	合适的弹性、硬度和质地

　　4）美国标准

　　美国常用 10 类指标来评价大米的质量，主要有碾磨质量、稻壳和糠层颜色、米粒特征、蒸煮和加工指数、千粒重、米的色泽与光泽、杂质含量、损伤粒含量、气味、红米含量。在大米粒形的划分上美国也有严格的标准，以米粒的长/宽和千粒重分类。因美国水稻收割后全部采用机械烘干，含水量不再是主要问题，水分指标没有特别列出，只规定水分含量≥18%时，不得测整精米率。

美国现行的大米标准是 2002 年的标准，见表 2.10，整粒米、过筛米、酿造米标准均未发生变化。大米质量分级的准确性受到取样方法、含水量、评估方法、仪器的精确度的影响。美国还特别出台大米质量评价方法，与标准配套执行。

表 2.10　美国大米等级和等级要求——长粒、中粒、短粒和混合大米

分等因素		1 级	2 级	3 级	4 级	5 级	6 级
		最高限量（个数/500g 样品）					
异种粒、热损伤粒和稻谷粒（分别或总和）		2	4	7	20	30	75
热损伤粒和不允许异种粒（分别或总和）		1	2	5	15	25	75
		最高限量（%）					
红米和损伤粒（分别或总和）5/6/		0.5	1.5	2.5	4.0	6.0	15.0
垩白粒 1/2/	在长粒大米中	1.0	2.0	4.0	6.0	10.0	15.0
	在短粒大米中	2.0	4.0	6.0	8.0	10.0	15.0
破碎粒	总量	4.0	7.0	15.0	25.0	35.0	50.0
	5 号筛盘除去的破碎粒 3/	0.04	0.06	0.1	0.4	0.7	1.0
	6 号筛盘除去的破碎粒 3/	0.1	0.2	0.8	2.0	3.0	4.0
	通过 6 号筛子的破碎粒 3/	0.1	0.2	0.5	0.7	1.0	2.0
其他类型 4/	完整粒	—	—	—	—	10.0	10.0
	完整粒和破碎粒	1.0	2.0	3.0	5.0	—	—
色泽要求		白色或奶白色	可能是微灰色	可能是浅灰色	可灰色或微玫瑰色	可深灰色或玫瑰色	可深灰色或玫瑰色
碾磨要求		充分碾磨	充分碾磨	适度碾磨	适度碾磨	轻度碾磨	轻度碾磨

样品等级：a 凡不符合美国 1、2、3、4、5、6 级要求的大米；或 b 含水量超过 15.0% 的大米；或 c 有霉味、酸味或发热的大米；或 d 有商业上不允许异味的大米；或 e 杂质含量超过 0.1% 的大米；或 f 含有两个（含）以上的活的或死亡的象甲虫或其他害虫、虫巢或虫粪便的大米；或 g 明显劣质的大米。

注：1/见特等"蒸谷米"的等级要求；2/见特等"糯大米"的等级要求；3/筛盘用于南方产区，筛子用于西部产区；任何其他设备或方法，只要获得的结果一致，都可以使用；4/不适用于混合大米；5/见特等"未充分碾磨大米"的等级要求；6/美国 6 等大米中不应含有超过 6.0% 的损伤粒。

美国大米标准十分强调把碾磨程度和色泽要求作为分级指标。在现行标准中，除把碾磨程度分为精碾、合理碾、轻度碾外，还把达不到轻度碾的米定义为低于碾磨米。把色泽作为大米的分级指标，是美国大米标准独有的做法，由于大米绝

大多数是以整粒消费的，所以大米的外观色泽会影响到消费者的购买意愿。美国对整粒米的定义较宽（大于完整粒 3/4 的米粒）。对于碎米粒的定义虽没有泰国大米标准中，把整粒米分成 10 等分那样直观，但美国对于碎米的分级也是很严格的，将碎米分成次整粒米、大碎米、过筛米、酿造米等。在实际分级操作中又用多种规格的分级盘和分级筛确定碎米的含量。对红米和垩白粒的控制很严格，对除稻谷以外的种子和不允许异种热害粒的控制也很严格。由于机械收割后，直接烘干入库，不可能出现沤黄现象，标准中没有出现气候粒（climate grain）的定义。

5）国内标准

我国目前实行的是《大米》（GB 1354—2009）。《大米》（GB 1354—2009）强制性国家标准是在《大米》（GB 1354—1986）国家标准的基础上，将黄粒米、矿物质、色泽、气味等指标改为强制性指标，将原来的全文强制改为条文强制，明确了标准的适用范围，增加和修订了部分术语和定义，增加了对标识、标签的要求和判定规则。该标准的实施能够促进、推动我国大米品质的改良、产品系列化规范化生产以及行业的发展。但是随着稻谷适度加工的提出，该标准中对"加工精度"的表述已经不能达到该要求。

《大米》（GB 1354—2009）国家新标准将加工精度修订为："加工后米胚残留以及米粒表面和背沟残留皮层的程度。"这里新增加了"米胚残留程度"的概念；但《粮油检验米类加工精度检验》（GB/T 5502—2008）中 3.1 加工精度的定义为"米类背沟和粒面的留皮程度"，没有对"米胚残留程度"提出要求。另外在《大米》（GB 1354—2009）里，其 5.1.1 和 5.1.2 即表 1、表 2 中对加工精度只要求："对照标准样品检验留皮程度"，并未要求同时检验米胚残留程度。大米加工精度过高不仅浪费资源，而且也损失了大量的营养成分。大米胚芽中蛋白质和脂类含量均在 20%以上，蛋白质中氨基酸组成较为平衡，脂类中天然维生素 E 含量为（200～300mg）/100g，其中脂肪酸 70%以上是不饱和脂肪酸，并含有丰富的微量元素和矿物质。与糙米相比，大米的维生素 B_1（硫胺素）、维生素 B_6、烟酸、叶酸、维生素 B_2（核黄素）分别损失了 90%、70%、70%、60%和 50%，锌和铁分别损失了 50%和 46%。大米的主要营养成分在稻糠层和米胚中，但加工过程中米糠被脱掉，米胚也被除掉了，大量的营养成分也随之损失掉。因此，有营养学家指出："谷物中 70%的营养和抗病物质在精米面的加工中丧失掉了，这就是现代人亚健康的根源所在。"所以，未来亟需对大米加工精度进行重新定义和评价。

2. 质量控制

1）泰国

泰国大米品质优良，除具有优质的水稻品种以外，还有一个重要原因就是采用了科学的加工技术和先进的设备以及严格的质量控制。泰国绝大多数大中型大米加工厂都配备了先进的碾米机、抛光机、色选机等设备。加工过程始终围绕最大限度提高整精米率，降低碎米率来实现各项措施。严格科学的加工控制是泰国大米成功的一项重要措施。泰国大米加工质量控制主要有两个环节：一是稻谷加工前的收割、清洁与储存。加工企业通常要求农户对稻谷的收割时间，控制在稻谷成熟度为 90%～95% 时进行收割。稻谷送到米厂后，米厂一般用谷物清洁机和除石机清洁稻谷中的杂草、泥土、砂石等杂物，同时检测稻谷的含水量。水分含量≤14% 直接入仓保存，＞14% 的则送入烘干机干燥降水后再入仓保存（由此形成的成本费用由泰国政府通过对企业减税优惠，大大减轻了农户的售谷成本）。稻谷含水量对整精米率影响很大，含水量太高太低都容易引起谷粒不同程度的断裂。泰国对稻谷的最佳含水量制定了一系列指标，分门别类进行质量控制，绝不混杂在一起。二是脱壳、碾白、分级和筛选。稻谷加工过程始终是围绕着最大限度地提高整精米率、降低碎米率进行的。脱壳率一般控制在 90% 左右，一次脱壳彻底，断米、碎米会显著增加。碾白是对从砻谷机出来的糙米用碾白机进行加工碾白，用白度仪进行质量监控。泰国按照市场需求采用多次碾白方式。泰国许多米厂多采用湿米加工技术进行抛光，雾液使米粒表面湿润，在机械力的作用下相互摩擦，最终使米粒表面变得光滑油亮，颗粒晶莹透明，十分诱人。有的米厂在大米包装前，有 5 套色选机进行光谱筛选，筛选以后，优质米的加工过程才能完成。然后是按照市场需求，将各种等级的米分别装入印有商标的不同大小的塑料袋中入市销售。

质量不稳定是越南大米出口面临的主要问题。同泰国大米相比，越南大米在国际市场上竞争力不强，主要原因是稻谷加工、分类、包装等引起的质量和品种纯度不如泰国大米。泰国主产籼稻，大米主要有白米、香米、糯米，以及近几年以香米为母本、白米为父本杂交的巴吞米。泰国大米总产约 2000 万 t，其中白米年产量为 1500 万～1600 万 t，一半用于出口；香米年产量为 500 万～600 万 t，100 万 t 用于出口。

（1）稻谷的质量管理。

泰国由于得天独厚的自然条件，一年能收获 2～2.5 季的稻谷，每隔 3～4 个月就有新米上市。政府和农户对稻谷种植采用相对松散的管理，但对出口大米的质量和品质要求较为严格。

泰国有对稻谷进行初加工的企业，称为"火砻"。稻谷收获后，"火砻"从农民手里收购、集并稻谷并进行清理，再根据情况或者直接加工成初级大米，或者先储存起来，待有大米厂收购时，再根据对方要求碾磨成初级大米。大米厂对从"火砻"收购来的初级大米再进行清理和二次加工，得到成品大米。也有部分"火砻"直接生产成品大米。

泰国国内市场流通的大米的质量由商务部的内贸厅在市场抽样进行质量核

验。由于泰国政府规定大米为法定检验商品，对出口大米的质量进行严格控制，因此出口大米质量要求较高，一般出口大米由大米厂生产。出口大米需要具有出口大米检验资质的检验公司验质，并出具检验证书。从泰国出口到我国的大米，一般是由五洲检验（泰国）有限公司检验，出口大米的外包装上标有"五洲检验（泰国）有限公司（C.C.I.C.）"的标记。由于泰国稻谷种植期施用农药较少（因生长周期较短），对于稻谷的卫生项目，一般根据进口国的要求，由进口国自行检验。

泰国政府没有国家粮食储备库，一般也没有国家储备。近几年，政府出台粮食收购保护政策，在每年的 11 月至来年的 2 月，即泰国白米稻、香米稻和糯稻稻谷同时收获的季节，以较高价格收购 400 万～500 万 t 稻谷，其中 200 万 t 为香米稻谷（对水分含量超过 20% 的稻谷实行扣价）。所购稻谷通过招标，委托"火砻"储存和加工，之后进行招标顺价销售。同时政府规定，国家储备稻谷每月只能加工两次。

（2）大米的质量检验。

泰国对大米的检验除了根据泰国国家标准来检验米粒长度、加工精度等指标外，行业内主要通过感官检验来区别大米和香米，另外还采用一种简易的糊化法来判断香米的纯度。但鉴别香米和巴吞米时，则只能用 DNA 方法。国家统一对检验员进行培训和考核发证。检验员分 A、B 级，只有 A 级检验员才有资格出具检验证书。而大米加工厂的检验员一般由企业自行培训，满足企业内控需要，不需要资格证书。

2）日本

（1）稻谷质量管理。

日本人多地少，主产稻谷。为保证粮食自足，使粮食产出效益最大化，日本对粮食实施严格的质量管理。同时由于经济的高度市场化，农户和加工企业都完全主动按照市场需求，以质量和品质为核心，对稻谷实施严格的质量控制。

日本农林水产省是官方负责对稻谷的种植、收购、储藏等各环节进行全程指导和质量监管的部门，具体事务由各地农政事务所办理。日本还有全国农协和地方农协、大米工业会等合作社或行业协会性质的团体参与质量管理，推动行业自律。

①稻谷收购环节的质量管理。

在稻谷收获过程中，采用自动化、机械化收割、脱粒，整个过程稻谷不落地，减少了谷粒的破碎率、杂质含量和污染。各地农协建有储存库点，具有检验资质的实验室和检验员，并配备清理、干燥、加工和储存设施。农户送来的稻谷经检验后，统一清理干燥，并加工成糙米储存。收购环节的清理、砻谷过程，保证了流通和加工环节的清洁。在佐贺县小城郡农协，建有 300t 圆柱形钢板仓 12 个；90t 干燥设备 4 台；日处理能力为 100t 的大米加工机械设备 1 套；还有一套日处理能力为 7t 的稻壳炭化设备，负责为周围农户种植的 910hm^2 稻谷的收购、加工和储藏提供服务（按照每吨稻谷约 60 元的价格收费）。比较特别的是，其烘干机建在钢板仓群的中间，这种方式既节约了用地，又减少了对周围居民的噪声污染。在对收购稻谷进行清理干燥的过程中，通过自动扦样装置，对每个农户的稻谷进行扦样并将样品传送到检验室，用仪器快速检测其蛋白质含量、水分含量等指标，再按蛋白质含量高低分别干燥、砻谷。糙米按标准确定等级后，按等级分装存放，包装袋上标注稻谷的品种、产地、收获年度、质量、种植者姓名、质量等级、检验员印章等。

②稻米储备环节的质量管理。

糙米是日本稻米的主要储存和流通形式，法律规定国家需储备 100 万 t。目前，本有 9 个政府直接管理的国家储备库，存储能力为 15 万 t；全国共有 4000 余个民间储备点，合计储存能力达到 700 万 t。政府通过招标的形式确定委托储备库。糙米在温度低于 15℃时基本停止呼吸，虫害霉菌较少；空气相对湿度在 70% 时有利于保持糙米的平衡水分维持在 14%～15%。所以日本的储备库基本全部是低温库，通过自动调温调湿装置保持库内温度低于 15℃，湿度维持在 70% 左右。在东京深川库，仓库全部实行自动化管理，整个库区处于半封闭状态，由计算机记录温度、湿度，并配有 30 余台摄像机以及自动报警和灭火装置。当仓库外部空气中 CO_2 含量达到一定浓度时，通风装置会自动运行以维持空气的清新。深川库同时还拥有部分全自动仓库，通过电脑可精确控制机械传输装置，真正实现了各仓位粮食从入库到出库的全自动化。

③大米加工厂的大米质量管理。

大米加工厂根据糙米包装袋上的产地、品种、生产年份、等级等标注购入原料，对每批原料，采取抽样核验等级、水分含量等，并扦取一定量的样品（800g）留存 6 个月以备争议时查验。糙米加工前，由工厂检验员用仪器快速检测原料的水分含量、白度、蛋白质含量和直链淀粉含量等，以决定是否进行配米，总用时不到 5min。加工后的大米，根据标准，用仪器快速检测白度或留皮程度、水分含量、外观（胚芽残存、正常粒、粉质粒、碎米、龟裂粒）等质量指标。大米样品需保留两周，以备有质量异议时查验。成品大米包装袋上注明原料糙米的产地、品种、收获年份、大米加工时间、质量、大米厂的名称、地址、电话及相关的认证标志等。

为保证产品的质量和卫生，各大米加工企业的加工车间都采取严格的清洁卫生防护措施。在株式会社九州村濑大米加工厂，每个进车间的参观人员，均要戴上工作帽，以防头发脱落；用吸尘器吸去衣服表面的浮尘；用黏性垫子除去鞋底的尘土，并隔着一道玻璃墙参观加工车间。每家大米加工企业平均每年要收到多达 300 次因为大米中混有异物的投诉，经检查确定，其中只有 20% 左右是由于工厂自身的原因。为避免在同一批产品中混入其他品种的大米，企业在加工不同品质大米时，要对加工设备进行仔细的清理。

④稻谷质量、品质和卫生的测报。

全国稻谷质量信息由各农协每年将检测的稻谷质量结果提供给各地的农政事务所，再由全国瑞穗食粮检查协会（财团法人）汇总，向全国公布。为掌握全国稻谷品质情况，农林水产省委托日本谷物检定协会（财团法人）在全国范围内每年抽取有代表性的主要稻谷生产地区的主要品种进行食味品评，品评结果向社会公布。通过测报，一方面可以指导农业生产，开发和推广优质品种，促进日本国内稻谷品质不断优化，品种不断集中。目前日本稻谷品种有 100 多个，产量最大的 10 个稻谷品种的产量和占到全国稻谷总产量的 85%～87%。另一方面可以指导消费，供消费者在选购大米时作为参考。日本政府对稻谷的卫生安全十分重视，农林水产省下属食品安全局每年出资委托检测单位采集约 1 万个糙米样进行农药残留分析。一旦样品农药残留超标，将不得继续生产。检测时，先用低成本的快速检测法定性分析，然后再对有农药检出的样品用精密仪器进行定量检测，这样既减少了检验成本，又提高了工作效率。日本近年来对全国共约 10 万个米样进行检测，仅发现少部分样品有农药检出，均没有超过基准值，全部符合标准。在检出的农药中，70% 为杀虫剂（其中 98% 为有机磷类和氨基甲酸酯类）。虽然检测结果比较理想，但日本消费者仍要求政府继续调查，以确保稻谷的食用安全。

（2）稻谷的质量检验。

①稻谷质量检验机构。

日本的稻谷质量检验制度曾经历了几次变迁。2000 年以前，日本各地农政事务所共有约 1000 名检验员，其身份为国家公务员。2000 年，日本政府对农产物检查法进行了修正，要求到 2005 年年底，完成农产物检验民营化的转变。检验民营化后，各地农政事务所负责对民营化检验机构的资质进行审核、登记，对检验员进行培训、考核、发证，对粮食收购及出、入库检验进行监督、指导和检验仲裁，对农产物质量与品质检查结果进行通报以及开发检测技术和仪器。目前，日本全国共有 1253 个具备资质的检验机构，其中约有一半隶属农协，有资格的检验员共约 12 000 名。如果某地区没有民营化的检验机构，仍由各地农政事务所实施检验。

②稻谷检验技术。

日本稻谷检验技术可简单归为由宏观检验到微观检验，由感官检验到仪器检验。例如，如采用颗粒水分仪对进入烘干机的稻谷的水分含量进行测定，以掌握每粒稻谷的水分变化情况，从而更好地控制不同部位的烘干温度和时间；采用单颗粒谷粒判定仪，从三维角度对谷粒的外观和品质等进行检测；采用米饭食味计对大米的颗粒性状和食味等进行测定等。日本的检验技术，不但更好地保证稻谷的质量和品质，而且减少了人为误差，提高了检验速度和公正性。在检验民营化后，为降低各地检验员之间的检验误差，日本政府也大力推进感官检验仪器化的进程。仅谷粒判定仪一项，通过认证后，预计全国检验机构将要配置 9000 台左右。

日本稻谷检验技术的发展，不是单纯为了更准确地检测某项指标，其根本目的是提高稻谷质量和品质，依据消费者的需要和稻谷的不同用途，不断研究和探索新的检验方法，建立与稻谷最终用途相适应的质量、品质检验评价体系。例如，指导稻谷栽培的稻叶测氮仪，稻谷收获时快速农药残留检测仪，烘干储藏中的单颗粒水分仪，指导分品种储藏和加工的快速 DNA 品种鉴定仪，对粮食新陈度鉴定的测鲜仪，用于加工过程配米及质量控制的米饭食味计和颗粒评定仪以及依照人的感官品评标准开发出的米饭食味计、米饭硬度、黏度检测仪和米饭气味、滋味、光泽度检测仪等，目的都是提高稻谷质量和品质。

3）韩国

韩国在长期实践中对于大米质量也形成了一些独有的质量评价要素（表2.11），如商品属性中的整齐度（一致性）、透明度、强硬度、新鲜度等；蒸煮属性中的残留液中的固体含量、体积膨胀度等；食用属性中的咀嚼声等。这表明韩国对大米质量的研究已形成自己的特色，达到相对的水平。韩国人喜欢粳米，对大米质量的研究处于世界领先水平，韩国人认为大米的质量更多依赖于产前、产中和产后的管理。并把安全属性放在稻谷质量的首位，其次是营养价值，然后才是食味和经济价值。

表 2.11 韩国大米质量评价要素分类

类别	大米质量的重要组成要素
商品属性	大小、形状、一致性、透明度、心白和腹白、色泽和光泽、新鲜度、头米率（头米指长度介于大碎米长度和完整粒长度之间的米粒，头米率指单位质量大米所含头米的百分率）、强硬度等
蒸煮属性	蒸煮方法（电饭煲或压力锅等）、吸水率、残留液中的固体含量、碘蓝值、体积膨胀度、糊化温度等
食用属性	视觉、嗅觉、听觉和触觉，色泽、明晰度（大米蒸煮后食用时米粒形状的保持程度如膨胀均匀程度、轮廓清晰程度）、气味、咀嚼声、原地和品尝延展感、甜度、咸味、酸味和苦味品尝
碾磨	碾磨率（出糙率、整精米率）、（平）头米率、胚芽留体情况
营养	消化和吸收、效用、蛋白质、脂质、维生素、矿物质

韩国人喜爱粳米，基本不再栽培籼米。习惯上依米粒的长宽比分成长粒、中长粒、短粒（糙米分别为＞3.1、2.1～3.0、＜2.0；大米分别为＞3.0、2.0～2.9、≤1.9）等不同粒形。

4）国内

近年来，各地为了提高产品质量，分别在原粮稻谷品质改良、先进工艺设备的引进及努力提高加工技术水平等方面下功夫，虽然原粮品质日益改善、先进工艺设备不断引进、加工技术水平不断提高，但是加工过程中的质量监控，却一直是大米生产加工中的薄弱环节。一般企业在质量管理上制定了很多检验方法和检验制度，并制定了严格的检验指标，也投入了许多人力，购置了多种检验设备，检验人员在工作中也很负责，但加工质量仍不尽如人意，投入与产品质量提高幅度不成比例。

2.4　留　胚　米

2.4.1　概况

留胚米又称胚芽米，是指符合大米等级标准且胚芽保留率在 80%以上或米胚的质量占 2%以上的精制米。胚芽是稻谷中生理活性最强的部分，是大米的营养精华部分，占米粒总质量的 2%～3.5%，大米胚芽中含有丰富的多种维生素、脂肪、蛋白质和可溶性糖以及钙、钾、铁等人体必需的微量元素。留胚米作为一种高附加值、高营养的新型大米，近年来进入我国市场。随着留胚米在市场上的积极推广和需求量的不断增大，对于提高我国国民膳食水平具有重要意义。

留胚米与普通大米相比较，含有丰富的维生素 B_1、维生素 B_2、维生素 E 以及膳食纤维（表 2.12），这些都是现代饮食生活中不可缺少的营养素。因此，可以毫不夸张地说，每粒留胚米都粘有维生素胶囊，这也正是留胚米的最大特点。长期食用留胚米，可以促进人体发育、维持皮肤营养、促进人体内胆固醇皂化、调节肝脏积蓄的脂肪，因此，留胚米实属天然强化米。

表 2.12　留胚米与普通大米营养成分的对比

营养成分	留胚米中含量（mg/100g）	普通大米中含量（mg/100g）
钙	7	6
磷	160	140
铁	0.5	0.5
钠	1	2
钾	140	110
维生素 B_1	0.30	0.12
维生素 B_2	0.05	0.03
维生素 E	1.0	0.4
烟酸	2.2	1.4
水溶性膳食纤维	0.1	痕量
不溶性膳食纤维	1.2	0.8

留胚米首先在日本问世。早在1924年，日本东京大学岛圆顺次郎教授就提倡食用留胚米，用来预防当时常见的脚气病，1927年，东京大学医院首先付诸实施，1929年，日本海军、陆军也相继食用留胚米。此外，当时市面销售也相当普遍。由于加工技术的限制，那时留胚米的皮层保留较多，食用品质差，1945年留胚米就中断了。1975年，曾是岛圆顺次郎教授学生的日本女子营养大学校长香川凌，重新提出食用留胚米，并极力主张生产这种产品。为此，日本一些粮食行会与团体先后对留胚米进行了进一步的研究。针对这一情况，日本于1977年7月15日正式确定留胚米为正式产品，并统一留胚米这个名称。现今日本市场上流通的留胚米，不仅胚芽保留率在80%以上，而且食用前不必淘洗。目前，我国市场上流通、销售的留胚米还很少。主要问题是产品质量还需进一步提高，此外，宣传力度不够，消费者对其不甚了解。

2.4.2 加工工艺和技术

1. 工艺流程

留胚米加工工艺简单，成本低，米饭的口感好。与普通大米基本相同，需经过清理、砻谷、碾米3个工段。普通大米碾米加工过程中，绝大部分的米胚在碾皮过程中脱落，所以留胚米的加工关键在于碾米工艺上，需要专门的加工技术和设备，去掉米皮而保留米胚。

日本传统的以糙米为原料加工留胚米的主要工艺流程：接料斗→粗选机→糙米箱→去石机→磁选机→计量器→谷糙分离机→糙米分级机→胚芽碾米机→储米箱→擦米机→留胚米分级机→储米仓→混米装置→色选机→成品仓→计量包装→成品。

2. 工艺流程要点

1）原料选择

作为加工留胚米的原粮，应尽可能选择胚芽保留率在90%以上的糙米，胚芽保留率低于80%的糙米，不适合用来加工留胚米；同时，最好选用当年产的新粮作为加工留胚米的原料，随着糙米陈化，胚芽容易脱落，特别是经过梅雨期和气温高的夏季以后，胚芽更容易脱落；用于加工胚芽米的糙米，水分含量一般在14%左右为宜。糙米水分含量应适中，水分含量过高与过低均会影响胚芽保留率。若水分含量过低，籽粒强度大，皮层与胚乳的结合力强，难以碾制，如果加大研削力，势必损伤胚芽，使其脱落；水分含量过高时，由于胚与胚乳的吸水率不同，膨胀速度不同，导致它们之间结合力减弱，碾制时胚芽容易脱落。

2）原料预处理

糙米在碾白去皮前需经化学溶剂或酶预处理，使米皮松散柔软。

3）碾米

留胚米的重要设备是留胚米碾米机。留胚米的加工特点是多机出白，轻碾轻擦，多用带喷风擦离型留胚米碾米机。为使胚芽保留率保持在 80%以上，碾米时必须采用多机轻碾，即碾白道数要多、碾米机内压力要低。使用的碾米机应为砂辊碾米机。金刚砂辊筒的砂粒应较细（40 目、60 目），碾白时米粒两端不易被碾掉，胚芽容易保留。砂辊碾米机的转速不宜过高，否则胚芽容易脱落，应根据碾白的不同阶段，使转速由高到低变化。碾米机按照碾白方式可分为擦离式、研削式和混合式三类，其中研削式碾米机对大米胚芽的保留率相对最多，加工时产生的碎米也相对最少，因此，设计留胚米碾米机一般宜选用研削式结构。

碾白室间隙尽量放大，米刀及压筛条的应用要适当，以使内部局部阻力平缓。碾米时采用立式碾米机较好，因为米粒在立式的碾米机中受力均匀，尤其当采用上进料方式的立式碾米机时，米流运动方向与重力一致，多数米粒在碾白室内呈竖直状态，即米粒的长度方向与碾辊轴线平行，米粒在这种状态下碾制，对胚芽的损伤最小，加工留胚米时一定要注意糙米的优选，糙米胚的完整率最好在 98%以上。

相关文献表明，国外对于留胚米碾米机的研究报道最早见于日本，日本于1930 年研制出世界上第一台留胚米碾米机，并在东京大学医院建立了留胚米加工工厂。日本国内用于生产留胚米的碾米机主要有 VP-1500CAE 型与 REM 型两种。VP-1500CAE 型为日本株式会社山本制作所研制，配备动力为 15kW，该机为立式砂辊碾米机，砂辊形状为倒圆锥体、自上而下分成五段、金刚砂粒度为 60 目。砂辊与筛网之间间隙为 6～10mm，而且可以调节。碾米机转速可由变频器进行无级调速。使用该机生产留胚米时，需要进行 6 次循环碾白。随后，日本佐竹公司试制成功了能够保留 80%以上胚芽的新型留胚米碾米机，分为 REMTA 和 REM 两种型号，加工能力分别为 200～300kg/h 和 400～500kg/h。该机为横式双辊碾米机，带喷风、无级变速。为使其充分发挥加工留胚米的功能，将上、下砂辊各分成三段，上段砂辊靠近进料段的砂粒为 46 目，其余砂粒均为 60 目。该机具有自动控制系统装置，当下料斗内没有原料时，米机可自动停止运转。为了保证加工精度，使成品符合质量要求，能够控制米粒在碾米机中的循环碾磨次数。另外，为适应不同品种碾白精度的需要，碾米机采用了无级变速机构，可根据需要在一定使用范围内调节主轴转速，并具有良好的调节性能。

日本国内的留胚米碾米机按碾白方式可分为研削型与擦离型两种，按碾米辊走向可分为立式与横式。在日本，有代表性的研削型留胚米碾米机生产厂家主要有佐竹公司及约里公司。前者生产的碾米机带喷风装置并装有无级变速装置，辊筒与米筛呈圆形，有单辊和双辊两个机种。为使成品精度符合要求，米粒在单辊米机中需循环 6 次，在双辊米机中则需要循环 2～4 次。后者生产的机型不带喷风，米筛呈正十二边形，也装有无级变速装置，工作时米粒需循环 6 次。日本留胚米碾米机的配置有单座式与连座式两种。单座式是在一台碾米机上装有循环用的料斗，米粒经过 6～8 次循环碾制而得到成品，目前在日本国内有很多米厂采用。单座式占地面积小、设备投资低，但效率不高。

此外，日本研制的留胚米碾米机还专门配备谷糙分离设备和擦米设备。这是因为原料糙米中混入 0.1%～0.2% 的稻谷，留胚米碾米机碾白压力低，碾白时不能将稻谷的外壳完全除去，所以糙米碾制前需要再一次经谷糙分离，以保证成品的质量。同时为了确保留胚米符合一般大米的精度标准，碾米后必须进行擦米，这样不仅使米粒表面光滑、没有附糠，而且做饭时几乎不用淘洗。由于日本对留胚米碾米机的研究相对较早，因此其技术也相对成熟和先进。目前，留胚米已成为日本大力研制并在市场上销售的主要大米产品，并且各粮食机械制造厂也以研制留胚米加工设备为主要方向。

其他国家和地区也有留胚米加工设备的研究。在留胚米碾米机方面，比较出名的有瑞士布勒有限公司生产的 DSRD 型立式碾米机。此外，2005 年，韩国生产的一种留胚米碾米机，结合传统粮食加工方式，采用立式"喷泉"推进输送，通过糙米间相互摩擦去除油糠，保留了大米 70% 以上的胚芽，有效保护了大米的营养及新鲜度。国外的留胚米碾米机多为立式碾米机，如日本佐竹米机、瑞士布勒米机、意大利 OLMIA 米机、德国 Schllle 米机等。

2006 年，佐竹苏州有限公司根据市场的需求，又推出了更先进的留胚米加工技术及装备。佐竹研制的这种留胚米生产系统是将研磨式碾米机和加水式碾米机组合起来进行碾米，为了不破坏残留的胚芽，以超低压的方式少量地进行碾米，并调整碾磨辊的转数、改变筛网的形状以适应胚芽的碾磨，确保碾磨效果。同时在碾磨式碾米机上配备筛筒，并且可以调整转速。当加工留胚米时，可以通过改变转数先对米的背部、腹部碾磨后，再采用多次阶梯式对米的主干部进行碾磨。在碾米机内部还配有切换开关，可实现循环碾米和连续自动碾米，以适合多种需要。另外，这种摩擦式超低压碾米机不仅可以干净地剔除游离糠粉，保证大米晶莹剔透，而且由于加水量少，所以不会产生污水，造成环境污染。

我国对留胚米的研究始于 20 世纪 90 年代初期，当时留胚米的营养价值还不为大多数人所知，也没有留胚米碾米机生产厂家。少数粮食加工企业从日本等国引进的留胚米碾米机价格昂贵，单台价格在 30 万元左右，虽然该机自动化程度较高，但一旦出现故障，难以及时维修，因此单靠引进设备从事留胚米生产，不适合我国国情。为适应我国国情，江苏理工大学农产品加工工程研究所在 20 世纪 90 年代末期研究制造了立式研削留胚米碾米机，该机生产的标一以上留胚米，产量达到 0～6t/h，胚芽保留率达到 80%以上。黑龙江省绥化市小型拖拉机厂与哈尔滨工业大学合作，曾在 1999 年做了留胚米碾米机的相关研究，成功研制出 6NPY-600 型立式留胚米碾米机，该机在两个多月的试生产中，大米的胚芽保留率一直稳定在 80%以上。2001～2003 年，湖南省湘粮机械制造有限公司运用轻碾技术对留胚米碾米技术进行了一定的试验研究，采用立式研削碾白型砂轮碾米机，使碾米时的胚芽保留率得到一定的提高。江苏理工大学农产品加工工程研究所从 1992 年开始从事留胚米碾米机的研究，试验样机为立式下喂料碾米机，采用自重喂料方式，糙米进入螺旋输送器，再由螺旋输送器由下而上强制送料，进行自下而上的工作方式，结果胚芽保留率相对普通碾米机有了一定程度的提高。国内许多粮机生产厂家也在积极研制、开发留胚米碾米机，有循环式，也有串联式。比较突出的是 MNPL65 低温留胚米碾米机。该机采用了与一般碾米机完全不同的碾白室结构，使碾米温升低、增碎少、电耗低、胚芽保留率高。同样的碾白精度所需碾磨道数少，节省了占地面积，简化了工艺流程。经过 1～2 道碾白后，精度达到国标三级大米要求。加工籼型留胚米时，产品含碎为 6.8%，胚芽保留率为 85%，糠粉含量为 10%，米温为 23～25℃，整精米率为 89%，电耗为 17.2kW·h/t（糙米）。该机于 2010 年 11 月通过了湖北省科技厅组织的鉴定。

目前，我国留胚米碾米机市场绝大部分为日本和韩国品牌所占据，我国留胚米碾米机多为借鉴国外的原型生产或者合作生产。我国稻谷主产区在南方，与日本、韩国等国稻谷在外形和品质上区别较大，所以，目前国内市场上的留胚米碾米机不能很好地适应我国稻谷的加工要求。

4）包装

米胚是谷粒的初生组织和分生组织，它除含有丰富的营养物质外，还含有多种活性酶，其中解酯酶会使脂肪分解而酸败。此外，米胚易吸湿，在温度、水分适宜条件下，微生物容易繁殖。因此，留胚米的包装要求较严，常采用真空或充气（CO_2）包装，防止留胚米的品质降低。

2.4.3　品质评价

1. 胚芽保留率

1）测定方法

胚芽保留率达 80%，即 100g 大米中含有的全胚粒、平胚粒和半胚粒的总质量等于或大于 80g 的大米可称为留胚米。留胚米胚芽保留率的测定方法有两种：粒数法和重量法。

粒数法是以胚芽完好率为测定依据，测定时任取 100 粒大米，按图 2.5 所示进行留胚分类，计数各类米粒数（N），则

$$胚芽保留率（\%）=\left(N_A+N_B+\frac{N_C}{2}\right)\times100\%$$

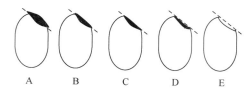

图 2.5　大米不同留胚程度

A—全胚，糙米经碾白后，米胚保持原有的状态；B—平胚，糙米经碾白后，留有的米胚平米嘴的切线；C—半胚，糙米经碾白后，留有的米胚低于米嘴的切线；D—残胚，糙米经碾白后，残留很小一部分米胚；E—无胚，糙米经碾白后，米胚全部脱落

重量法是测定糙米胚芽试样的胚芽质量和留胚米试样胚芽质量，以留胚米试样胚芽质量占糙米胚芽试样的胚芽质量的百分比表示胚芽保留率。两种方法以重量法较为准确。但重量法费工费时，且分离胚芽时必须做到不损伤胚芽。

2）影响因素

加工留胚米时，糙米的品种、新陈、水分含量等对胚芽保留率很有影响。

（1）品种。

作为加工留胚米的原粮，应尽可能选择胚芽保留率在 90% 以上的糙米，而胚芽保留率低于 80% 的糙米，则不适于用来加工留胚米。

（2）新陈。

随着糙米变陈，胚芽容易脱落，特别是经过梅雨期和夏季以后，胚芽更容易脱落。所以，应选用当年产的新粮作为加工留胚米的原料。

（3）糙米含水率。

用于加工留胚米的糙米，水分含量以 14% 为宜。

（4）碾白次数。

第一次碾白时，碾白效果不明显，主要起到开糙作用，胚芽保留率为 99% 左右。从第二次碾白开始，随着碾白次数的增加，胚芽保留率基本呈线性关系降低，并且随着转速的增加，这种变化更加剧烈，说明随着转速的增加，研削作用加强，去皮能力也相应加强，对胚芽的损伤也在增加。正常情况下，一般经 4 次碾白，胚芽保留率应在 80% 以上，且达到碾白要求。

（5）出口压力（配重）。

出口处配重质量大，即出口压力大，使碾白腔内压力增大，有利于提高碾白效果，但会降低胚芽保留率。出口压力小则效果相反。试验中第一次、第二次碾

白时配重采用 175g，后几次碾白时配重采用 67g，总体效果较好。

2. 加工精度

可按大米的加工精度方法进行判定。

2.4.4 质量标准和控制

近年来，我国生产留胚米的厂家逐渐增多，规模逐渐扩大，典型代表为湖北襄阳赛亚米业有限公司生产的留胚米已推广到国内的各大型超市如沃尔玛、大润发。但由于没有有效的行业标准的制约，行业的低门槛造成了行业内部鱼龙混杂。目前，关于留胚米的技术标准在国内尚是空白，留胚米的技术标准主要是参照日本的，根据日本的标准，胚芽保留率要达到 80%以上，胚芽完整度要在 30%以上，并且每 100g 大米中胚芽的质量为 2g 以上。根据调查，事实上现在行业内大多数企业都没有达到这个标准，有些胚芽保留率仅仅达到 50%左右也对外宣传是留胚米，影响了留胚米在消费者心中的印象，阻碍了整个行业的发展。

2.5 蒸 谷 米

2.5.1 概况

蒸谷米（parboiled rice），又名半煮米，指原料（稻谷或糙米）先经水热处理后再进行加工所得到的一类大米产品。2000 多年前，我国浙江、安徽、四川、广东等地均有生产。新中国成立前，都是手工作坊加工，直到 20 世纪 60 年代才实现大规模机械化生产，在浙江湖州、江苏无锡等地建立起一定规模的蒸谷米生产厂，生产的蒸谷米主要出口至海湾地区和阿拉伯国家。2004 年 11 月，中粮集团投资 2 亿元在江西进贤县建立了中粮（江西）米业有限公司，主要以南方籼稻为原料生产蒸谷米，2005 年加工蒸谷米 18 万 t，主要出口中东、非洲、东欧部分市场。

最早生产蒸谷米，并不是为提高营养价值，而是由于稻谷主产区在收获期正是雨季，稻谷不容易晒干，容易发芽霉变，采用蒸煮炒制等方法以利储存和保管，而现在蒸谷米的加工则出于增加营养的原因。此方法得到的米易保存、耐储藏、出米率高、碎米少、出饭率高，饭软硬适当，水溶性营养物质增加，易于消化和吸收。但由于加工技术的缺陷，目前还存在米色深，颜色比普通大米黄，带有特殊的味道，米质较硬，黏度较小，不宜煮粥等缺点，这限制了蒸谷米的普及。胚乳质地较脆、较软的大米品种，碾米时易破碎、出米率低的长粒稻谷，都适于生产蒸谷米。

蒸谷米由于在浸泡过程中，糠层中的营养物质随浸泡水渗透到米粒胚乳的内部，因此增加了蒸谷米的营养价值。蒸谷米实际上是一种营养强化米，它通过水热处理，使皮层、米胚中的一部分水溶性营养素向胚乳转移，达到营养强化的目的。蒸谷米就是通过内持法，使皮层和米胚中可溶性营养成分渗透到我们加工利用的部分——胚乳中，可以看作是一种纯天然的、无任何添加剂的营养强化米。与普通大米相比，其具有以下优点：

（1）营养价值显著提升，更易消化吸收。

稻谷在水热处理过程中，稻谷胚芽、皮层内所含丰富的 B 族维生素和无机盐等水溶性物质，大部分随水分渗透到胚乳内部，在碾米过程中保留下来，而不至于像普通大米一样在加工中流失。另外，维生素 B_1、烟酸、钙、磷、铁的含量比同精度普通大米也有不同程度的提高，因而增加了其营养价值。例如，蒸谷米中的钙、维生素 B_6、铁的含量比普通米高出 2～3 倍，整精米率提高 10%左右。与普通大米相比，蒸谷米中的磷、铁等微量元素的含量分别高 60%左右，维生素 B_1、烟酸等维生素的含量高 70%左右。稻谷经热处理，部分淀粉链断裂而成糊精，其糊精含量（1.80%～2.20%）是普通大米（0.40%）的 5 倍左右，根据人体消化实验，蒸谷米中蛋白质的人体消化吸收率高于普通大米 4.5%左右，因而特别适宜于婴幼儿、康复病人和老年人食用。

（2）籽粒结构紧实，出米率高。

由于稻谷经过蒸谷处理，胚乳变得细密、坚实，籽粒的结构力学性质得以改善，碾米时不易产生碎米，出米率高。研究表明，50kg 籼稻谷加工的蒸谷米比普通大米（精度相同）多 0.75～1.25kg，每 50kg 粳米多出米 1.25～1.75kg，且在加工过程中破碎率低，整精米率从 53%提高到 63%。

（3）米粒膨胀性好，出饭率高。

稻谷经蒸煮后，改善了米粒在烧饭时的蒸煮特性。蒸煮时残留在水中的固形物少，米粒表面有光泽，饭粒松散，同时具有蒸谷米的特殊风味。在米饭干湿程度相同的情况下，比普通大米出饭率高 35%～75%。

（4）米糠出油率高。

因稻谷经水热处理后，破坏了籽粒内部酶的活力，减少了油的分解和酸败作用，同时由于蒸谷米糠在榨油前多经一次热处理，糠层中的蛋白质变性更为完全，使糠油容易析出，所以出油率比普通米糠高 10%左右。

（5）耐储存，易保管。

稻谷在水热处理过程中，大部分微生物和害虫被杀死，酶失活且丧失了发芽能力，所以在储存时，不易生虫、霉变，不会发芽，易于保管。

由于蒸谷米具有普通大米无法比拟的特点和营养价值，越来越多的国家开始生产蒸谷米。目前，全世界每年有 20%的稻谷被加工成蒸谷米。泰国、美国、印度、乌拉圭、巴西、马里等是蒸谷米主要生产国。据统计,目前,蒸谷米全球年贸易量在 350 万 t 左右,约占世界大米年贸易量的 15%。蒸谷米主要出口国家为泰国、印度、美国和中国,其中泰国和印度是全球最大的两个蒸谷米出口国家。2006 年,蒸谷米出口量分别为 180 万 t 和 135 万 t,占全球蒸谷米贸易量的 85% 以上。近年来,随着蒸谷米国际需求量平均每年 4%～5% 的增长,其价格也相对坚挺,国际市场蒸谷米价格通常比同规格的普通大米高出 10%～15%,经济效益显著。一直以来,蒸谷米由于加工成本高、米色较深、米饭黏度较小以及口味习惯不符等原因,始终未被国内消费者普遍接受,国内市场消费量极小。目前,我国蒸谷米加工主要用于出口。随着我国广大人民群众健康饮食意识的不断加强,蒸谷米的营养价值将逐渐被人们认知,蒸谷米会逐渐走进国内千家万户,成为我国未来主流的健康主食。蒸谷米也适应了现代人的快节奏生活,满足人们对时尚、营养、健康食品的追求。预计在不久的将来,国内市场将成为全球最大的蒸谷米消费市场之一,我国蒸谷米加工也将呈现快速发展的趋势。

2.5.2　加工工艺和技术

1. 工艺流程

与普通大米相比,蒸谷米生产工艺是在清理和碾米工序之间,增加了浸泡、蒸煮、烘干、缓苏四项工艺环节。中粮(江西)米业有限公司蒸谷米加工工艺流程如下所示,该工艺可使蒸谷米成品品质根据客户需求进行相应调整。

原粮→清理、分级→浸泡→蒸煮→烘干→缓苏→冷却→砻谷→碾米→抛光→色选→蒸谷米

2. 工艺要点

1) 原粮

蒸谷米所用的原粮最好是生长在同一地区、同一品种的稻谷。因为不同地区、不同品种的原粮,其粒度差别很大,将会增加分级工序的工作量,给生产带来不便;并且不同品种的原粮在同压、同温、同样的时间下吸水率和淀粉糊化的程度也不同,会严重影响蒸谷米品质。

2) 清理、分级

蒸谷米的清理工艺和普通大米生产的清理工艺大体相同,也是经过初清、清理工序。根据蒸谷米的生产特点,要获得质量良好的蒸谷米,必须按稻谷的粒度和密度进行分级。去除原粮中的虫蚀粒、病斑粒、损伤粒、已脱壳或半脱壳的稻谷和过长、过厚的粮粒,确保进入浸泡工序的原粮在粒度上一致。因为虫蚀粒、病斑粒、损伤粒等不完善粒蒸煮时会变黑;已脱壳或半脱壳的稻谷浸泡时吸收更

多的水和热使米粒变形、颜色加深，加工过程易爆腰；过长、过厚的原粮在同样的浸泡条件下吸收水分不同，蒸煮过程中淀粉的糊化程度不同，致使米粒的强度不同，在烘干和碾米过程中，容易产生碎米，影响成品质量。分级出来的轻质稻可用于加工普通大米或用作饲料，粒度均匀一致、饱满的稻谷用于加工蒸谷米，可生产出品质好的蒸谷米。

3）浸泡

浸泡的目的是让稻谷充分吸收水分，以使自身膨胀，为后道蒸煮工序的淀粉充分糊化创造必要的条件；同时使外部营养物质向内部渗透。浸泡时，稻谷受水、热和时间三大组合因素有限度的"外浸和内渗"。稻谷中淀粉充分糊化所需的水分含量必须在30%以上，为了缩短浸泡时间，同时因常温水浸泡所需时间太长，容易受污染，多采用高温浸泡法。因为浸泡过程中水的温度对稻谷的吸水率影响很大，水温高稻谷吸水快，吸水率大。不同的水温将使稻谷吸水率不同，导致蒸煮效果的不一致，最终影响成品质量。但温度不能高于淀粉的最高糊化温度，否则淀粉继续吸水膨胀，米粒外层糊化，水分不能均匀地渗透到稻谷颗粒内部，使稻谷在蒸煮过程容易开裂；使米粒各部分强度有差异，碾米过程容易爆腰，影响蒸谷米的品质。

高温浸泡法主要为：将浸泡水预先加热后加入装有一定数量稻谷的浸泡罐内，进行稻谷的浸泡，浸泡过程中水温根据原粮品种及品质不同进行相应调整，一般调整范围为55～70℃，浸泡时间为3.5～4.5h，最后，稻谷含水量控制在34%～36%为宜。

常压条件下，胚乳自然吸收水分的过程很长，部分溶解到浸泡液中的营养物质来不及渗透到胚乳就将随浸泡水一起排至容器外，造成营养损失。为了保证生产效率，尽可能地减少营养物质的损失，利用空压系统向容器内注入压缩空气，使容器内压力高于大气压力，促进胚乳对浸泡液的吸收和对营养物质的渗透作用。

浸泡时，水的pH影响米粒的颜色。例如，pH为5时，米粒变色较少，米色较浅；pH升高，则使米色加深。

中粮（江西）米业有限公司对高温浸泡法进行了改进。在稻谷加入浸泡罐后，抽真空，再加入热水，并对浸泡罐加压，进行高温高压浸泡，在短时间内使稻谷吸水充分，使后期蒸煮中的淀粉能充分糊化。采用正交试验优化蒸谷米浸泡工艺参数，经过中试试验修正的工艺参数为：浸泡温度为55℃、浸泡压力为400kPa、浸泡时间为4h。

4）蒸煮

稻谷经过浸泡以后，胚乳内部吸收了相当数量的水分，采用一定温度、压力的蒸汽对稻谷进行加热，使淀粉糊化，即为汽蒸。该操作对蒸谷米成品质量、色泽、口感有较大影响。汽蒸可增加稻谷籽粒的强度，提高出米率，并改变大米的储存特性和食用品质，使蒸谷米具有不易生虫、不易霉变、易于储存的特性。在汽蒸过程中，必须掌握好汽蒸的温度、时间及均一性，使淀粉能达到充分而又不过度的糊化，是蒸谷米加工过程的关键一环。

先将稻谷和浸泡液分离，再将水分含量在40%左右的稻谷用振动输送设备送入到蒸煮器内，密闭容器，然后向内通入120℃的饱和蒸汽，使稻谷胚乳部分的淀粉迅速糊化。通过淀粉的糊化作用将渗入到胚乳中的各种维生素、微量元素和可溶性矿物盐凝固在胚乳中。

研究表明，采用不同的温度及时间进行蒸煮，可以生产出不同颜色、不同口感的蒸谷米。当汽蒸温度达到100℃时，可溶性淀粉的含量明显增加，而且随着汽蒸温度的升高不断增加。在121℃的高温下加压蒸煮，所得蒸谷米黏弹性好、软硬适宜、表面滑爽，并且形态整齐、爆腰少，碾米后整精米率有所提高，但过高的汽蒸温度会使米色加深。汽蒸时间的长短决定了淀粉糊化程度，汽蒸时间短，淀粉糊化不完全，米粒出现心白；汽蒸时间过长，会使淀粉糊化过度，米色加深。

中粮（江西）米业有限公司采用先进的自动化控制系统，可对蒸煮环节的温度、压力、时间等作出精确控制，并根据原粮品种及客户需求，调整相关工艺参数，生产出浅色、次深色及深色的蒸谷米。

5）烘干

蒸煮后的稻谷不仅水分含量很高（高达40%左右），而且温度也很高（100℃左右），既不能储存，也不能进行碾米加工。必须经过烘干操作，将稻谷水分降到14%的安全水分含量以下，以便储存与加工，同时保障碾米时能获得最高的整精米率，且使 α-淀粉来不及重新排列，仍以散乱状态的形式存在。蒸煮后的稻谷含水主要有：自由水和结合水两部分。因此，烘干过程需采用两段式，即快速烘干和慢速烘干的工艺设计。在快速烘干过程中，使稻谷水分含量由34%～36%快速降到18%～22%，在短时间内除去存在于稻谷表面的自由水；然后在暂存仓内缓苏4～6h，使稻谷内外部水分和温度趋于平均化，并且降低稻谷的表面温度。第二次为低温（60℃以下）慢速式，目的在于降低稻谷的结合水含量。除去结合水的过程就是使稻谷内部的水分通过毛细管扩散到稻谷表面再蒸发的过程。合理的蒸发速度应该等于或接近稻谷内部的水分扩散速度。应逐步地降低稻谷的水分，防止内外部水分扩散速率不同，引起稻谷爆腰。最后使稻谷的水分含量达14%左右，符合蒸谷米碾米要求。一般使用蒸汽间接加热。快速烘干和慢速烘干之间的缓苏是一个必不可少的过程。

中粮（江西）米业有限公司采取热空气快速烘干、蒸汽热交换成热空气再慢速烘干两步干燥方法，可调节并优化干燥脱水和缓苏过程，保证了烘干稻谷的加工品质。

6）缓苏与冷却

稻谷的烘干、降水过程虽然是逐步进行，但仍会出现内部应力分布不均匀，产生内应力，并且稻谷的表面温度要高于室温 30～50℃，特别是在南方的夏季，空气湿度比较大，烘干后的稻谷跟空气接触容易吸湿、返潮，产生裂纹，碾米过程容易产生碎米。因此，在稻谷烘干后，将其放置在装有轴流风机的通风系统的筒仓内静置一段时间，逐步缓和稻谷的内应力，使其应力均匀。并且利用通风系统缓慢地、逐步地降低烘干后稻谷的温度。缓苏的时间根据原粮的不同一般在 5～7d，这为后续的加工和储存奠定基础。

7）砻谷

蒸谷米经过特殊的水热处理后，淀粉吸水膨胀、糊化，并在烘干过程中回生。稻谷经蒸煮烘干后，稻壳和米皮的结合能力大大降低，易于脱壳。因此在砻谷时，可适当降低砻谷机的作用力，以提高产量，降低电耗和胶耗。

8）碾米和抛光

蒸谷糙米的碾白是比较困难的，在产品精度相同的情况下，蒸谷糙米所需的碾白时间是生谷（未经水热处理的稻谷）糙米的 3～4 倍。稻谷经过蒸谷加工后，糠层跟胚乳的结合更加紧密，籽粒坚硬，米糠易摩擦出油，使米粒打滑，堵塞筛孔，造成蒸谷糙米的碾白操作较普通大米困难。为了防止米粒打滑，还要加入一定量的粉末状钙盐帮助碾米，以增加米粒之间的摩擦力，防止米糠堵塞米筛。因此，增加碾白次数和碾白力度是必需的，应将碾辊转速适当提高 10%，同时增加碾白道数，加强喷风排糠。中粮（江西）米业有限公司在蒸谷米碾米加工中采用了三砂两抛的碾米工艺，大大降低了碎米率，使得蒸谷米表面晶莹剔透。

9）色选

经过碾米、抛光后的蒸谷米，呈半透明的蜂蜜色。为提高蒸谷米的商品价值，需剔除成品米中混杂的少量黑粒米、黑头米及黄粒米。因蒸谷米较普通大米色泽深，在实际操作中应根据成品米的要求调整色选机参数。

2.5.3　品质评价

蒸煮米品质评价的关键指标是裂纹率。在 α 化过程中，蒸谷米会不同程度地产生裂纹，进而产生碎米，影响食用口感。蒸谷米在 α 化过程中，浸泡工序是产生裂纹粒数量最多的环节，随浸泡时间的延长，产生的裂纹粒就越多，所以尽量缩短浸泡米的时间，是降低蒸谷米裂纹数的重要措施。

2.5.4　质量标准和控制

我国缺少蒸谷米的国家标准，一直没有制定蒸谷米的生产、加工、出口等相关标准，这使得我国蒸谷米的生产加工操作不规范，品质没有保证，蒸谷米质量参差不齐。在出口方面，只能参照泰国标准，但泰国蒸谷米的粮源、品质等与我国实际情况有所差别，参照别国标准使得我国蒸谷米在国际市场的激烈竞争中处于不利地位，难以形成自己的品牌形象。为此，2004 年，中粮（江西）米业有限公司制定了《出口蒸谷米企业标准》（表 2.13），但国家标准一直缺位。

表 2.13　出口蒸谷米加工质量标准

品名	加工等级	黄粒含量(%)	病斑粒含量(%)	白心粒含量(%)	夹心粒含量(%)	机损粒含量(%)	碎米粒含量(%)	水分含量(%)	杂质				
									总量(%)	矿物质含量(%)	糠粉含量(%)	稗籽（粒/kg）	稻谷（粒/kg）
蒸谷籼米	特一	1.5	1.5	6	15	2	5	14	0.2	0.02	0.05	10	2
	特二	2.0	1.5	6	15	2	5	14	0.2	0.02	0.05	20	3
	标一	2.5	1.5	6	15	2	7	14	0.25	0.03	0.10	30	4

国际贸易的技术壁垒已越来越成为调控产品贸易的手段。因此，制定我国大米品质与国际蒸谷米市场相衔接的蒸谷米质量和生产标准，是促进我国蒸谷米产业发展的重要措施。国家相关部门要组织科研单位、生产部门以及加工企业，借鉴蒸谷米进出口国蒸谷米质量标准，制定明确的质量标准和生产标准，使蒸谷米生产加工有强制性的标准可遵循，提高我国蒸谷米的国际竞争力。

2.6　免　淘　米

2.6.1　概况

免淘米（又名清洁米、免洗米），英文名为"tasty white rice"，简称 TWR，是指符合卫生要求、不必淘洗就可直接炊煮食用的大米。

免淘米具有以下优点：

（1）免淘米不需淘米，可节约时间、水、劳动力。随着社会的进步、人民生活水平的提高和工作节奏的加快，减少家务活动和餐饮业中的劳动程序、省时省力，成为现代生活追求的目标和提高工作、生活效率的方式方法之一。生活质量要提高，做饭效率和做饭质量就要提高。而免淘米恰好适应了现代方便、快捷的生活方式。

传统的做饭方式需在做饭前用清水洗米（一次或多次），所用的淘米水虽然较少，但这种用水方式在日常家庭生活中使用比较频繁，耗水量较大，如果将洗米工序在工厂中统一完成，淘米水在工厂内可循环使用，能节省大量的水，这在我国目前水资源紧张的情况下，是降低社会耗水量的有效方法。同时集中淘洗更利于洗米水的进一步处理和回收，处理后的淘米水一部分变成清水继续使用，另一部分作为肥料处理，既节省了水资源，又利于环保。

（2）营养丰富。普通大米在水中淘洗，不仅要消耗大量的水，而且营养成分损失也较大，普通大米在用水淘洗过程中会损失质量分数为 5.5%～6.5%的蛋白质、质量分数为 18.2%～23.2%的钙、质量分数为 17.7%～46.9%的铁，并损失部分 B 族维生素。

（3）提高食味，可长时间保持鲜味，改善大米储存性能。米的水分与米饭的食味有很大关系，水分低的大米在淘洗和做饭时因吸水速度快而发生龟裂，龟裂后的米，表面易淀粉化，做好的饭呈糊状，没有弹性。而免淘米可在加工厂的淘洗工序中通过机械控制，对大米进行调质，将水分低的大米调整为食味较好的大米。这种调整既提高了大米的食味，又可使免淘米的水分含量控制在合理范围，使其在市场流通时不会出现质量问题。由于经加工的米上没有糠，即使进行保温处理也不会发出异味及变黄，可长时间保持鲜味。

（4）保护环境。1kg 米的淘米泔水中含有约 30g 的糠，排放出的泔水成为污染河流海洋的主要原因（胶状淤泥）。而免淘米没有淘米泔水，所以有利于环境保护。

免淘米在日本受到工作繁忙的市民和餐饮业的青睐，消费量大幅增长，占到大米销量的 40%以上，而起步较晚的超市的销量也增长了 20%～35%。预测 5 年后免淘米的销量将会超过普通米。免淘米的生产是在普通大米生产的白米整理工段与包装工段之间设置了特殊的清洁米加工工段。

目前，我国有一些企业将经过多次抛光的大米也称为免淘米，造成市场混乱，消费者无所适从。淘洗的主要作用是洗去大米表面残留的糊粉层和未辗净的少量谷粉及杂质。事实上，经抛光后的大米，特别是经湿法抛光后的大米，其表面的晶莹程度、透明度、亮度确实有明显的提高，大大地提高了大米的外观质量。但抛光后的大米不一定能达到免淘米的高质量标准，特别是卫生指标，由于部分设备仍然是敞口，对设备及管道的材质也不太重视，抛光后的米用于做饭时仍需要淘洗。即使抛光后的大米达到卫生指标，也还会出现加工中再污染的现象，最终很难达到食品卫生要求。目前，我国市场上的抛光米从加工工艺、产品质量指标、卫生指标到包装形式都尚未达到免淘洗的要求。

免淘米作为一种新型的大米品种，有其独特的优势，必然会在国内得到发展。免淘米的普及使煮饭行业的一系列课题得以解决：米饭食味的稳定、生产成本的降低、作业环境的改善、废水处理设备的负荷下降等。

2.6.2　加工工艺和技术

日本佐竹公司分别在 1989 年开发了湿式免淘米加工装置，在 2001 年开发了特殊方式免淘米加工装置。湿式免淘米加工装置由湿式碾米部分和最终干燥部分构成。湿式碾米部分是往大米里添加 15%（质量比）的水，在短时间内淘洗、脱水使糊粉层完全去除；然后在最终干燥部分，将被去除糊粉层的免淘米用 45℃的温风干燥到 15%以下的含水量。这种装置的特点是需要排水处理设备。

1. 湿式免淘米

湿式免淘米的典型加工工艺如下所示：

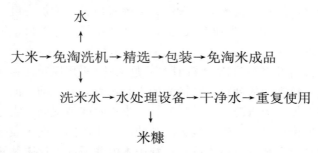

湿式加工的主要原理是将经过供料装置的大米放在水中进行水洗，再用离心分离法除去水分，使大米的水分含量控制在要求的范围内。其水洗的次数一般为两次，加水量仅为糙米质量的 15%。

就免淘米而言，要求要有良好的包装，抛开包装问题就无法谈免淘米。所以，对免淘米进行研究的同时也要对免淘米的包装进行研究。一般的包装方式是采用真空包装，既可以防止虫害问题的发生，又可以保证免淘米的新鲜度，免淘米只有在良好的包装条件下，才是标准的免淘米。免淘米是直接食用产品，必须达到食品卫生指标。这就要求工艺设备及配套设施的材质、操作人员的卫生条件、现场工作环境应符合标准。

2. 特殊方式免淘米（新美味白米加工，NTWP）

特殊方式免淘米加工装置由 NTWP 主机、供水槽装置、木薯淀粉循环使用系统三部分构成。NTWP 主机由往大米加水（5%）+搅拌的湿式加压碾米部分、加热后的木薯淀粉与米混合+搅拌的低压搅拌部分、将木薯淀粉与免淘米分离的分离干燥部分组成。由于不需要排水处理设备，和湿式工艺相比，此不需要排水处理设备，成本低、出米率高，不破坏大米的亚糊粉层（又称"好吃层"），所以这种产品又称美味美白精米（TWR）。

NTWP 免淘米这种新型免淘米加工装置对大米表面进行雾化加水，经过 5min 的搅拌、低压摩擦软化糊粉层后，使用以木薯淀粉为基本材料的热吸附材料，能够不伤及胚乳而只是把糊粉层去除。由于不需要排水处理装置，这种新开发的免淘米装置的运行成本低，并且具有成品得率高、大米光泽度好、食味佳等优点。使用温热的木薯淀粉颗粒可以完全除去残留的糊粉层而不损伤胚乳。主要利用木薯淀粉颗粒和米粒之间互相摩擦的作用，彻底去掉米粒表面附着的糠粉，从而使得米粒表面光滑，晶莹洁白，这种方法称为新美味白米加工（NTWP）。NTWP 包括 3 个阶段：①在大米加水抛光室，使残留在碾好大米表面的糊粉层松弛。②在搅拌室，使松弛的糊粉层在最低压力下黏附于经加热的木薯淀粉颗粒表面而从米粒上除去。③在最后一室中，黏附有糊粉层的木薯淀粉颗粒从碾好的大米中分离出来并加以干燥。这种免淘米无需淘洗、可改善口感、增加白度、延长保存期、提高米饭食味值。上海海丰米业有限公司于 2002 年就引进了日本佐竹 NTWP-50B 免淘米加工设备。

日本佐竹公司推出的 NTWP 新型大米抛光机，采用魔芋淀粉颗粒作为大米抛光介质来吸附米粒表面的糠粉，经抛光的大米不仅表面光洁，而且新鲜美味、口感改善、白度增加、免淘洗、保质期延长、米饭食味值提高。它是优质稻谷抛光的理想设备，但价格昂贵，投资较大。其他厂家生产的免淘米设备，如日本库波塔株式会社的利福来装置、日本株式会社山本制作所的卡比卡装置等都是干法生产免淘米装置。

20 世纪 80 年代后期，国内碾米工业发展免淘洗清洁米的生产，其关键工序是大米抛光。为了获得良好的抛光效果，国内科研院所和粮机生产厂家，先后研制生产出多种形式的大米抛光机，对促进大米抛光技术的提高起了很好的作用。

2.6.3　质量标准和控制

就湿式加工的免淘米而言，应达到如下要求：一是，经水洗、烘干后的大米，食味不能下降。这就要求洗米时着水要均匀，并控制好洗米的时间、烘干时间及烘干温度。对大米进行调质，通过清洗、干燥，将大米的水分调整到最适合食用口感的水分范围。二是，免淘米产品经市场流通后到达消费者手中，质量要稳定。这就要求，要合理掌握免淘米的水分含量，也要有良好的包装形式和包装材料。三是，符合卫生指标。

免淘米在日本早有生产，因此国外已有了免淘米的质量标准。目前国际上通常的免淘米标准是洁净度应小于 100ppm，（ppm 表示百万分之一，是表示洁净度的一种计量标准，100ppm 即是百万分之一百）。也就是说，杂质在米中的质量比应该小于百万分之一。ppm 的数值越小，洁净度越高。

然而，我国在免淘米方面起步较晚，目前国内对免淘米尚无标准，现有大米国家标准并不适用于免淘米。而关于免淘米的标准，目前已经由国家粮食局完成，将很快在全国颁布执行。综合起来，免淘米的质量除了达到现行国家有关规定外，还需要满足质量和环保上的要求（表 2.14）。

表 2.14　免淘米的参考质量指标

项目	指标	项目	指标
裂纹粒增加率	≤3.0%	水分含量	14.0%～14.5%
杂质总量	<0.001%	碎粒含量	<4%
浊度	<50ppm	异色粒含量	0.05%
白度	≥43.0%	废水排放量	达到国家环保要求

2.7　发芽糙米

2.7.1　概况

发芽糙米是先将糙米发芽至一定芽长，然后再加工得到的由幼芽和带糠层的胚乳所组成的糙米制品。发芽不仅增加米粒的营养含量，还使发芽制品具有了一定的特殊功效。例如，据《本草纲目》记载，谷芽有甘平、健胃、开胃、下气、消食之功效，助消化而不伤胃气。

糙米在适宜条件下进行发芽的过程中，大部分内源酶被激活，发生了系列生理变化，米粒组织逐步软化，籽粒中不溶于水的物质在酶的作用下转化为可供胚利用的游离型物质，淀粉在淀粉酶的作用下转化成小分子糖类；植酸盐在植酸酶作用下，不仅解除植酸与矿物质的结合，使其更容易被人体吸收，且水解产生具有预防脂肪肝和动脉硬化功效的生理活性成分肌醇；纤维素和半纤维素经酶解后，不仅口感改善，且更易被人体消化吸收；米胚中蛋白质在水解酶作用下生成大量氨基酸，其中 L-谷氨酸在辅酶磷酸吡哆醛（PLP）的作用下，经谷氨酸脱羧酶（glutamate decarboxylase，GAD）催化生成 γ-氨基丁酸，已报道，发芽糙米中 γ-氨基丁酸的含量可达糙米的 2～5 倍，此外更富集了六磷酸肌醇、谷胱甘肽、γ-阿魏酸、γ-氨基丁酸谷维素、二十八烷醇等功能性成分。

日本长期以来比较重视稻谷深加工产品与技术的发展，发芽糙米最早的商品化技术是日本农林水产省中国农业实验场与日本农林水产省食品综合研究所于 1997 年联合开发的。日本近二十年已先后开发出米胚芽、糙米滋补健康饮料、发芽糙米酒、发芽糙米药膳粥等系列发芽糙米产品，市场推广非常成功。例如，日本石井食品公司向市场推出了以发芽糙米为主原料的四种药膳粥，"南瓜鸡肉药膳粥"、"小豆薏米药膳粥"、"墨斗鱼西红柿药膳粥"、"牛蒡药膳粥"，调味剂选用海水无机盐成分丰富的盐，产品通过高温、高压灭菌后进行软包装。食用前只需用热水或微波炉稍加热即可开袋食用，而且可在常温下储存。在日本还有以发芽糙米为原料开发研制出的比大米饭更具营养价值及食用方便性的软罐头米饭。近年来，不同系列发芽糙米制品在我国台湾和香港等地区已陆续面世，北京、辽宁、江浙等省市已有专业生产发芽糙米的工厂，已报道的糙米食品主要有发芽糙米、谷芽营养米粉、发芽糙米饮料、发芽糙米酸奶、发芽糙米味噌、发芽糙米面包、发芽糙米片、发芽糙米茶等。发芽糙米及其深加工制品作为一种新型功能食品与配料，在国内主食创新领域和保健食品市场必将占有一席之地。

发芽后的糙米，其糠层纤维被酶解软化，从而改善了糙米的蒸煮、吸收性。糙米的发芽实质上是糙米活化，糙米芽体是具有旺盛生命活力的活体。发芽糙米的芽长为 0.5～1mm 时，其营养价值处于最高状态，远超过糙米，更远胜于普通大米。

2.7.2 加工工艺和技术

1. 加工工艺流程

目前，发芽糙米可以加工出湿式和干式两种产品。其工艺流程如下所示。糙米经清理、筛选和消毒后，在一定温度的浸泡液中浸泡一定时间，然后在一定温度和相对湿度的环境中发芽，达到发芽要求后，可将发芽好的糙米直接干燥，也可用 75～80℃的热水钝化发芽好的糙米，再将其干燥至 14%～15%的含水量，从而生产出发芽糙米。其中，糙米发芽是该技术的核心部分。

2. 加工工艺要点

1）原料选择

糙米的发芽力、呼吸速率、淀粉酶活力以及淀粉等储藏物质的降解速度因粳稻品种不同而异。比较了江苏省主栽的粳稻品种（南农 4 号、南粳 39、镇稻 99 和扬粳 687）的糙米发芽率及发芽期间主要物质含量的差异，其结果表明，南农 4 号发芽率最高，淀粉降解速度快，还原糖、水溶性蛋白质和游离氨基酸含量大。四个粳稻品种的糙米发芽势与总淀粉酶活性、还原糖、水溶性蛋白质和游离氨基酸含量之间呈高度正相关，而与淀粉保留量呈显著的负相关，可见，不同粳稻品种的糙米发芽势可作为判断其发芽特性的一个重要参考指标。其他研究人员发现，4 个品种的糙米在相同条件下培养时，其发芽率各不相同：丰优香占糙米的发芽率最高，中优 117 糙米次之，Q 优 108 糙米第三，泰优糙米的发芽率最低。

2）灭菌

糙米在发芽过程中，由于高水分含量及适合的环境温湿度条件，微生物易大量滋生，成为长期困扰发芽糙米生产的难题。目前常用次氯酸钠对糙米原料先进行灭菌处理。但本课题组的研究发现，臭氧的灭菌效果也很好，适合工业化生产使用。

3）浸泡

浸泡的目的是提高糙米的吸水率。要尽量缩短浸泡时间，严格控制浸泡温度。经实验研究发现，糙米的吸水率与浸泡温度、浸泡时间及浸泡溶液有关系。

（1）浸泡温度。

通常，吸水速度随浸泡温度的升高而加快，提高温度可使糙米加快达到饱和水分，所以提高浸泡温度可缩短浸泡时间；但浸泡温度也不能过高，以免表层淀粉糊化，或是热溶性物质流失，浸泡温度不应超过 40℃。

（2）浸泡时间。

糙米吸水率随浸泡时间的延长而增加，初始吸水速度很快，但一定时间后达到饱和，即使再延长，只是糙米胚芽鼓出，开始发芽，并且浸泡液变浑，会产生潲味。所以，浸泡时间与浸泡温度应联系起来，掌握一个好的火候。

（3）浸泡溶液。

通过用不同溶液对糙米吸水特性进行研究，发现在不同的溶液中浸泡，只是前 2~4h 对吸水率有影响。随时间的延长，最后吸水率基本都相差不大。

此外，采用浸泡的方式增加糙米水分必然会使糙米爆腰率增高，这可能影响产品质量且不利于产品的进一步加工利用。另外，为了避免浸泡时糙米发酵和变质，需要使用消毒剂，这对发芽糙米生产的安全管理提出了更高要求。

（4）发芽。

糙米发芽条件根据原料种类和浸泡情况会有所不同。通常情况下，糙米发芽需要的发芽温度在 30~40℃，但需要保持一定的湿度。根据我们的实验结论，通过控制发芽温度和湿度，可以在 12h 左右达到最大发芽率。

（5）干燥。

从干燥前后发芽糙米营养成分、加工性能和色泽的变化来看，以真空冷冻干燥最理想，其次是微波干燥和普通热风干燥。

糙米的发芽处理包括了浸泡和发芽两个关键性工序，但从糙米生理变化的角度来看，浸泡和发芽过程又是连为一体的。糙米的生命活动通常在浸泡过程中就开始了，发芽使生命活动进一步加强。目前，国内外促使糙米发芽的方法主要有两种：①利用糙米自身的发芽功能，此种方法不仅环保，而且简便，非常适合小规模生产。②利用生物化学物质促使糙米发芽。促进糙米发芽常用的生物化学物质是以赤霉素、钙离子、$NaHCO_3$ 为浸泡液，不仅缩短了时间，而且提高了糙米的发芽势、发芽率、芽长、活力指数、发芽指数和淀粉酶活性，此种方法很适合企业进行大规模的发展。但是，采用生物化学物质进行处理在试剂残留以及安全性方面存在隐患，同时处理起来也非常费事。这两种方法都未达到理想的处理效果，还需进一步研究。

2.7.3　品质评价

1. 发芽率和 γ-氨基丁酸（GABA）含量

1）影响因素

发芽率是评价发芽糙米的典型指标，而发芽糙米的重要特征就是富含 γ-氨基丁酸。当芽长在 lmm 左右时，GABA 的含量最高。但随着萌芽时间的延长，GABA 有可能会在 GABA 转氨酶的催化下与丙酮酸发生转氨作用，生成琥珀酸半醛和丙酮酸，使 GABA 含量下降。

发芽糙米的质量与糙米原料和生产工艺条件直接相关。为了获得高品质的发芽糙米，科研人员分别从原料的筛选、浸泡、萌芽工艺条件的优化、干燥条件的改善等方面进行了探索。糙米在未发芽之前含有微量的 GABA，随着发芽过程的进行，糙米内的蛋白酶和谷氨酸脱羧酶等被大量活化，使生成 GABA 的速率加快，发芽糙米中 GABA 含量也不断增加，但发芽糙米中 GABA 含量与其发芽率之间并不存在相关性。

（1）原料品种。

发芽用原料糙米应选用籽粒饱满、粒质阴熟、由当年收获的新鲜稻谷，经自然干燥至标准水分含量后加工成的糙米。具体要求见表 2.15。

表 2.15　发芽用糙米的质量标准

品质	指标
杂质含量（%）	≤0.5
	其中：磁性金属物、有害杂质、有碍卫生杂质不得检出
不完善粒含量（%）	≤2.0
	其中：霉变粒不得检出
裂纹粒含量（%）	≤15

续表

品质	指标
黄粒米含量（%）	不得检出
水分含量（%）	≤14
容量（%）	≥840
颗粒整齐度（%）	≥80
发芽率（%）	≥90
发芽势（%）	≥95
色泽、气味	正常
稻谷粒含量（%）	≤0.5

　　不同基因型和生态型糙米品种之间的发芽率、发芽前后 GABA 含量和 GAD 活性存在较大差异。已报道，籼米的 GABA 含量多数高于粳米，同时早稻高于中稻和晚稻，巨胚型高于普通品种。湖北黄冈农业科学院和华中农业大学联合进行高 GABA 含量及优良农艺性能的早籼稻品种选育工作，以高产 GABA 的黑米品种、先恢 207 和绵恢 725 为亲本进行多代杂交，2006～2009 年期间测定了包括已收集的对照品种共 239 份试验样品发芽前后的 GABA 含量、GAD 活性等指标。在此基础上，以 2010～2011 年间收获的 3 批次共 164 份杂交组合水稻为原料，进一步筛选出高 GABA 含量的糙米品种，以及适用于制备发芽糙米的高 GABA 产量、高谷氨酸转化能力的 GAD 高活品种 10 冈 γ21、10 冈 γ20、10 冈 γ13、10Hγ37、10Hγ39、10Hγ32、10Hγ33、10Hγ42、10Hγ44、11Hγ08 和 12P^{24}I-7、12P^{19}I-2 等。另外，日本的巨胚水稻品种"海米诺里"，中国水稻研究所的品种"基尔米"，浙江大学诱变得到的巨大胚突变体 *MH-gel* 都是 GABA 含量相对较高的品种。

　　本课题组用 1.0mmol/L Ca^{2+}+0.1mmol/L 赤霉素浸泡液处理收集的 20 种早籼糙米，处理前后的发芽率，见表 2.16。发芽率是选择原料的关键，发芽用糙米的质量标准显示，发芽率在 90% 以上的糙米适合作为发芽糙米的原料。处理前所选稻种的发芽率范围为 58%～97%，其中包括准两优 608、金优 233、两优 527、株两优 268 和凌两优 942，发芽率分别为 95%、95%、94%、97%、92%。处理后的糙米发芽率有明显的增加趋势，增加幅度为 2%～43%。发芽率在 90% 以上的品种有株两优 611、湘早籼 24、湘早籼 17、准两优 608、丰优 1167、浙福 802、金优 233、两优 527、株两优 268、株两优 211、T 优 167、湘早籼 42、凌两优 942、株两优 199，这些品种在处理后的发芽率符合指标，可以进行下一步筛选。

表 2.16　1.0mmol/L Ca²⁺+0.1mmol/L 赤霉素浸泡液处理前后糙米发芽率

编号	品种	处理前发芽率（%）	处理后发芽率（%）
1	中嘉早 17	58±6.66	83±1.23
2	湘早籼 45	64±1.17	85±2.45
3	华两优 164	69±6.00	84±5.53
4	株两优 233	68±1.45	88±9.32
5	株两优 611	74±2.29	93±0.22
6	湘早籼 24	89±2.89	95±0.31
7	湘早籼 17	76±1.41	93±0.62
8	准两优 608	95±3.61	99±1.01
9	丰优 1167	72±3.21	90±1.04
10	浙福 802	76±5.29	92±0.97
11	金优 233	95±1.00	99±0.45
12	两优 527	94±1.53	98±0.35
13	湘早籼 143	71±6.03	89±1.23
14	株两优 268	97±0.58	99±0.45
15	株两优 211	87±8.74	95±0.07
16	T 优 167	79±3.06	95±1.45
17	湘早籼 42	80±8.08	95±0.16
18	凌两优 942	92±2.00	97±0.05
19	株两优 199	85±4.51	95±1.87
20	株两优 819	73±6.24	89±2.91

　　米胚芽富集 GABA 的能力主要取决于其中的 GAD 和蛋白酶的活性，因此，富集 GABA 要用新鲜的、具有良好发芽能力的稻谷。而且不同水稻品种，GABA 生成量差异很大。国内研究发现，GABA 生成量最大的普粘 7 号高达 170.2mg/kg，绝大部分品种的 GABA 生成量在 50mg/kg 左右。

　　（2）砻谷方式。

　　砻谷是将稻谷脱去颖壳制成糙米的过程。其中，采用的砻谷方式主要有胶辊砻谷和离心砻谷等。胶辊砻谷是目前最为常用的，是通过两个辊轴线速度的不同来达到脱壳目的；而离心砻谷机是通过高速旋转甩料盘使稻谷飞向冲击圈，受撞击而脱壳。本课题组比较了这两种砻谷方式所得糙米的发芽情况，探讨其中影响的原因。结果表明，离心砻谷所得糙米的发芽率显著高于胶辊砻谷所得糙米（表 2.17），发芽率达到 90% 所需要的发芽时间，前者均比后者缩短 1～2h。同时，糙米浸泡 0～2h 的吸水率和 0～12h 的电导率值均是前者明显高于后者。对两种糙米的胚部进行扫描电镜分析，离心砻谷所得糙米胚部的表面纹路有被磨平的痕迹，胶辊砻谷机所得糙米胚部表面纹路深。由此可知，离心砻谷所得糙米的发芽情况优于胶辊砻谷的根本原因是前者得到的糙米胚部表层结构受损，使得糙米吸水能力增强、胚芽更容易冲破皮层以及氧气进入糙米的阻力减小。

表 2.17　两种砻谷方式下制得的糙米发芽情况比较

发芽方式	砻谷方式	发芽率						
		8h	9h	10h	11h	12h	13h	14h
条件 1	离心	56.8 ± 2.2^a	69.8 ± 1.7^a	80.5 ± 3.0^a	90.0 ± 1.4^a	—	—	
	胶辊	34.3 ± 1.7^b	46.8 ± 1.3^b	54.0 ± 2.1^a	72.5 ± 2.1^b	83.0 ± 2.4^b	91.0 ± 0.8^b	—
条件 2	离心	51.0 ± 2.9^b	60.3 ± 1.7^a	78.0 ± 2.9^a	87.0 ± 1.6^a	94.3 ± 0.5^a	—	—
	胶辊	34.0 ± 1.6^b	$44.5\pm2.1^{b.}$	52.8 ± 1.0^b	64.8 ± 2.1^b	74.0 ± 3.7	84.0 ± 2.9^b	94.8 ± 1.5^b
条件 3	离心	68.0 ± 3.6^a	77.8 ± 3.1^a	87.3 ± 3.0^a	93.8 ± 1.5^a	—	—	—
	胶辊	56.5 ± 1.3^b	65.75 ± 1.7^b	76.5 ± 1.9^b	84.8 ± 1.0^b	92.5 ± 1.3^b	—	—

注：条件 1：无浸泡、无光、发芽温度为 37℃、95%RH（相对湿度）、10min/换气/1.5h；条件 2：无浸泡、4000LX（光照度）、发芽温度为 32℃、95%RH、10min/换气/1.5h；条件 3：浸泡时间为 2h、无光、发芽温度为 37℃、95%RH、不通气；不同字母（a、b）表示 0.05 水平的显著性差异；"—"表示已终止发芽。

（3）浸泡工艺。

浸泡的目的是使糙米充分地吸水，进而便于发芽时内源酶能被充分激活，使胚乳中的淀粉降解为糊精、还原糖等较小分子的糖类，蛋白质降解为水溶性蛋白质和较小分子的多肽、氨基酸等物质。稻谷发芽之前的浸泡可以提高发芽势和发芽率。通常，要使稻谷的吸水达到饱和，以使发芽效果更好。浸泡后糙米的含水量如果低于种子发芽时的临界含水量，发芽率就会很低，甚至为零。

①浸种方法。

糙米的浸种方法有两种：一种是直接浸种，另一种是间歇浸种。直接浸种：用两层纱布把种子包好，一直浸泡在水中，按不同时间处理后催芽。间歇浸种：用两层纱布把种子包好，浸泡在水中 3h 后晾种，而纱布尾仍在水中，保持吸水状态，3h 后完全泡在水中，根据要求处理不同次循环。欧立军等通过应用直接浸种和间接浸种两种方法，对不同水稻种子进行发芽率的研究，结果表明种子用间歇浸种处理后，发芽率比直接浸种高。

②浸泡温度、时间。

浸泡温度和时间对稻谷发芽的影响较大。温度偏低则会延缓发芽，温度过高则会抑制发芽。只有在适宜的温度下才能促进糙米吸水，使酶促过程和呼吸作用加强，从而促进发芽。糙米发芽的浸泡温度一般为 15～40℃，以 25～30℃ 为最佳。浸泡温度过高或者过低可能导致酶活性降低，甚至失活，发芽率下降或者不能发芽，发芽糙米品质变差。在 25～35℃ 浸泡时，糙米浸泡时间一般为 8～12h。浸泡温度较低时可以适当延长浸泡时间。本课题组以早籼稻株两优 233 为原料，经过砻谷机脱壳成糙米，研究了糙米浸泡时间和温度对发芽率的影响，如图 2.6 所示。从图中可以看出，浸泡时间和温度对发芽率有显著的影响。浸泡温度在 30℃ 下，浸泡 10h 时发芽率最高，随着时间的继续延长，发芽率降低，而在 6～10h 时，其发芽率随着时间的延长而呈上升趋势。在 10h 以后发芽率呈降低趋势，这可能是浸泡时间过长会使营养物质损失过多，以及吸水过度，种子的细胞结构出现不同程度的损害，进而营养物质不能顺利被吸收，从而导致发芽率下降。在 35℃ 和 40℃ 下浸泡，其发芽率均随着时间的延长而提高，但发芽率增加幅度较小且最终发芽率较低。

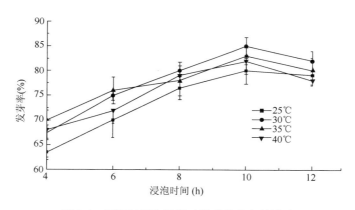

图 2.6　浸泡时间和温度对糙米发芽率的影响

③浸泡液。

浸泡液中加入一些促发芽剂如赤霉素（GA₃）、钙等能够诱导种子中 α-淀粉酶的形成、促进果实的早熟、打破被休眠的调控作用。除此之外，还有蛋白酶、核糖核酸酶和脂肪酶等的活性被激发。GA₃ 是种子萌发的主要调节因子之一，在种子萌发中起着重要作用。GA₃ 浸泡糙米能显著提高糙米的发芽势、发芽率、芽长、活力指数、发芽指数、淀粉酶活性、淀粉降解量、还原糖、溶性蛋白质和游离氨基酸含量。浸泡过程中添加不同浓度的 GA₃（0.00～0.20mmol/L），糙米的发芽率先上升后下降，如图 2.7 所示，但均比不添加的样品要高，其中添加 0.10mmol/L GA₃ 时，发芽率最高。Ca^{2+} 可活化和稳定 α-淀粉酶分子，如果用透析法或络合法除去 α-淀粉酶中的 Ca^{2+}，则酶将失去活性。Mon 和 Jones 也证实了大麦糊粉层中 α-淀粉酶的分泌要有 Ca^{2+} 的存在。Ca^{2+} 对玉米籽粒的活力有一定的影响，在一定范围

内能够提高种子发芽率，但是超过一定浓度范围，促进作用减弱。研究表明，0.5～
2.0mmol/LCa^{2+}处理的糙米，发芽率均高于无 Ca^{2+}处理的样品，但随着 Ca^{2+}浓度的
增加，发芽率出现先升高再降低的现象，低浓度 Ca^{2+}能提高糙米发芽率，随着 Ca^{2+}
浓度的升高，淀粉酶活性及淀粉等储藏物质的降解作用减弱（图 2.8）。当 Ca^{2+}浓
度超过 0.15mmol/L 时，其对糙米发芽产生抑制作用，因此选用的 Ca^{2+}最适浓度为
1.0mmol/L。另外，浸泡液的 pH 对发芽糙米的影响也很重要。Phantipha 研究发现，
随着浸泡液 pH 的降低，发芽糙米中还原糖含量、游离 GABA 含量、α-淀粉酶活
性比糙米要有很大程度的提高。

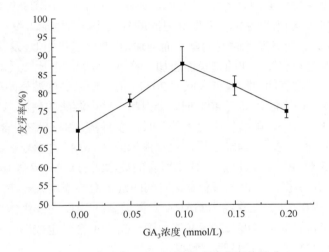

图 2.7　赤霉素（GA$_3$）浓度对发芽率的影响

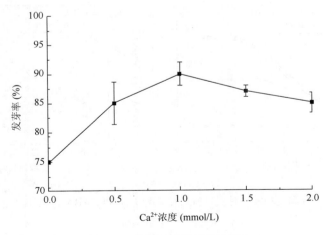

图 2.8　Ca^{2+}浓度对发芽率的影响

（4）发芽工艺。

糙米萌发过程中的温度、时间、光照、湿度和给水等的条件均会影响发芽糙米的发芽率、GABA 的含量等品质。一定发芽温度范围内，糙米的发芽进程随温度升高和发芽时间的延长而加快，但是发芽温度过高会抑制糙米正常的生理活动，引起各种内源酶失活，温度过低则会导致发芽缓慢。发芽时间过长，容易引起糙米溶质的渗漏和微生物的繁殖生长。适合糙米发芽的温度也是多种微生物生长繁殖的最适温度，而且由于糙米去掉了稻壳的保护，易被微生物污染而长霉和出现异味。而如果采用不去稻壳进行发芽，则发芽时间一般比较长。浸泡条件一定，发芽温度和发芽时间对糙米发芽率和 GABA 含量的影响，如图 2.9 所示。由图 2.9（a）可知，发芽温度为 20℃时，糙米发芽率随着发芽时间的延长而略有增加。发芽温度在 25～35℃时，糙米发芽率随着发芽时间的延长而增加，且变化趋势相似。发芽温度为 40℃时，糙米发芽率随着发芽时间的延长而增加，增加速度和程度比 20℃时的大，而比 25～35℃时的小。这表明温度过低（低于 20℃）时，糙米的内源酶酶活性过低，不利于糙米的发芽；而当温度高于 40℃时，会引起一些内源酶的失活，严重影响发芽率。由图 2.9（b）可知，随着发芽时间的延长，发芽糙米中 GABA 含量逐渐增大，发芽温度为 30℃时，发芽 24h 之后，发芽糙米的 GABA 含量分别是未发芽糙米GABA 含量的 5.84 倍。发芽过程中，糙米所含的被激活的 GAD 持续作用于谷氨酸，使得 GABA 逐渐累积，其含量随着发芽时间的延长而逐渐增大。在试验范围内，发芽温度在 30～40℃下，发芽糙米 GABA 含量最高。GAD 的催化作用与发芽温度密切相关，在较高的发芽温度（30～40℃）下，GABA 含量也较高，该温度范围有可能是糙米中 GAD 催化反应的适宜温度。

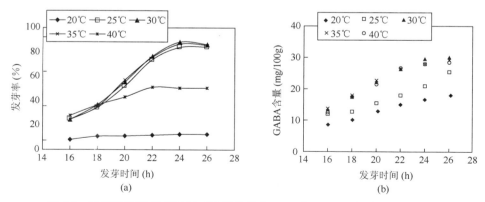

图 2.9 发芽温度和发芽时间对糙米发芽率（a）和 GABA 含量（b）的影响

数据来源：郑理，2005

发芽温度对糙米中 GAD 活性的影响较大，在适宜的温度下，发芽糙米中

GABA 含量在发芽初期迅速增加。有研究发现，通过连续发芽 31h，测试每小时 GABA 生成量，发现在发芽的最初 4h，GABA 生成率最大，随后生成增加量逐渐减少，至 16h 以后，增加量进一步减少。但也与水稻种子的新陈关系较大，如果是保存完好、芽势较强的种子，发芽到 20h，GABA 含量基本不再增加，如果芽势较弱，则可能需要发芽至 36h，通过观察种子胚芽的膨起程度基本可以判断芽势强弱。芽势强的种子在发芽 12h 即可看到芽尖拱起，芽势弱的要到 20h 才能看到芽尖拱起，而且出芽率也较低。应选择 GAD 活动最适 pH 作为标准，日本的兰枝贵代认为 GAD 活动的最适 pH 为 5.5，国内的研究结果显示 pH 为 4.0 时糙米中 GABA 生成量最大，该试验中，pH 调整只是在开始时进行，后来随着发芽的进行，浸泡溶液的 pH 发生了一定改变，未能进行动态调整，这也与不同产地水稻品种差异有关。Ca^{2+}对糙米发芽过程中 GABA 的形成和积累有促进作用。

（5）干燥工艺。

鲜发芽糙米含水量高，内源酶活性大，室温条件下极易变质长霉，干燥是鲜发芽糙米加工的重要环节。常用的干燥方法有真空冷冻干燥、热风干燥、微波干燥、流化床干燥、滚筒干燥、远红外干燥、喷雾干燥等。每种干燥方式具有各自不同的优缺点与原料适用性，针对发芽糙米的原料特性和营养特点，研究其干燥方式和干燥条件成为研究开发发芽糙米产品的重要内容。

热风干燥是一种常用的、经济的干燥方法，但温度若控制不当，产品的色、香、味损失较大，热敏性营养成分或活性成分损失较大。发芽糙米的初始含水量较高，若采用较低的恒温干燥温度，由于干燥时间很长，所以干燥效率低、能耗增加、干燥加工的经济性较差；若采用较高的恒温干燥温度，在干燥后期，物料的温度会过高，将会对干燥品质产生不利的影响。因此，有研究提出采用变温干燥方式处理发芽糙米，即当发芽糙米水分含量比较高时，采用 90～120℃高温干燥，增大降水速率，提高干燥效率；当发芽糙米水分含量比较低时，采用 40～70℃的较低温度干燥，降低降水速率并确保发芽糙米的温度不会长期超过 60℃，以保证产品的品质。孟繁华利用热风干燥实验装置，以变温干燥前期温度、后期温度、干燥前后期转换含水率及介质风速为四因素，以干燥速率、单位能耗和 GABA 含量为指标，进行了正交变温干燥实验。结果表明，前期干燥温度为 103.9℃、后期干燥温度为 55.7℃、转换含水率为 34.9%（湿基）、介质风速为 3.57m/s 时，干燥速率为 4.034%/h、单位能耗为 $12.816×10^3kJ/(kgH_2O)$、GABA 含量为 70.823mg/100gDW（干重）。

微波技术作为一种现代高新技术在食品中的应用越来越广泛，其加热速度快，节能高效。对于微波干燥，由于发芽糙米个体较小，在微波照射下，内部水分迅速汽化会形成蒸气压，驱动水分从发芽糙米内部溢出。干燥初期，鲜发芽糙米含水量较高，在高的比功率条件下，这种驱动作用很强，发芽糙米极易胀破表层，形成膨化坏损米粒；干燥后期，物料含水量较低，微波干燥的微波强度和微波时间如果控制不当，会出现局部温度过高，易导致物料焦糊。随着微波功率的增加，糙米的温度和干燥速度随之增加。如果微波的功率被控制在 0.05～0.09kw/kg 范围内，风速被控制在 0.12～0.20m/s 范围内，则可以保证不出现爆腰和发芽率降低等质量问题。通过对发芽糙米的干燥工艺进行研究，发现微波干燥条件下，微波功率比干燥时间对 GABA 含量的影响更为显著，热风干燥时间比热风温度对 GABA 含量的影响更为显著。

2）检测方法

对每个试验中糙米发芽的粒数进行计数，计算其中已发芽的粒数占供试糙米总粒数的百分率，即为发芽率。每个试验测 3 个平行。

基于 Berthelot 显色反应，研究了快速测定糙米中 GABA 含量的比色法。由于 GABA 对电化学和紫外-可见光的不灵敏性，因此，用直接方法进行测定比较困难。目前，国内外测定发芽糙米中 GABA 含量的 HPLC 方法，多采用邻苯二甲醛（OPA）与氨基酸发生衍生化反应，经过 HPLC 分离，进行紫外检测。

2. 微生物含量

糙米在不同的浸泡温度下，浸泡液的总菌数变化趋势受到浸泡时间的长短和温度高低两方面因素的影响。随着浸泡时间的延长，总菌数增加；浸泡温度越接近细菌的最适温度，由于微生物生长繁殖的速度加快，而使得总菌数在浸泡初期的增长速度加快。但是，不同的浸泡温度下，浸泡结束时的总菌数比较接近。

糙米在发芽后，外观和风味都出现明显的变化。发芽前，糙米为浅棕色、略透明，发芽后变为不透明的白色。由于发芽环境利于微生物的生长，随着发芽时间的增加，微生物大量增殖，从而使发芽糙米散发出难闻的酸臭味，不能食用。在发芽过程中，发芽糙米的总菌数含量呈现先下降后上升的趋势，但变化范围不大，总体变化较为平稳；真菌总数呈现先上升后下降的变化趋势，真菌总数中以酵母菌为主。随着发芽时间的延长，其变化趋势基本平稳，中期稍有增长；在糙米发芽过程中，霉菌极少见。

由此可以看出，今后在发芽糙米的生产过程中，需要在糙米浸泡和发芽阶段分别采取适宜的措施，控制微生物的生长，保证发芽糙米的微生物安全。在浸泡过程中，可以通过控制浸泡温度、浸泡时间，调整浸泡液的酸度等方式来控制糙米浸泡过程中总菌数的增长，保证低水平微生物含量，为发芽过程的顺利进行奠定基础。在发芽过程中，采取适宜的措施，在控制发芽过程中微生物总数的同时，控制酵母菌的生长繁殖，减少由于酵母的无氧代谢而造成的酒精味和其他损失。

3. 芽长

芽长不同，发芽糙米的营养保健成分含量也会随之不同。芽长 2.5mm 左右的发芽糙米适合于一般健康体质的人群，可预防普通的传播性疾病、清理肠道；在发芽顶点停止发芽的发芽糙米适合瘦弱体质的人群，其营养价值达到了最高峰。日本农林水产省中国试验场、农林水产省食品研究所称述其开发的发芽糙米芽长为 0.5～1mm，此时其营养价值处于最高状态。

随着糙米发芽时间的延长，糙米芽长增加。尤其是在温度较高的培养箱进行发芽时，芽长增加得比较快，这与酶的活性有关，所以只要在酶活性范围内，温度高更有利于糙米发芽。在初始时间内，芽长增加的速度相对比较快，尤其是在 0.5～1mm 范围时；当超过 2mm 时，芽长增加得非常缓慢，但是芽长并非越长越好。

2.7.4　质量标准和控制

目前，国内有江苏省 2013 年 6 月 10 日实施的相关地方标准即《发芽糙米通用规范》（DB32/T 2309—2013），及 2012 年 7 月 12 日湖南省益阳市东源食品科技有限公司获批通过的发芽糙米食品安全生产企业标准，并未有发芽糙米相关的行业和国家标准。在国外，日本的发芽糙米加工、生产和消费走在世界前列，有多个发芽糙米的认证标准，如"発芽玄米の認証基準"——平成 21 年 11 月 25 日农安第 1897 号和 JAS 有机发芽糙米认证等。近年来，由于没有相应的国家标准和行业标准，许多生产企业和相关监管部门无法正确认识这一新型健康主食产品，这不利于发芽糙米产业的发展，所以应迅速建立该产品标准，明确产品发芽率、微生物和 GADA 含量等关键性指标。

2.8　营养强化大米

2.8.1　概况

"营养强化大米"是指按相关标准添加了营养强化液的商品大米。根据强化营养素的品种数量，将可分为单营养素强化大米（强化一种营养素的商品大米，如铁强化大米、锌强化大米等）和复合营养素强化大米（强化两种及以上营养素的商品大米）。也有资料将营养强化大米分为内持营养素强化大米和外加营养素强化大米两大类。内持法是借助保存米粒自身外层或胚所含营养素，以提高大米的营养价值。而外加营养素强化大米就是我们这里所说的"营养强化大米"。

　　营养强化大米最早于 1948 年出现在菲律宾，在防治当地维生素 B₁、烟酸及铁缺乏症方面获得了显著疗效。经过食用营养强化大米，两年后基本消除脚气病等营养缺乏症，显著提高了当地人民的营养状况，降低了死亡率。随后，斯里兰卡、日本等亚洲国家，古巴、哥伦比亚、委内瑞拉等拉美国家以及美国也相继生产了营养强化大米。

　　我国 13 亿人口中，有 60%的人口以大米为主食，而且随着北方稻谷的发展、人口的流动，实际食用大米的人数和食用量均有增加的趋势，用大米做载体，通过对食用大米添加微量元素是强化公众营养的有效途径。我国涉足这一领域较晚，在 20 世纪 80 年代初，国内一些科研单位、厂家开始研制、试产营养强化大米品种，但一直未能打开市场。目前，大米强化标准刚刚出台。2006 年，通化西江米业有限公司受国家公众营养与发展中心和国家公众营养改善项目办公室委托，承接离心喷涂生产营养强化大米技术开发，在大米加工环节中，添加维生素 B₁、叶酸、烟酸、铁、锌等营养素，通过食用大米强化公众营养。通化西江米业有限公司与苏州楚天自控设备研究所有限公司、帝斯曼（上海）有限公司协作，历经两年多的反复实验，成功开发了离心喷涂生产营养强化大米技术，产品经检测，各项技术指标、维生素含量都符合生产标准。

　　20 世纪 80 年代以来，随着我国营养食品的发展，大米营养强化对提高全民族体质和健康水平所能起到的重要作用，引起了国内不少单位的重视和关注。他们开始着手这方面问题的研究。到了 90 年代，江、浙、沪等地曾有少量企业生产过营养强化大米，但是一直没有形成规模。目前，面粉和食用油中强化营养素已开始试点，但由于大米本身的特点，其营养强化相比于面粉、食用油等其他食物来说，困难较大，因此在强化工艺的研究方面一直存在技术难题。江南大学曾研制出简单实用的强烈型大米营养强化的工艺和设备，并且对营养强化大米营养强化液的配制、营养素的保存率和配方的有效性、营养强化液配方对大米质量和风味的影响等做了较为深入的研究，为营养强化大米的生产提供了理论依据。2004 年，武汉工业学院李庆龙教授带领的课题组，成功研制出了新型的大米营养强化方式，在大米中添加铁、锌、钙等 7 种微量元素。此外，不少生产企业也参与了营养强化大米的研究。例如，中粮东海粮油工业有限公司在 2003 年就开始研制"福临门营养强化大米"。该大米按照国家公众营养改善项目办公室确定的营养素添加配方，以现代生产工艺进行各种营养素的科学强化（添加），产品富含人体必需的氨基酸和多元维生素、矿物质，从而改善了主食米饭的营养成分，营养与口感并重。

　　一个国家居民的营养健康状况是国民素质的重要构成部分。良好的营养和健康状况既是社会经济发展的基础，也是社会经济发展的重要目标。人群的营养改善有赖于经济的发展，改善居民营养状况又可对社会经济的发展起推动作用。

大米营养强化的作用和必要性如下：

（1）补充大米在加工和食用过程中营养素的损失。众所周知，稻谷籽粒中的营养成分分布很不均衡。维生素、脂肪等大都分布在皮层和胚中。在碾米过程中，随着皮层与胚的碾脱，其所含营养成分也随之一起流失。大米精度越高，营养成分损失越多。所以高精度米虽然食味好、利于消化，但其营养价值比一般低精度米要差。此外，大米在淘洗、蒸煮过程中也将损失一定的营养成分，为了解决这一矛盾，有必要生产营养强化大米。

（2）弥补大米的营养缺陷。天然食品中没有一种是营养齐全的，即没有一种天然食品能满足人体的各种营养素需求，大米也不例外。在必需氨基酸中，对于大米中的赖氨酸和苏氨酸分别是第一和第二限制性氨基酸。欲提高大米蛋白的利用效价，就要改善各种必需氨基酸的配比，使之符合理想的模式。以米、面为主食的地区，除了可能有多种维生素缺乏外，人们对其蛋白质的质和量均感不足。此外，内地及山区的食物易缺碘，还有的地区缺硒。因此，有针对性地进行大米强化，补充大米缺少的营养素，可大大提高大米的营养价值，改善人们的营养和健康水平。

（3）适应不同人群生理及职业的需要。对于不同年龄、性别、工作性质以及处于不同生理、病理状况的人来说，所需营养是不同的，对大米进行不同的营养强化可分别满足其需要。

（4）预防营养不良。对全世界的人来说，维生素 A、铁和碘缺乏是三个主要的营养问题，特别是在发展中国家，营养素缺乏发生率较高。从预防医学的角度看，大米营养强化对预防和减少营养缺乏病，特别是某些地方性营养缺乏病具有重要的意义。例如，可以对缺碘地区的人群采取大米加碘以降低当地甲状腺肿大的发病率。近年来，对谷类制品强化赖氨酸的营养效果颇引人注意。据报道，大米用 0.05% L-赖氨酸盐酸盐强化后，营养价值提高44%。

营养强化大米生产中的首要问题包括以下两方面：

（1）营养素选择、添加标准的确定。随着大米加工精度的不断提高，大米中的一些有益成分在大米加工中流失，特别是维生素的损失尤为突出。另外，我国居民特别是东北地区，铁、锌的日常摄入量比较少，容易引发缺铁性贫血等疾病。为了弥补大米的营养不足，补充大米在加工过程的营养损失，通过调整大米中的营养结构，以解决膳食中难以提高的营养素的摄取量。根据国家公众营养与发展中心对我国居民的膳食状况公布的调查结果以及推荐的配方，确定强化维生素 B_1、叶酸、烟酸、铁、锌等多种微量营养素。按照《食品营养强化剂使用标准》（GB 14880—2012）的规定，确定每 1kg 大米添加叶酸 1～3mg、维生素 B_1 3～5mg、锌 20～40mg，铁 24～48mg，烟酸 40～50mg，作为大米强化的主要营养素，使大米更适合中国人民的营养需要，从而提高国民身体素质。

（2）营养素的选择原则。营养素的选择原则是易溶于水、相对比较稳定、颜色为无色或颜色比较淡、不会影响产品的外观质量。这样，在保证喷涂技术稳定可靠的前提下，能够做到产品质量稳定和保证产品的外观不发生变化或变化微小。在此基础上，根据国家公众营养改善项目办公室和国家公众营养与发展中心推荐，帝斯曼（上海）有限公司按照产品质量要求和各种营养素添加量要求，以麦芽糊精为载体充分混合均匀为预混料成品，直接应用于生产，该产品质量可靠。

2.8.2　加工工艺和技术

生产营养强化大米的方法很多，主要有浸吸法、涂膜法及挤压强化法等。

1. 浸吸法

浸吸法是国外采用较多的营养强化大米生产工艺，浸吸法强化范围较广，包括维生素、无机盐和氨基酸等，可添加一种，也可同时添加多种强化剂。该法以精白米为原料，将原料浸泡在营养强化液中，待其充分吸收营养强化液后初步干燥，表面喷上保护层，二次干燥后再二次浸吸，汽蒸糊化，在外层喷涂保护酸液，最后干燥得到营养强化大米。

1）工艺流程

生产营养强化大米的工艺流程图如下所示：

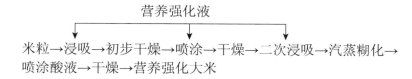

营养强化液

米粒→浸吸→初步干燥→喷涂→干燥→二次浸吸→汽蒸糊化→
喷涂酸液→干燥→营养强化大米

2）工艺要点

（1）浸吸与喷涂。

将营养素溶解于 0.2%（m/V，质量浓度）的聚合磷酸盐中性溶液中，以提高营养素与米内部组织的结合力，同时也有利于米的整精米率，然后将精白米与营养液一起置于有蒸汽夹套的卧式滚筒中。滚筒轴上装螺旋叶片，起搅拌作用，滚筒上方靠近米粒进口处装有 4~6 个喷嘴，可将营养强化液喷于翻动的米粒上。浸吸时间为 2~4h，溶液温度为 30~40℃，大米吸附溶液量为大米质量的 10%。浸吸后，鼓入 40℃的热空气，启动滚筒，使米粒稍稍干燥，再将未吸尽溶液由喷雾器喷洒在米粒上，使之全部吸收，最后鼓入热空气，使米粒干燥至正常水分含量。

（2）二次浸吸工序。

将各种营养素称量后，溶于聚合磷酸盐中性溶液中，再置于上述滚筒中与米粒混合，进行二次浸吸，溶液与米粒之间的质量比及操作与一次浸吸相同，但最后不进行干燥。

（3）汽蒸糊化。

将已二次浸吸喷涂后较为潮湿的米粒置于连续式蒸煮机中进行汽蒸，该机为一装有长条运输带的密闭卧式蒸柜，运输带下装有二排蒸汽喷嘴，蒸柜上部有排气罩，米粒通过料斗加于恒速向前运动着的运输带上而进入汽蒸部分，在 100℃蒸汽下维持 20min，使米粒表面糊化，防止米粒破碎和营养素的损失。

（4）喷涂酸液及干燥。

将汽蒸后的米再次移入滚筒中，边转动边喷入一定量 5%的乙酸液，对营养素起保护膜的作用，并也有利于米的储藏。然后鼓入 40℃的低温热空气进行干燥，使米粒水分含量降至 13%，最终即可得到营养强化大米。

3）工艺特点

本强化工艺冗长复杂，且需要辅以蒸汽加热与干燥。生产时，先用高浓度营养强化液对大米进行长时间浸渍，然后进行蒸煮，使米粒表面α化，再经反复干燥、涂膜、冷却等工序生产出耐淘洗的营养强化大米，食用时则需按 1∶50 或 1∶200的质量比掺入到普通大米中。这种营养强化大米在浸泡、蒸煮、干燥过程中，各种营养素经缓苏渗透到米粒内部。因此，运输、储存及销售时，营养成分损失少，但这种工艺能耗高、建厂投资大、需用设备多、生产成本高、销售价格昂贵。同时在对维生素 B_2 的浓缩强化上，由于维生素 B_2 的颜色使米粒带上很深的黄色，掺入大米中蒸煮时，黄色会扩散到四周米粒上，而有颜色的米饭在进食过程中往往会被消费者丢弃，达不到强化目的。因此，本工艺及产品不适合我国国情，难以为我国消费者所普遍接受，不推荐国内大米生产企业采用。

2. 涂膜法

涂膜法是将清洁米粒在洁净的车间经过多道涂膜，将营养强化液覆盖在米粒的表面。美国、日本都采用涂膜法生产营养强化大米，我国天津、吉林、江苏等地也有企业用此法生产。配制好营养强化液，利用真空原理将其吸附进大米，三次涂膜和三次干燥后得到营养强化大米。表面涂膜法中，一次涂膜是为了改善产品风味和增加黏稠性；二次涂膜是为了增加大米膜的稳定性；三次涂膜，除进一步增强黏稠性外，还能防止产品老化，延长储藏期，减少营养素在储藏和淘洗时的损失。本工艺的强化结果明显，生产的成品强化米淘洗时营养素损失较小。但本工艺存在喷涂剂消耗过大等问题。涂膜法生产的营养强化大米具有光泽度好、风味好、可防止回生、不易吸潮等特点。

1）工艺流程

以涂膜法生产的营养强化大米，是将已浸吸营养强化液的大米进行涂膜处理，涂膜处理一般可进行 1～3 次，即涂 1～3 层膜，涂膜法常见工艺流程如下所示：

营养强化液 涂膜液
↓ ↓
大米→干燥→真空浸吸→冷却→汽蒸糊化→冷却分粒→干燥→一次涂膜→汽蒸→
干燥→二次涂膜→汽蒸→冷却→干燥→三次涂膜→干燥→营养强化大米成品

2）工艺要点

（1）真空浸吸。

将预先干燥至水分含量为 7%的大米置于真空搅拌罐中，同时注入营养强化液，在 600mmHg（0.08MPa）的真空度下搅拌约 10min，待米粒中所含空气被抽出后，各种营养素即被吸入其内部。

（2）汽蒸糊化与干燥。

自真空罐中取出上述米粒，冷却后置于连续式蒸煮器中汽蒸 7min，再用冷空气冷却；使用分粒机使黏结在一起的米粒分散，然后送入热风干燥机中，将米粒干燥至水分含量在 15%以下。

（3）一次涂膜、干燥。

将上述米粒置于回旋分粒机中与涂膜液搅拌混合，使溶液涂覆于米粒表面，经分粒后送入连续蒸煮机汽蒸 3min，然后通风冷却。接着在热风干燥机内进行干燥，先以 80℃的热空气干燥 30min，然后降温至 60℃，连续干燥 45min，使米粒水分含量在 13%以下。

（4）二次涂膜。

一次涂膜并干燥后的米粒，再次置于回旋分粒机中进行二次涂膜。然后与一次涂膜工序相同，即再对制品进行汽蒸、冷却、分粒、干燥等处理。

（5）三次涂膜。

二次涂膜并干燥后，接着便进行三次涂膜。将米粒置于热风干燥机中，干燥后即得营养强化大米。

3. 挤压强化法

挤压强化法是以低成本碎米为原料，微粉碎后，与营养素预混料混合，通过蒸汽和水作用，进行调质后进入挤压机重新制粒，制成与普通大米的形状、容重及色泽等各项指标近乎相同的营养粒米，再以一定的比例混匀在普通大米中即成为营养强化大米。营养强化液可以按"中国大米营养强化推荐配方"的规定配比，添加维生素 B_1、维生素 B_2、叶酸、烟酸、铁、锌等营养素。该方法是将营养素与米粉混合后重新制粒成米粒，所以营养素分布均一性和稳定性较好，对于淘洗过程，损失也较小。用挤压技术生产营养强化大米的工艺是由德国布勒公司和帝斯曼（上海）有限公司营养产品部门共同开发的，又称营养米粒生产工艺。目前，加工工艺根据制粒方式不同有挤压膨胀式制粒和压粒式制粒两种类型。

1）挤压膨胀式制粒

物料入机后，在螺杆的推动下受剪切、挤压、摩擦和轴向推力作用，一部分机械能转化为热能，使机筒内的温度和压力上升，温度可达 110℃左右，压力达到 0.588MPa。在高温高压条件下淀粉发生糊化，彻底 α 化，蛋白质发生胶化。因此，用这种方法制造的营养强化大米是半胶化状态，易于消化吸收，不易老化回生。

（1）工艺流程。

主要由粉碎工段、挤压工段、干燥工段、混合工段和包装工段组成。工艺流程图如下所示：

碎米→粉碎→混合→调质→挤压→预干燥→干燥→筛分→包装
　　　　　↓
乳化剂、维生素、矿物质、蛋白质等营养素

（2）工艺要点。

①原料碎米。碎米一般为正常大米加工厂加工过程中出现的合格碎米，要求不能含有大小杂质和异色发霉粒，它可以直接经过粉碎机进行粉碎。如果原料碎米是从市场收购，则要进行再除杂和筛选。②营养强化液的添加。营养强化液的添加在调质前进行，通过微量添加系统，与米粉按一定比例同时向调质器进行喂料，喂料过程由电脑自动控制，按一定比例完成。调质过程就是通过添加蒸汽和水使淀粉吸水糊化到一定程度后再进入挤压机。通过挤压的剪切力作用后，重新制成营养米粒。营养米粒需要通过干燥使水分降至安全水分含量15%以下，以便后续与自然米进行进一步的混合处理。

（3）工艺特点。

本工艺是将营养素与米粉混合后重新制成米粒，因此营养素分布的均一性、稳定性较好，淘洗过程中的损失也较小。制粒后，通过对营养粒的蛋白质、粗脂肪和淀粉成分分析表明，营养粒符合自然米的特征，但却比普通自然米所含的营养成分要均衡。另外，因营养素的添加具有可选性，所以营养强化大米的营养素比例同样具有可选性和针对性。总之，本生产工艺可根据当地的饮食习惯和消费要求生产出具有独特颜色、形状和营养构成的产品。

2）压粒式制粒

（1）工艺流程。

压粒式制粒工艺流程图如下所示：

营养强化液

↓

配料（计量）→混合机（原料混合）→压面机（压成面带）→制粒机（造粒）→振动筛（分离筛选）→米粒→蒸煮机（表面糊化，形成保护膜）→烘干机（干燥）→冷却机（冷却）→包装机（成品包装）

（2）工艺要点。

将各种原料按配方数量称取后投入混合机充分混合，加入适量的温水和一定量的食盐（将营养强化液混合在里面）充分搅拌，使面团含水量达到35%～37%，用辊筒式压面机将面团压成宽面带，然后送入具有米粒形状凹模的制粒机，在加压状态下压成米粒，也可用挤压切粒法（挤压式制粒机）切成米粒形状，用振动筛将米粒与粉状物分离，把米粒放在输送带上用蒸汽处理 3～5min，使米粒表面糊化，形成具有保护作用的凝胶化被膜，最后经干燥和冷却即得成品。

烘干温度一般为95℃，烘干后的人造米水分含量降至13%左右，冷却后降至11%左右即可储存食用。制粒机有辊筒式和挤压式两种。辊筒式制粒机，在辊筒上有数以千计的米粒形凹模。当面带通过辊筒时，面带便压成米粒。米粒凹模的长径为 8cm，短径为 3cm。挤压式制粒机的原理和挤压式压面机大致相同。物料经混合调质后送入螺杆式挤压室，经过挤压后从模孔挤压成型。在模孔外有一旋转的切刀，把面带切成适当长度的米粒。切刀的转速可以改变以适应不同形状的米粒。

压粒式制粒的关键技术之一是蒸汽处理，使米粒表面形成保护膜。只有采取适当的工艺条件形成良好的凝胶膜，才能使人造米浸泡时不变形、淘洗时不碎裂、蒸煮时不溶散。此外，这种高温处理还能杀灭害虫和微生物，有利于提高制品的储藏性。这种生产人造米（营养强化大米）的工艺比较复杂，工作情况易受多种因素影响，要求具有一定的操作技术和经验。

4. 喷涂法

首先，在黏性多糖类水溶液中加入营养素（铁、维生素 E）制成营养强化液。然后将其瞬时喷涂至原料米（免淘米）上，迅速将水分蒸发，即成营养强化大米。整个加工过程只需几十秒，且大米表面均匀地呈现一层薄膜。其比浸吸法、涂膜法更为简便，所使用的设备也大大减少。

在日本，有两类这种产品，一类是强化铁（每 100g 大米含铁 4mg），另一类是强化维生素 E（每 100g 大米含维生素 E 6mg）。蒸煮后，强化的营养成分几乎不损失。食用时，加 1.4 倍水，不必淘洗，浸泡 60min 后蒸煮即可。生产过程中使用的营养强化液——酸性铁、酸性维生素 E，由日本太阳化学株式会社研究开发。在焦磷酸铁中加入高性能乳化剂，采用乳化分散技术，使焦磷酸铁能在水溶液中均匀分散，此即为酸性铁。其特点为，能稳定地分散在水中，没有铁的气味，不会产生因铁引起的褐变，对胃没有伤害。使用酸性铁生产的营养强化大米即使长期保存也不变色，蒸煮后米饭仍保持原有的色、香、味。酸性维生素 E 是利用该公司的一种表面活性很强的聚甘油脂肪酸酯，将维生素 E 在水中微乳胶化或可溶化，以便喷涂到大米上。

1）工艺流程

在大米加工环节中，通过离心喷涂的方式，将按标准配制的含有人体缺乏的多种微量元素及维生素的营养强化液均匀喷涂于大米表面，并保持米色、米质、口感不变，使人们通过食用大米补充缺乏的微量营养素。其生产过程为喷涂、干燥缓苏两个步骤，工艺流程如下所示：

清洁免淘米→营养强化液喷涂→干燥缓苏→营养强化大米→清理筛选→成品检验→包装成品

喷涂系统包括米流系统、液流系统和控制系统三大部分。

米流系统包括米流控制箱、喷雾箱和雾米混合箱，米流控制箱中安装有米流聚中导板，米流聚中导板间安装有米流传感器，米流控制箱使米流按恒定的流量进入喷雾箱；喷雾箱中安装有伞形散米罩，使米流在喷雾箱内呈幕帘状均匀散落，伞形散米罩下部安装有离心式液雾发生器，离心式液雾发生器在高速旋转条件下，使滴下的营养强化液在高速旋转的离心力作用下，产生散开角大于 $180°$ 的液雾，其与米粒充分接触，使营养强化液均匀地附着在大米表面；雾米混合箱是一个多级混合装置，雾米实现多次均匀的混合，使营养强化液在大米表面互相摩擦接触，而多次进行混合，达到营养强化液均匀地涂在大米表面，使营养强化液覆盖在大米表面的面积达到 95% 以上。

液流系统由液箱、水箱、水泵、液水过滤装置、传感器及阀门组等组成，液流系统向喷雾箱按设定值提供稳定的液流和清洗水流。

控制系统由精密液流量控制器、微小流量计、电脑程序控制系统和面板操作系统等组成。控制系统是本机的中枢，它指挥喷涂机按操作者的要求实现自动喷涂和自动清洗作业。

干燥缓苏系统的工作原理为，在激振力 4kN 作用下，米流被振动悬浮，同时吹入 60℃ 以下的热风，将大米表面水分蒸发，进一步调整米的质量，在不损失、破坏营养素和米成分的同时，降低了大米水分含量，确保营养强化大米的安全储存。

2）工艺要点

为了使营养素能够比较牢固地附着在大米表面，我们选择在营养强化液中加入一定量的食用胶，有试验发现，食用胶加入量大了，营养强化液的雾化效果比较差，喷涂后的大米在混合箱中相互粘连、结块；食用胶加少了，营养强化液雾化效果好，但是营养素附着不牢固，易脱落，覆盖率达不到 95% 以上。经过多次试验，当食用胶在溶液中的含量达到 10%左右时，营养素在大米表面附着效果最佳，即营养素牢固地附着在大米表面，而大米在混合箱中不粘连。通过用着色剂做覆盖率试验，可发现营养素在大米表面的覆盖率达到了 95%以上。

5. 焙炒法

1）工艺流程

该米的生产目的是用于速煮饭或快餐饭的生产，其流程如下所示：

米粒→清洗→浸泡→汽蒸→快速干燥→焙炒→浸吸→成品
　　　　　　　　　　　　　　　　　　↑
营养素+植物油→溶解混合→均质

2）工艺要点

以精白米为原料，在温水中浸泡 3～8h，再汽蒸 30min，然后在 80℃热风中快速干燥至米粒表面不沾黏，再将米粒与食盐、石灰、细砂等混合进行焙炒，焙炒温度在 180℃以下，米粒表面颜色基本不变，其含水量达 7%时停止焙炒。将米粒分离出后进行浸吸处理，将营养素和植物油混合后经均质处理，与焙炒后的米粒在浸吸设备中搅拌混合后，即为强化 α-米成品。这里所用的植物油为精制或轻度氢化的棉籽油，油量为米量的 5～10 倍。

6. 基料（伴侣）法

将各种粉状营养素混合后，复配成基料，制成小包装，在烹煮时，加入淘洗净的大米中，这也不失为一种简便易行的营养强化方式。尚须指出的是，对混合后的营养素是否会产生不良的化学变化或是影响其效价等问题，应予以重视。

7. 强烈型强化法

强烈型强化法，是使精白米和按一定标准配制的营养强化液分次进入各道强化工序中，米粒与营养强化液充分混合，且强化设备经猛烈搅拌会产生工作热，使营养素强制渗入米粒内层或黏附在米粒外层，在缓苏仓中静置一定时间，在此期间营养素继续渗入大米内部；二次强化后在米粒表面喷涂一层防水保护膜，防止强化大米腐败变质及虫害等。二次缓苏后筛选分级，得到成品营养强化大米。

1）工艺流程

该法的工艺流程如下所示：

营养强化液　　　营养强化液　防水保护膜
　　↓　　　　　　　↓　　　　　↓
原料大米→强化→缓苏→第二次强化→涂膜→缓苏→分级→营养强化大米成品

2）工艺要点

本工艺只需两台大米营养强化机，所组成的强化工艺简单，可实现赖氨酸、维生素、矿物盐等多种营养素对大米的强化。据测定，本工艺对赖氨酸的强化率可达 90%以上，对维生素的强化率可达 60%～70%，对矿物盐的强化率达 80%左右。

3）工艺特点

本工艺是我国自行研制的一种大米强化工艺，比浸吸法、涂膜法的工艺简单。它不需要水蒸气保温和热空气干燥，所需设备少，投资小，便于大多数米厂推广使用。食用时，产品不用淘洗即可直接炊煮。

2.8.3　品质评价

1. 营养素保存率

营养素保存率根据相应营养素含量的变化进行计算。

2. 均匀性

营养强化大米发挥营养改善作用的另一技术关键是均匀性。在营养粒制造商方面，营养粒的质量、密度、粒形、质感要做得尽可能接近原粒大米。一是为了避免在大米加工储运中营养粒与米粒出现分层，使消费者不能正确摄入；二是避免低教育水平、扶贫项目区的消费者会将营养粒拣出，从而不能达到营养改善的目标。在大米加工企业方面，混合工艺的均匀性也是十分必要的。

2.8.4　质量标准和控制

在国际上对于大米营养强化方面，美国 1958 年和 1972 年先后两次颁布大米强化标准，日本在 1952 年制定了大米强化标准，西欧、古巴、哥伦比亚、菲律宾等地也有营养强化大米销售。我国虽然暂时还未有相应的大米强化标准出台，但是对于国民营养强化应该是一项关系到国民健康素质的基本国策，据报道，在"十一五"规划当中，我国有意将国民营养的改善纳入国家中长期计划，系统规划和安排相关工作，展开旨在全面提高全民族素质的营养改善国家工程。

从全国粮油标准化技术委员会获悉，我国首部《营养强化大米》国家标准已形成。标准将对营养强化大米的定义、分类、质量要求、检验方法、包装、标签等提出明确要求。按规定，在保质期内，营养强化大米的各种强化营养素保存率应大于等于80%。除营养素之外，营养强化大米不得添加或带入任何其他物质。按标准要求，营养强化大米中可添加的营养素包括铁、钙、锌、维生素、硒及叶酸等。标准还规定，营养强化大米应在标签上标明产品标准号、产品名称、营养素的种类及含量、生产日期、保质期及相应的保存方法等。此外，标准规定，大米中可添加的营养素的品种和使用量，应按国家标准《食品营养强化剂使用卫生标准》中的规定添加。但标准特意规定：叶酸使用量拟按每千克1～3mg添加。

　　关于营养强化大米，已有企业标准，其适用于以大米为主要原料，按一定比例适量添加营养颗粒米后，经混匀制成的营养强化大米，其中的质量指标，见表2.18。

表2.18　企业营养强化大米质量指标

项目		指标
色泽、气味、口味		正常
水分含量（%）		≤15.5
不完善粒含量（%）		≤4.0
碎米含量	总量（%）	≤15.0
	其中：小碎米含量（%）	≤1.5
最大杂质含量	总量（%）	≤0.25
	其中：糠粉含量（%）	≤0.20
	矿物质含量（%）	0.02
	带壳稗粒含量（粒/kg）	20
	稻谷粒含量（粒/kg）	6
钙含量（以 Ca 计）（mg/kg）		1600～3200
铁含量（以 Fe 计）（mg/kg）		24～48
锌含量（以 Zn 计）（mg/kg）		20～40
维生素 B_1 含量（mg/kg）		3～5
维生素 B_2 含量（mg/kg）		3～5
烟酸含量（mg/kg）		40～50
胡萝卜素含量（mg/kg）		3.6～7.2

参 考 文 献

陈立君，罗军，高俐. 2011. 稻谷整精米率的测定. 粮油仓储科技通讯，01：48-50

陈志刚，顾振新，王玉萍，等. 2004. 粳稻品种的糙米发芽力及其发芽糙米中主要物质含量比较. 中国粮油学报，
　　05：1-3

程力. 2009. 挤压强化米的研究进展. 农产品加工（创新版），6：61-64

房克敏，李再贵，袁汉成，等. 2006. HPLC 法测定发芽糙米中 γ-氨基丁酸含量. 食品科学，04：208-211

赴日本、泰国稻米质量管理和标准体系考察团. 2009. 日本、泰国大米标准质量管理与检测技术概况及启示. 农产品加工（创新版），01：39-44

韩永斌，顾振新，蒋振辉. 2006. Ca～(2+)浸泡处理对发芽糙米生理指标和 GABA 等物质含量的影响. 食品科学，10：58-61

何新益，刘金福，何菲. 2009. 糙米发芽前后抗氧化活性比较研究. 中国粮油学报，11：6-8，16

胡刚，张敏娟. 2005. 谷米生产工艺简析. 粮食与食品工业，01：21-23

胡刚，张敏娟. 2007. 内外碾米设备加工蒸谷米工艺效果比较. 粮食与饲料工业，10：1，3

黄迪芳，陈正行，邵瑜. 2004. 米发芽工艺的研究. 食品科技，11：7-9

金本繁晴. 2010. 日本稻米深加工技术与高附加值食品的现状. 粮食加工，01：38-42

金建，马海乐，闫景坤. 2012. 糙米储藏技术研究进展. 粮食与饲料工业，03：6-9，15

靳捷，刘兴，张喜基. 2011. 稻谷出糙率与整精米率检验方法探讨. 粮食科技与经济，06：52-53

李爱华. 2010. 加工胚芽米在"营养"上做文章. 农村新技术，02：35-37

李春雷，谭进，朱妙香. 2002. 关于精米加工工艺设计的探讨. 粮油食品科技，05：18-19，21

李芳，朱永义. 2003. 糙米中的功能性因子与糙米稳定化. 粮食与饲料工业，206：12-14

李爽，徐贤. 2012. 日本大米加工工艺及技术——日本大米加工技术考察报告. 粮食流通技术，03：37-39

李素梅. 2004. 正确认识免淘洗米与抛光米. 粮食与饲料工业，02：9-10

李维强. 2007. 淘米加工工艺探讨. 粮油加工，5：67-68

李维强. 2011. 大米加工技术及其开发应用. 粮油食品科技，04：8-10

李岩峰. 2010. 充氮气调稻谷储藏研究. 郑州：河南工业大学硕士学位论文

梁建芬，张欣哲，易静，等. 2006. 米发芽过程中微生物变化的研究. 食品科技，12：130-133

刘化，王辉. 2011. 稻谷的生产和加工技术. 粮食与饲料工业，05：28-30

刘化，徐业斌，王辉. 2004. 糙米的制取工艺技术探讨. 粮食与饲料工业，10：16-18

刘静波. 2010. 蒸谷米的制作. 农产品加工，05：12-13

刘秀芳，阮少兰. 2008. 留胚米生产技术. 粮食流通技术，06：39-41

卢林，朱智伟，段彬伍，等. 2012. 我国稻米整精米率特点及环境影响因素分析. 核农学报，05：770-774

陆勤丰. 2007. 大米营养强化工艺研究. 粮食加工，06：40-43

陆勤丰. 2008. 精米加工工艺对整精米率的影响研究. 农机化研究，03：79-82，107

苗霖兴，苗佳. 2011. 浅议大米新标准. 黑龙江粮食，01：32-34

邱俊伟. 2006. 免淘米生产技术与发展. 粮油食品科技，05：10-11

饶玉春. 2011. 水稻早衰控制基因的克隆及其功能研究水稻出糙率的 QTL 定位研究. 北京：中国农业科学院博士学位论文

任红波. 2003. 氨基酸分析仪快速测定糙米中的 γ-氨基丁酸. 杂粮作物，04：246-247

孙向东，任红波，姚鑫淼. 2006. 糙米发芽期间生理活性成分 γ-氨基丁酸变化规律研究. 粮油加工，01：63-68

孙正和，姜松，田庆国. 1998. 胚芽精米与胚芽精米机的开发. 粮食与食品工业，02：6-8

孙仲文，蔡淑珍，仲立新. 2008. 正确认识免淘米与抛光米. 农村实用科技信息，07：37

谭洪卓. 2002. 蒸谷米的加工. 湖南农业，06：10

唐小俊. 2010. 胚芽米的营养价值及其加工. 农产品加工，05：15

万志华. 2008. 胚芽米碾米机工艺参数的试验研究. 哈尔滨：东北农业大学硕士学位论文

汪莲爱. 2006. 环境条件与遗传因子对稻米整精米率的影响. 湖北农业科学，05：558-560

王安群. 2006. LC-MS 法测定发芽糙米等产品中的 γ-氨基丁酸. 中国科技信息, 04: 81

王琛, 马涛, 刘欣. 2010. 糙米发芽过程中 GABA 富集工艺的研究. 农业科技与装备, 11: 25-29

王光婷, 汪莲爱, 倪澜荪. 2008. 国内外糙米标准比较分析. 湖北农业科学, 02: 154-157

王九菊. 2008. 蒸谷米加工工艺及营养、储存特性探讨. 粮食与饲料工业, 01: 3-4

王维坚. 2004. 糙米发芽工艺的基础研究. 长春: 吉林大学硕士学位论文

王小平. 2009. 糙米、胚芽米、精白米中多种矿质元素和 B 族维生素含量的比较研究. 广东微量元素科学, 12: 50-56

王学锋. 2013. 米饭食味品质评价技术的研究. 郑州: 河南工业大学硕士学位论文

魏西根. 2008. 浸吸式营养强化大米生产工艺的研究. 成都: 西华大学硕士学位论文

吴素玲, 孙晓明, 徐婧, 等. 2005. 糙米发芽条件的研究. 中国野生植物资源, 05: 62-64

武洋. 2008. 大米营养强化工艺研究. 成都: 西华大学硕士学位论文

向芳. 2011. 糙米稳定新技术的研究. 无锡: 江南大学硕士学位论文

谢文军. 2009. 糙米加工工艺及关键控制点的确定与控制. 吉林工商学院学报, 05: 83-85, 90

谢有发. 2012. 加工精度对轻碾营养米的营养成分变化及质构特性的影响. 南昌: 南昌大学硕士学位论文

徐莉珍, 李远志, 肖南, 等. 2009. 糙米发芽工艺及其营养成分变化研究// "亚运食品安全与广东食品产业创新发展" 学术研讨会暨 2009 年广东省食品学会年会论文集. 广州: 广东省食品学会: 5

徐圣言, 姜松, 孙正和. 1998. 胚芽精米机提高精米留胚率的研究. 农业工程学报, 04: 228-232

徐贤, 李爽. 2012. 浅谈日本稻米及其米制品市场情况. 粮食流通技术, 02: 39-43

原贵林. 2009. 离心喷涂法生产营养强化米的工艺研究. 农产品加工 (创新版), 07: 73-74

张瑾瑾, 李庆龙, 王学东. 等. 2007. 喷涂法生产营养强化米的实验室研究. 粮食加工, 01: 29-31

张群, 单杨. 2005. 不同浸泡条件下糙米吸水特性的研究. 粮食与饲料工业, 10: 1-2

张艳霞. 2007. 稻米直链淀粉含量与淀粉理化特性及品质的关系. 南京: 南京农业大学硕士学位论文

赵学敬. 2000. 蒸谷米与其相关问题. 中国稻米, 05: 19

郑连姬, 周令国, 冯璨, 等. 2011. 糙米发芽的制备技术研究. 粮食加工, 01: 21-25

郑艺梅, 郑琳, 华平, 等. 2005. 不同干燥方式对发芽糙米品质的影响. 食品工业科技, 12: 55-56

周显青, 白国伟, 张玉荣. 2012. 糙米质量指标及评价技术进展. 粮食与饲料工业, 01: 1-5

周治宝, 王晓玲, 余传元, 等. 2012. 籼稻米饭食味与品质性状的相关性分析. 中国粮油学报, 01: 1-5

朱光有, 张玉荣, 贾少英, 等. 2011. 国内外糙米储藏品质变化研究现状及展望. 粮食与饲料工业, 10: 1-4

朱永义. 2006. 大米强化技术与基本原则. 粮食与饲料工业, 08: 4-5, 8

朱永义. 2011. 留胚米的营养、生产及食用方法. 粮食与饲料工业, 05: 31-32

Cornejo F, Caceres P J, Martínez-Villaluenga C, et al. 2015. Effects of germination on the nutritive value and bioactive compounds of brown rice breads. Food Chemistry, 173 (15): 298-304

da Silva R F, Perira R G F A, Aschri J L R, et al. 2013. Technological properties of precooked flour containing coffee powder and rice by thermoplastic extrusion. Food Science and Technology, 33 (1): 7-13

Dutta H, Mahanta C L. 2014. Traditional parboiled rice-based products revisited: current status and future research challenges. Rice Science, 21 (4): 187-200

Komatsuzaki N, Tsukahara K, Toyoshima H, et al. 2007. Effect of soaking and gaseous treatment on GABA content in germinated brown rice. Journal of Food Engineering, 78 (2): 556-560

第3章 稻谷原米加工利用制品

3.1 概　　述

随着我国人民生活水平的提高，人们对稻谷的食用要求已逐步由粗放型向精细型、多样型和方便型转变。因此，稻谷加工产业逐渐扩大。稻谷原米加工利用制品是指对稻谷原米制品进一步加工，改变其原始生米粒形态，从而生产出的各种制品。

我国稻谷除了口粮外，出口和深加工转化率低。例如，食品工业用米只占4%左右。由于米制品加工处于粗加工水平，对稻谷的深加工不论在理念上还是技术水平上与发达国家均有较大的差距，产品质量不稳定、生产能力低、规模小的现象，较普遍存在。同时，原米加工制品作为我国人民的传统食品历史悠久，如何将人们喜爱的传统米制品进行现代化加工也是亟需解决的重要课题。

3.2　糙米加工制品

3.2.1　概况

稻谷在我国具有悠久的的栽培历史。古人所吃的大米都是糙米，即把稻粒最外面的一层硬壳舂杵掉后得到的籽粒。人们在长期的饮食实践中发现，糙米不仅具有食用价值，而且还有神奇的医疗保健、养生延年的效用。现代营养医学研究发现，糙米中皮层和胚芽部分含有丰富的B族维生素和维生素E，能提高人体免疫功能，抗氧化，促进血液循环。糙米中钾、镁、锌、铁、锰等微量元素含量较高，有利于预防心血管疾病和贫血症。糙米中大量的膳食纤维可促进肠道有益菌增殖，加速肠道蠕动，软化粪便，预防便秘和肠癌，膳食纤维还能与胆汁中胆固醇结合，促进胆固醇的排出，从而帮助脂血症患者降低血脂。糙米中丰富的多糖以及胚中丰富的多肽具有清除自由基、抗衰老的功效。

与粳米相比，糙米具有一定的食用缺陷。例如，糙米中含有的粗纤维、糠层、蜡质层会阻止烹煮过程中的水分进入，导致米粒膨胀性较差、淀粉糊化温度较高、所需烹煮时间较长，且咀嚼时口感较差；糙米中的植酸有抗营养性，会与钙、铁、镁等矿物质结合，大大降低矿物质的生物利用率。现代食品加工技术的进步以及新技术的产生，为糙米中营养物质的充分利用和糙米食味品质的改善提供了可能。目前，食用糙米的加工方法一般都是借助物理（如超声波处理、浸泡、微波处理等）、化学（用化学试剂进行浸泡或脂溶性溶剂进行萃取）或生物（如发芽、酶处理）的方法改善或破坏糙米表层结构、改变糙米表层组织成分来促进和增加糙米在浸泡时的吸水性，溶解或降解糙米表层中的纤维素、半纤维素和果胶等物质，使之成为易吸收、消化的小分子，来改善糙米的食用品质和提高糙米的营养价值。

　　日本是米制品最为发达的国家，已经开发研制出众多糙米食品，如速食糙米、方便发芽糙米米饭、糙米粥、糙米粉、糙米面包、糙米茶、富含维生素糙米饮料、糙米浓缩营养滋补饮料、糙米发芽饮料、糙米健康饮料、糙米葡萄酒、发芽糙米酒、富含 γ-氨基丁酸糙米胚芽保健食品、糙米芽酱汁等，而且仍在不断研究和开发新型糙米食品。随着我国经济的发展以及人民生活水平的提高，人们对具有天然保健功能的糙米食品的开发与利用越来越重视。我国在糙米食品的研究和开发方面也取得了一定的成绩，市场上也已经开发出多种糙米食品，如糙米茶、糙米饼、糙米卷等。

3.2.2　糙米茶

　　糙米茶是将糙米或发芽糙米经过精选、润米、干燥、焙炒（或烘烤）、冷却等环节得到的一种固体饮料。它可像茶叶一样冲泡，所以被称为糙米茶。糙米茶具有促进三通、美容、减肥、防癌的功效，市场上有很多厂家销售。以糙米为原料，采用发酵和发芽技术制作的糙米茶具有食用方便、风味独特、营养丰富等特点，其工艺流程如下：糙米→发酵或发芽→焙炒→冷却→破碎→包装。其中，发酵是指糙米与发酵剂和水以 $m_{糙米}:m_{发酵剂}:V_{水}=1:0.1:1$ 的比例混匀，并于 35℃发酵 18h。发酵剂是果汁和老浆按 1:1.5 的体积比制成，其中果汁为菠萝汁，老浆为大米加水自然发酵 24h 的发酵液。发芽是指糙米与浸泡液（自来水或 0.5mmol/L 磷酸缓冲液或氯化钙或乳酸钙）按 4:1（g/mL）的比例于 35℃条件下浸泡 9h，沥干水分，于 35℃发芽 24h。在发芽的过程中，定时喷水，保持空气流通。发酵或发芽后的糙米于 100℃焙炒 20min 至金黄色，有较好的米茶香味，翻炒过程中应尽量保持糙米或其胚芽的完整。冷却至室温。然后，将米粒破碎至 10～40 目。包装是将糙米茶定量 50g/袋，于全自动包装机包装成袋泡茶。发酵糙米茶发酵香味浓、滋味纯正。而发芽糙米茶的还原糖和 GABA 含量较高，使茶汤色泽明亮。何新益等开发了糙米与绿茶复配的糙米茶固体饮料，其是将糙米洗净、晾干、烘烤后，与绿茶按照一定的比例混合，然后包装得到的一种产品。

3.2.3　糙米饮料

糙米饮料的一般加工工艺为：糙米→粉碎→焙炒→调浆→糊化→酶解→灭酶→离心分离米汁→调配→均质→灌装→灭菌→冷却→成本。糙米液体饮料品种丰富。例如，糙米茶饮料是糙米经过烘烤、粉碎、糊化、酶解和离心后得到米汤，然后将绿茶粉按照一定的比例加入到稀释 1 倍的米汤中，并添加其他配料，制备成的一种饮料。其工艺流程如下：糙米→洗净→晾干→烘烤→调浆→糊化→第一次酶解→第二次酶解→灭酶→冷却→离心→过滤→取上清液（米汤）→茶粉与米汤配比→调配调味→灌装→灭菌→成品。Kanski 等发现，发芽糙米中特有的醛脱氢酶与大豆中的醇脱氧酶协同作用，可以将醇直接氧化成酸，且大豆中的淀粉酶可以使糙米芽糖化，因此在一定浓度的大豆乳中按比例加入发芽糙米粉，使豆乳的腥味消失并产生香甜味，制成美味的饮料。另外，还有多种糙米复合饮料。例如，将糙米经烘烤、糊化、液化、糖化等工艺生产出糙米汁，将柑橘经过选果、榨汁、过滤得到果汁，用二者调配成的复合型功能性糙米果汁饮料口感细腻、口味纯正、质地均匀，兼有糙米和果汁的营养价值；将糙米汁与豆浆调配得到复合功能性糙米豆浆饮料；将碎米与糙米混合制备的米乳饮料；也有将糙米与花生等以一定比例混合研磨加配料制作而成的饮料；还有以糙米和鲜牛奶为主要原料，进行乳酸菌发酵后进行调配制备的糙米乳酸菌饮料等。

3.2.4　糙米酒

日本研制了以糙米为原料，酒精含量在 17% 以上的清爽型清酒和蒸馏酒。还有以糙米为原料，煮后进行酶法糖化，加乳酸与葡萄酒酵母制成糙米葡萄酒。该酒酒精含量低，风味非常近似葡萄酒，但没有葡萄酒的涩味，且酒味清爽、醇厚、柔和适口。我国也有研究者以糙米为原料，经发芽后，利用自身产生的水解酶和接入的酒精酵母进行糖化发酵，生产具有高营养价值和保健功能的糙米芽低醇酿造酒。这将在第 4 章中进行详细介绍。

3.2.5　速食糙米粉

近几年来，糙米因营养全面而被视为现代文明病的克星。国外如日本也已掀起一股吃糙米热，相关的粮食加工企业和研究机构已经开发出糙米食品。事实上，糙米在营养价值和生理功能方面均优于大米，然而，老百姓知道糙米营养全面但很难接受糙米，最重要的原因在于糙米的蒸煮品质和食用品质劣于大米，糙米在消化吸收方面也有一定缺陷，因此，有必要对糙米进行加工处理，制成老百姓容易接受的糙米制品。

速食糙米粉是一种颇受消费者青睐的糙米食品。它具有良好的可口性、营养性、消化吸收性和耐储藏性，而且速食糙米粉的食用，具有安全卫生、快捷方便等优势，只要向速食糙米粉添加一定量的水（温水或开水加速糙米粉的溶解性），速食糙米粉就能快速变成胶糊状、半流质状和浆汁状，食用非常方便。将糙米进行膨化处理，可以使糙米中的淀粉发生 α 化，并且使糙米体积增大，质地疏松，糙米中所含淀粉、蛋白质结构改变，植酸含量大幅度降低。采用挤压膨化法制备的糙米粉易溶于水、易冲调，并且易于被人体消化吸收。

1. 加工工艺和流程

1）普通速食糙米粉加工

加工速食糙米粉的工艺方法多种多样，但归纳起来只有两种，即湿法制备和干法制备。湿法制备法的实质是生化法，其特点是将糙米粉浆酶解，待酶解结束后，再用滚筒干燥机进行干燥，最终将糙米制成结构疏松的脆质薄片体。该糙米产品冲调性优，在温水或冷开水中具有良好的润湿性和分散性，且干燥后可直接进行无菌化包装。然而，酶及干燥所需的工艺装备（包括供热系统）投资大，生产操作技术含量较高。干法制备法实质是物理法，即将糙米（或糙米芽）膨化后粉碎，并按其需要加以附聚团粒化，加工成多孔状的低密度粉体。干法制备法生产工艺和操作较为简单。

速食糙米粉的加工工艺复杂，目前普遍采用干法制备速食糙米粉，其工艺流程如下：

糙米→精选提纯→干燥→破碎→挤压膨化→粉碎→膨化糙米粉（辅料、甜味剂、强化剂）→配料→附聚团粒化→干燥杀菌→无菌化冷却、计量、包装→速食糙米粉

（1）糙米原料、辅料的优选。

糙米原料选择要求是当年的无虫害、无霉变和无污染的糙米，包括粳糙米、籼糙米、糯性糙米。如果条件允许，也可选用色米。色米系指皮层呈乌黑、红黑、紫色或红色等的糙米。色米营养价值比普通糙米高。选用色米加工成的糙米粉，除了具有普通糙米加工制品的特性外，其色、香、味、形、营养齐全，并集食用、滋补、疗效于一体，是一种难得的天然营养方便食品。用料时没有统一标准，主要根据对产品的需求决定原料的拼配，可全部选用普通糙米或色米，也可以两者按（70～80）∶（20～30）配比（质量比）。

根据糙米制品辅料的添加比例，可以将速食糙米粉分为三大类。第一类是纯食型：这类速食糙米粉在加工过程中添加 15% 的糖粉（以膨化糙米粉计）制备而

成。若加工低糖型制品，则可选用甜味剂，如用蛋白糖、"健康糖"代替 10%的糖粉。甜味剂的用量按其与蔗糖的倍数计算。具体工艺上，甜味剂与糖粉应该进行预混合处理。第二类是强化型：这类速食糙米粉是在纯食型的基础上，根据产品的要求按需要添加食用干酵母、牛磺酸、维生素 C、蛋黄粉、生物钙、谷胚、磷酸酯镁、食用明胶、海带粉等强化剂。第三类是混食型：以糙米为主要原料，加入 20%～30%的全脂乳粉或脱脂乳粉、各种速溶植物蛋白粉，其甜味剂用量与纯食型的甜味剂用量相同。

（2）选料精选提纯处理。

为了进一步提高糙米的纯净度，以保证制品的卫生要求，需对初选的糙米进行精选提纯。一般精选提纯的工艺包括干法分选与湿法精选，且两种方法需有机结合。第一步是干法分选，主要是在干燥的环境中除去谷粒、稗粒、未熟粒、轻型杂质、小型杂质、泥（石）、铁金属等；第二步是湿法精选，即用水流冲洗或漂洗，以除去黏附在糙米粒表面的粉尘和泥，并进一步利用杂粮的密度不同，除去稻壳、稗粒等杂质。

（3）糙米适量干燥。

采用湿法清洗后，用离心机脱水，然后将糙米干燥至含水量 10%～15%这一挤压膨化的最佳水分值。可采用垂直振动干燥，这种干燥方法的优点是干燥均匀；有条件也可采用微波干燥，微波干燥可在干燥的同时，使糙米产生膨化爆裂。

（4）糙米的破碎处理。

含水量 10%～15%糙米在粉碎机的作用下粗粉碎至粒度为全通 50mm²、160目筛。这种粒度的粉体在挤压膨化后能获得最优的膨化效果。

（5）挤压膨化。

糙米经挤压膨化处理，可以将糙米蛋白质切成小分子肽以及部分氨基酸，提高了人体对蛋白质的消化和吸收能力。糙米经挤压膨化处理也可以降低糙米中的水分含量，降低脂肪含量和脂肪酸值，有利于膨化米粉的风味形成，提高了产品储藏稳定性。糙米的膨化处理有利于原料的储藏和加工高品质速食糙米粉。

传统糙米挤压膨化选用单螺杆挤压膨化机，将糙米粉连续增压挤出，骤然降压使其体积膨大几倍到几十倍。挤压膨化的工艺参数一般为：高温为 150～180℃、高压为 0.981MPa，主轴转速为（290±10）r/min。近年来，食品机械行业已推出主轴转速为 400～600r/min 的膨化机，其膨化温度和膨化压力更高，分别为 200～300℃和 1.5MPa，因而，膨化率更高，更适用于膨化糙米。

（6）膨化糙米粉碎处理。

将膨化后的糙米粒，用涡轮式气流粉碎机粉碎至粒度为全通 50mm²、240 目筛的膨化糙米粉。膨化后糙米用粉碎机粉碎成 240 目筛，粉碎不宜太粗，否则会影响速食糙米粉的溶解性，但也不能粉碎太细，速食糙米粉太细，容易在溶液中结团，同样会影响速食糙米粉的溶解性。

（7）配料。

根据产品的要求进行适当的配料，一般根据配方分别将膨化糙米粉、辅料（或强化剂）或辅料及强化剂分别计量后置于 DSH 系列悬臂双螺旋锥形混合机内充分混合均匀。如果辅料成分复杂，一般先进行预混合，然后才能与膨化糙米粉混合。当添加微量强化剂时，也应该将其加入某种辅料中进行预混合。

（8）附聚团粒化及其干燥灭菌。

当膨化糙米粉和辅料混合后，置于沸腾床造粒干燥机内进行喷雾，把乳粉溶解成浓液，对粉料进行喷雾——液滴直径在 $100\mu m$ 左右，使粉体与液滴附聚在一起而团粒化。或喷涂卵磷脂（以无水乳脂肪为溶剂），予以附聚团粒化。沸腾干燥至粉体含水量为 50%左右，在干燥的同时进行杀菌。

（9）冷却、计量、包装。

干燥终止后，将团粒化的粉体进行无菌化冷却、计量、包装，即为制品。每小袋 50～75g，每 10 小袋为一个包装单位。有条件的也可采用真空包装或充氮包装。

2）速溶高蛋白米粉加工

大米经淀粉酶解处理后，淀粉含量降低约 60%（主要转化成麦芽糖、低聚糖、糊精、葡萄糖等），蛋白质含量提高 3 倍多，接近或超过全脂奶粉的蛋白质含量，为 25%～29%。在全脂奶粉中，乳糖含量高，而许多亚洲人天生缺乏足够的乳糖酶，不能消化牛奶中的乳糖，这些人喝牛奶后常感到腹胀，甚至腹泻。用高蛋白米粉代替，则米粉中的麦芽糖可被吸收，而蛋白质含量则与全脂奶粉相似。因此，高蛋白米粉是一种理想的、适宜人群更广的蛋白食品。高蛋白米粉加工，可利用稻谷加工过程中产生的碎米，这将使碎米的经济价值大大提高。

（1）配方。

①制高蛋白米粉：碎米 5%～10%、去离子水 90%～95%、α-淀粉酶 0.01～0.05mg/L。②制速溶高蛋白米粉：高蛋白米粉 26%、糊精和麦芽糖浓缩液 30%、白砂糖粉 45%、β-环糊精 0.7%、香兰素 0.3%。

（2）主要设备。

去石机、粉碎机、反渗透水处理系统、冷热缸、液化罐、离心分离机、超滤机、真空浓缩锅、搅拌机、滚筒式干燥器、真空包装机、喷码机。

（3）制作工艺要点。

①除杂粉碎。将精心除杂的碎米粉碎，过 60 目筛。②糊化。将米粉放进冷热缸，同时按比例加入去离子水，边加边搅拌，直至调成米粉浆，然后升温至 100℃，保温 30min，使米粉浆彻底糊化。③液化。将糊化的米粉浆泵入液化罐，在液化罐夹层泵入冰水，使米粉浆温度降至 60℃，再按淀粉酶活力单位及比例要求投

入 α-淀粉酶液化。一般糊化了的淀粉颗粒基本上全部被液化，裂解成糊精和麦芽糖。④离心分离。将液化后的米粉浆进行离心分离，未被液化的蛋白质可放在8000r/min 的离心分离机中离心分离 30min，沉淀物即为高蛋白米粉。清液中为糊精、麦芽糖等碳水化合物及淀粉酶。⑤超滤。将酶用超滤机回收，重新用来液化其他米粉浆。超滤机装有截留分子量为 10000 的超滤膜，能捕集上层溶液中相对分子质量为 50000 的酶分子，可再加以利用。⑥真空浓缩。上清液中含有大量糊精和麦芽糖，泵入真空浓缩锅，在真空度为 80～90kPa、温度为 50℃的环境下浓缩 7～8 倍，以利储藏。浓缩液可作为其他食品添加剂用，也可部分添加进速溶高蛋白米粉中。⑦混合、干燥。将米蛋白粉与各种辅料在搅拌机中混合均匀，用常压滚筒式干燥器使之干燥。⑧粉碎、包装。将干燥的高蛋白米粉片粉碎，过 60目筛，然后密封包装、喷码即为成品。

2. 影响品质的因素

影响速食糙米粉品质的因素主要包括原料糙米品质、配方和工艺条件等，具体情况如下：

1）原料糙米品质

原料糙米的加工特性和风味等品质直接影响速食糙米粉的品质和风味，不同的地域所生产的稻谷在加工特性和风味上也存在差异。例如，我国东北大米和南方产的大米风味不同，因此，生产获得的速食糙米粉的风味和品质也不同。原料糙米的陈化也会影响速食糙米粉的品质，糙米中的脂肪随着储藏时间的延长会氧化变质，形成脂肪酸渗透进胚乳，填充于直链淀粉螺旋结构中，导致糙米淀粉糊化困难，影响糙米粉的溶解性，并且也形成难闻的"陈米臭"。

2）配方

不同配方制备获得的速食糙米粉的品质也存在差异。例如，普通纯食型糙米添加甜味剂，如添加蔗糖，这类食品不适用糖尿病患者。再如婴幼儿配方米粉，其是为婴幼儿专门设计的辅助食品，对配方进行营养强化。一般来说，虽然糙米蛋白质的生物学价值和蛋白质净利用率较高，但是糙米本身含的蛋白质较低，因此在以糙米为主要原料生产速食糙米粉时，还需添加全脂奶粉、蔗糖粉、全蛋粉、赖氨酸、盐粉、植物油、维生素 B_1、维生素 B_2、维生素 C、碳酸钙、硫酸亚铁、葡萄糖酸锌等成分，以满足婴幼儿的营养需要。

3. 质量标准和控制

速食糙米粉质量标准和控制如下：

1）感官指标

色泽：溶前呈现奶白色，冲溶后为微黄色。外观：粉粒细小均匀、干燥松散、无结块现象，无肉眼可见杂质。气味：气味纯正、具有大米的清香味，无异味。

2）理化指标

蛋白质含量（%）≥26.0；糖类含量（%）≥65.0；水分含量（%）≤5.0；溶解时间（s）≤60；铅含量（以 Pb 计，mg/kg）≤1.0；砷含量（以 As 计，mg/kg）≤0.5；铜含量（以 Cu 计，mg/kg）≤10。

3）微生物指标

细菌菌落总数（cfu/g）≤1000；大肠菌群（cfu/100g）≤30；致病菌不得检出。

3.2.6　其他糙米深加工制品

糙米可以应用于烘焙食品的生产中。向面粉中加入糙米粉，能够起到使面粉面筋缓解的作用，降低面团的韧性和弹性，提高制品的酥松性能，而且糙米粉在烘烤过程中发生美拉德反应，能产生比纯面粉更香的特有米香味。目前，糙米烘焙食品已经有糙米面包、糙米蛋糕、糙米饼干等。孙德伟等研究了糙米小麦全价营养面包的工艺，制作出易于咬嚼，口味好的面包。李增利利用糙米为主要原料制作曲奇饼干，开发出具有良好加工特性和功能性的糙米曲奇饼干。

糙米酵素是在糙米中加入少量蜂蜜，经活性面包干酵母等发酵剂发酵得到的一种功能性食品基料（含有各种酶）。由于糙米酵素中含有复杂的酶系，可以作为许多食品生产的原料改良剂和产品添加剂。目前，在中国台湾已出现商品化的糙米酵素产品，但工艺还不成熟。吕美等将保鲜米糠、发芽糙米粉按 1:1 的比例进行干法混合后，添加 8%蜂蜜、5%玉米胚油、150%水（扣除酵母活化用水）、10%酵母活化液，并在 35±2℃下发酵 2h，制得的糙米酵素中的谷胱甘肽含量可达2.62mg/g。

另外，还有糙米调料、糙米方便米粥、糙米方便米饭、糙米色拉等系列糙米类食品。随着消费者对健康饮食的不断追求和食品工业技术的不断发展，相信在不久的将来会有越来越多的糙米类食品在市场上出现。

3.3　方　便　米　饭

3.3.1　概况

世界上最早的方便米饭生产始于 1943 年，由现美国通用磨坊食品公司生产作为美国海军陆战队二战时期野战官兵的主食，并于 1946 年获得美国发明专利，日本在二战时也用方便米饭作为军粮，并在战后转为民用，从此为利用稻谷工业化生产方便米饭开创了先例。随着现代人们生活节奏的加快和生活水平的提高，人们对方便食品的需求越来越多，要求也越来越高。方便米饭不仅能满足即食、方便的要求，而且是一种主食产品，可以弥补其他方便食品特别是方便面营养单一、难以满足人们生理及营养需求的不足，符合现代人的消费理念，具有十分广阔的发展前景。

世界上许多国家利用新技术如生物技术、挤压技术、微波技术、速冻技术等开发各种类型的方便米饭。方便米饭可分为两大类，即脱水方便米饭和非脱水方便米饭。其中，脱水方便米饭按脱水方式不同又分为α-脱水方便米饭、膨化米饭等。非脱水方便米饭也可称为保鲜方便米饭，需在食用前加热。

目前，主要有以下六种方便米饭。

1. 速冻（冷冻）方便米饭

速冻方便米饭是将煮好的米饭放在-40℃的超低温环境中急速冷冻后所获得的产品，在-18℃的状况下可保存一年。此类产品目前在市场上的占有率最高。

2. 无菌包装方便米饭

无菌包装方便米饭是将煮熟调理好的米饭封入气密性容器后所得的产品。其煮饭和包装都是在无菌室中进行。外观类似蒸煮袋米饭，但是它不用再进行热杀菌处理，所以不会改变米饭原来的风味和口感。此产品在常温状态下可保存6个月。此类产品的市场占有率仅次于速冻米饭，两者共占了方便米饭市场80%以上份额。

3. 蒸煮袋（软罐头）方便米饭

蒸煮袋方便米饭是将煮好的米饭封入特殊的气密性包装容器，然后进行高压加热杀菌而成的产品。常温下可保存1年。

4. 冷藏方便米饭

有些调理加工好的食品在流通过程中需要处于冷藏状态下，有些方便米饭也采用这种低温灭菌的技术来保持米饭的新鲜度和良好口感。在冷藏库中可保存两个月。

5. 干燥方便米饭

干燥方便米饭是将煮好的米饭通过热风、冻结或是膨化等快速脱水干燥的手段处理后得到的产品。它质量轻，保存时间长，常用作登山或储备食品，利用范围广泛。常温下可保存3年。

6. 罐头方便米饭

将煮好的米饭密封入金属罐，然后进行高温杀菌就得到罐头方便米饭。罐头方便米饭历史久远，从二战以来就作为军用食品而被大量生产。常温下可保存 3 年，特殊情况下也可以保存到 5 年。

各种方便米饭生产工艺不尽相同，但都要求煮好的米粒完整，轮廓分明，软而结实，不黏不连，并保持米饭的正常香味。

方便米饭在我国经过近十年发展，还处在自然增长状态，品牌都是区域性的，如上海的乐惠、北京的三全、西南的得益、东北的香香仔等，市场集中度低，未形成竞争性格局。近年来，方便米饭工艺和设备也成为科学研究的热点课题，随着方便米饭的发展、相关产业（如调味料、包装材料和生产装备）的进步及社会消费水平的提高，方便米饭行业已从试探性市场导入，进入了临近快速增长的转型时期，行业总体发展氛围正式形成。纵观国内外米制品加工的规模，产量最大的米制品还是人们日常生活中经常食用的主食产品。

3.3.2　加工工艺和技术

1. α-脱水方便米饭

α-脱水方便米饭指将蒸煮成熟的新鲜米饭迅速脱水干燥而制成的一种含水量低（<10%），常温下可长期储存（两年以上），食用时只需加入开水焖泡几分钟即可的一种速食米饭。

1）工艺流程

（1）一次蒸煮工艺。

大米→精选→淘洗→浸泡→蒸煮→离散→干燥→包装→成品

　　　　　　　　↑　　　　　　　　↑

　　　　　　添加剂　　　　佐餐材料、调味料

（2）二次蒸煮工艺。

原料大米→清洗→浸泡（30℃，80min）→蒸煮（100℃，20min）→二次浸泡（80℃，20min）→二次蒸煮（100℃，20min）→干燥→冷却至室温→成品

2）工艺要点

（1）浸泡工艺。

浸泡能够有效提高米饭的糊化程度。糊化程度高的方便米饭不易回生，复水后不易出现硬芯。通过改变浸泡的时间、温度、加水量和溶液成分，可以改善产品的风味和营养。工业生产过程中，浸泡也是减少耗能的方法之一。

　　浸泡是米粒吸水的过程，为了防止杂质堵塞米粒的毛细孔而降低吸水速度，大米浸泡之前必须清洗。加水量越大、温度越高，米粒吸水速度越快，但最终吸水率都不会超过浸泡吸水率（一般为 20%～25%）。目前，工业生产多采用的工艺条件为：浸泡时的加水量约为大米质量的 2 倍，常温浸泡 60～100min。

　　干燥前米饭的吸水量越大，干燥后复水越快。提高吸水量的主要方法有二次蒸煮和加入添加剂。通过二次浸泡可以大大提高米饭的糊化程度和吸水量。添加剂方面，乙醇、磷酸盐、柠檬酸盐、乳化剂、酯类等被认为是含有亲水基团而提高了浸泡吸水率，是目前最常用的添加剂，还有 Ca^{2+}、赤霉素等。各种添加剂之间的复配可以提升浸泡效果，但添加剂的总含量一般应控制在 0.4%（与大米质量比）以内。近年来，表面活性剂 β-环糊精是研究的又一方向。同时，通过酶处理去除相关脂类和蛋白质，可以提高方便米饭中淀粉的糊化程度。酶处理不会污染食品，但由于成本较高，酶法浸泡并未直接应用到工业生产中。

　　（2）蒸煮工艺。

　　蒸煮是大米淀粉糊化的过程，也是各种挥发性风味物质形成的过程，直接影响产品的黏弹性、完整度、风味等。压力、加水量、温度和时间是蒸煮工艺中的可控参数。目前常用的米饭烹饪方法有常压蒸煮（常规加热煮饭、蒸汽蒸饭）、高压蒸煮、微波蒸煮等。实际生产中多采取常压蒸煮的方法。一般来说，米和水的质量比在 1∶1.5 左右（控制在 1∶1.2～1∶1.7），时间为 30min，如采用二次蒸煮的方法，时间则缩短为 20min。为节能及改善米饭的风味，高压蒸煮、微波蒸煮也相继被引入到工业生产中。一般高压蒸煮过程中，米粒的沸腾易破坏米粒的完整度，有研究人员提出了压力无沸腾蒸煮的概念，即蒸煮过程中，在温度达到沸点之前（98～100℃）排冷气，直接升温至一定压力后保压焖饭。

　　（3）离散工艺。

　　蒸煮后的米饭，水分含量可达 65%～70%，干燥时易出现结团现象，因此干燥前需要离散。离散的方法有很多种，主要有冷水离散、热水离散和采用机械设备离散等。冷水离散简单易行，但容易出现回生；用 60～70℃的热水离散后的米饭口感好、无夹生感、易搓散、饭粒完整率高，淀粉水分含量在 30%～60%，这可能与淀粉回生时支链淀粉重结晶的适宜温度有关。离散后还应沥干表面浮水，工业生产中使用离散后再耙松的方法进行大规模处理。

　　（4）干燥工艺。

　　干燥是 α-脱水方便米饭加工的重要环节，经过干燥，熟化后的米饭发生一系列的物理化学变化，形成最后的产品外观状态和内部架构，进而影响成品的外观品质、复水特性和感官评价结果。同时，干燥成本是 α-脱水方便米饭成本中除去原料之外权重最大的部分。不同干燥方法的耗能差异较大，随之带来的成本差异也很大。α-脱水方便米饭生产中常用的干燥方法有热风干燥、微波干燥、微波热风干燥和真空冷冻干燥等。

①热风干燥。

热风干燥是速食产品最常用的干燥方法，所需设备简单、成本低廉，但由于干燥时热量由表及里和水分由里及表的运动过程需要较长时间，加热速度慢且受热不均匀。工业中将蒸煮好的米饭（经过简单离散或不处理）在铁筛上铺放均匀，厚度为 0.15cm 左右，以 60～105℃进行热风干燥。干燥时主要受温度和湿度两个参数的影响，一般来说，温度越高，湿度越小，干燥时间越短；但温度过高，湿度过低，会降低方便米饭的复水率，影响复水后的风味、口感和色泽。干燥过程中物料内外温度的差异被认为是影响成品米粒完整性和结团的主要因素。热风干燥的产品，色泽比新鲜米饭偏黄、易碎、米粒形状多被破坏，但产品的复水性较好，复水时间为 5～10min，复水后口感和风味接近新鲜米饭。分段热风干燥的米饭在感官评价时得到的分数最令人满意，一般整个干燥过程分为两段，低温和高温分别为 85℃和 100℃。

②微波干燥。

进行微波干燥时，米饭的厚度也在 0.15cm 左右。因此尽管提高功率可以减少时间和耗能，但考虑到产品品质，生产中一般采用较低的功率（350～550W）。微波干燥的最大特点是速度快，大量实验表明，这种短时间内产生大量热能的干燥方式很容易降低产品品质。采用大功率微波干燥时，容易出现大部分产品还未干燥，表层米饭已经焦黄甚至变黑的现象。感官评价中，微波干燥的产品变色最严重、米饭的香味不明显，得分最低。

③微波热风干燥。

微波热风干燥是一种组合干燥方法，综合考虑微波干燥和热风干燥的优缺点，采取分段干燥的方式，扬长避短以达到最优效果。这种干燥方式可以先通过微波干燥，迅速脱去米饭表面浮水，然后用热风干燥继续脱水至要求含水量；也可以在热风干燥固定米饭结构后，用微波干燥迅速脱去多余水分。二者的顺序可以调整，不同顺序下的参数也不同，但一般控制在单独使用一种干燥方法时的参数范围内。这种组合干燥方法既能避免热风干燥初期米饭的结团和结构的剧烈改变，同时也减少了单纯微波干燥时容易出现的米饭表面焦黄、变黑等现象，但因成本较低、方便快捷，是很多厂家和实验室的优选干燥方式。研究人员综合比较了两种组合方法先微波后热风和先热风后微波后发现，先微波干燥（9min，690W）迅速带走物料表面的浮水后，热风干燥（80℃，50min）逐步达到产品要求含水量的方法产出的方便米饭复水性、风味、口感和色泽最好，干燥时间也较全热风干燥大大缩短。此外，通过分析产品复水性与微波干燥时间、微波功率以及热风干燥温度和时间之间的相关性，得出这种干燥方式下，各参数对产品品质的影响权重为：微波干燥时间＞微波功率＞热风干燥温度＞热风干燥时间。

④真空冷冻干燥。

真空冷冻干燥是在低温、真空的条件下，将冻结物料中的冰直接升华为水蒸气的一种干燥工艺。真空冷冻干燥能最大限度地保持新鲜食品的色、香、味、形和维生素、蛋白质等营养成分。研究表明，真空冷冻干燥是最能保留新鲜产品特质的干燥方法，感官鉴评实验中发现，除了米粒膨胀、色泽稍有差异外，与新鲜米饭的外观基本相同。产品的复水时间最短、复水率较高，复水完全，真空冷冻干燥方便米饭整体呈一色，松软可口，较黏稠，口味和新鲜米饭基本无差别。但真空冷冻干燥在众多干燥技术中所需时间最长，耗能最大，因而干燥方法成本高。

2. 挤压脱水方便米饭

挤压脱水方便米饭就是以挤压的方法生产的方便米饭，在热水中经短时间的复水和熟化即可食用。与一般的方便米饭相比，具有如下特点：不易回生、复水性好、风味独特、易于储存。生产设备可以采用单螺杆或双螺杆挤压机，双螺杆挤压机性能较好，但成本较高。生产时，将以米粉为主的原料送入挤压机，在一定的温度和压强下进行挤压。通过高温、高压、剪切和摩擦作用，使原料中的淀粉糊化、蛋白质变性，并发生部分降解，从而使产品易于消化吸收，最后经干燥得挤压方便米饭成品。

与传统工艺制备的方便米饭的复水特性相比，挤压工艺制备的方便米饭的复水品质有了很大的改善，但目前仍未看到有关挤压工艺对方便米饭复水特性研究的文献报道。根据挤压技术的特点，原料的组成、原料的预处理、挤压工艺参数以及挤压设备的结构是挤压法生产方便米饭的关键。传统工艺生产方便米饭的原料是整粒大米，不能随意改变原料的组成。而挤压工艺采用的原料是粉料，其原料的组成可以根据需求随意进行调整，并且添加的各种食品添加剂、其他谷物粉与主体米粉之间可以达到很好的复配效果。根据国外专利文献报道，原料里一般都添加30%以上的糊化米粉和一定量的油脂或乳化剂、增稠剂、盐分，这些物料对挤压脱水方便米饭的复水速度及复水后产品的口感都产生很大的影响。原料必须进行一定的预处理后才能得到质量稳定的产品，水分含量、粉体的粒度等都对挤压工艺有很大的影响。挤压工艺参数如螺杆结构、螺杆转速、机筒温度、喂料速度、模板结构等也都对挤出物特性产生复杂的影响。另外，国外采用的挤压设备存在较大的差异，从冷成型挤压机、一般蒸煮挤压机，到根据工艺要求设计制造的专用多功能双螺杆挤压机，挤压设备不同，其制得的产品在性质上也存在很大的不同，所以根据特定的物料配方选择合适的挤压设备也显得尤为重要。

1）工艺流程

加工工艺一般可分为五个步骤：进料→混合（调配）→熟化→成型→干燥→冷

却至室温→成品。前四个步骤均在挤压机内完成。

2）工艺要点

（1）挤压工艺。

在挤压工艺中，原料水分含量、进料速度、机筒温度和螺杆转速显著影响产品质量。

水分含量是影响挤压物料理化特性最重要的自变量之一。水不仅在挤压加工过程中充当生物聚合物如淀粉、蛋白质的塑化剂的功能，而且在物料挤出时，由于水分的瞬时蒸发导致物料膨胀和气泡的产生，赋予产品膨胀的形状。同时，它也影响着热能的升降、特定机械能即单位挤出物所消耗机械能（SME）的变化。

螺杆转速是挤压工艺中极为重要的一个参数。螺杆转速低，物料在挤压机中停留的时间就长，高温处理的效果就越显著；螺杆转速高，物料在挤压机中停留的时间就短，高温处理的效果就越不显著。但是螺旋速度升高的同时增大了物料与机筒之间的摩擦，会产生瞬间摩擦生热，热效应在一定程度上也会增大。

（2）干燥工艺。

干燥是挤压脱水方便米饭生产的关键技术之一，干燥方式的选择及干燥条件的控制对产品的复水品质等指标有非常显著的影响，不同的干燥工艺可以得到质量完全不同的产品。

3. 速冻（冷冻）方便米饭

速冻方便米饭是将蒸煮好的米饭，在-40℃以下的环境中急速冷冻并在-18℃以下冻藏的产品，是利用食品冻藏原理加工的保鲜米饭产品，包装直接去速冻，因此复热后能最大限度地保持米饭原有的口味与营养，其风味、食感最接近新鲜米饭。速冻方便米饭可以分为散装速冻方便米饭、块形速冻方便米饭和其他形态的速冻方便米饭。速冻方便米饭的特征是流通容易、品质均匀、可以大量自动化生产。我国速冻方便米饭生产起步较晚，致使产品品种少、产量低。在发达国家，特别是日本，自20世纪70年代就开始发展速冻方便米饭加工业，如今，速冻方便米饭的生产、保鲜和包装技术较为完善，产品种类多、口感佳、货架期长，具有广泛的市场认可度。近10年，日本速冻方便米饭产量维持在15万t左右，占加工类米饭总产量的50%以上。

1）工艺流程

大米→精选→淘洗→浸泡→蒸煮→存放→冷冻→包装→成品（→解冻→食用）

　　　　　　　↑　　　　　　　　　↑

　　　　（添加剂）　　　　佐餐材料、调味料

2）工艺要点

在速冻方便米饭的加工技术中，冷冻保管、运输途中、解冻时受温度变化的影响，保持米饭食味、口感等物性不变的冷冻法、解冻法非常重要。

（1）浸泡工艺。

研究发现，大米的吸水率受到温度、pH 和米水质量比的影响，不同的浸泡时间和浸泡温度对速冻方便米饭的硬度和黏着性的影响均显著（$P<0.05$），经过高温浸泡的大米，其制作的速冻方便米饭的品质要优于常温浸泡的大米。

（2）蒸煮工艺。

通过研究蒸煮工艺对速冻方便米饭品质的影响，发现不同的蒸煮工艺对速冻方便米饭的品质影响较大，采用能均匀加热的电磁感应蒸煮方式和使用能均匀传导热力、保温性能良好的内锅蒸煮出的米饭品质较好，同时蒸煮时保持沸腾阶段的时间也是影响速冻方便米饭品质的一项参数，一般维持在 20min 左右。保温时间能显著影响速冻方便米饭的硬度和黏着性（$P<0.05$），保温 15～30min 时，冷冻米饭品质较好。

（3）存放工艺。

存放过程中米饭表面有水分蒸发，内部水分子迁移引起米饭的水分含量和水分分布发生变化，有利于后续的冻结工艺。以糊化度、水分含量、硬度、黏着性和菌落总数为评价指标，对–18℃、4℃和 25℃存放下的米饭进行分析，发现–18℃存放的米饭品质下降最慢，并可有效抑制微生物的生长。4℃存放的米饭品质下降最快（回生最快），25℃存放时米饭中微生物的生长最快。

（4）冻结工艺。

存放一段时间的米饭用隧道冷冻设备、圆筒冷冻设备、螺旋管冷冻设备等快速冷冻到–40℃以下，在–18℃的状态下可以保存 1 年。

冻结速率的大小对速冻方便米饭的品质影响很大。首先，由于在不同冻结速率下米饭的回生程度不同，随着冻结速率的减小，米饭的回生程度增大，从而导致其硬度增加，而黏着性减少。其次，可能是由于冰晶的形成，破坏了米饭淀粉的结构。快速冻结能形成较小的冰晶，而在解冻过程中，拥有较小冰晶的米饭能快速解冻。这可使其快速通过最大冰晶生成带，所以米饭的回生程度较小，从而导致其硬度相应较小，而其黏着性则较大。所以，冻结工艺的最基本的要求应是以最快的速度通过最大冰晶生成带，使得米饭内部的水冻结成均匀而细小的冰晶，从而较好地保持米饭的品质。缓慢冻结会使冰晶集中在局部几个地方，造成对局部结构的严重破坏，导致米饭品质的下降。

（5）解冻工艺。

速冻方便米饭在食用前必须解冻，解冻是指将冻结时米饭中形成的冰晶还原融化成水，所以可视为冻结的逆过程。在解冻过程中应尽量使米饭品质下降最小，使解冻后的产品质量尽量接近于冻结前的产品质量。同时，由于速冻方便米饭作为一种方便食品，所以希望产品能使用较普通和较方便的加热方式解冻。实验研究发现，微波加热相比传统的蒸汽加热，米饭食感好，所需时间短。

4. 无菌包装方便米饭

将调理加工的米饭，在无菌无尘的环境中，直接密封入包装容器，并保证容器内没有受到细菌的污染，从而达到长期保存的目的。无菌包装方便米饭与蒸煮袋方便米饭相似。二者的不同在于蒸煮袋方便米饭是用蒸锅进行高压加热杀菌；而无菌包装方便米饭是在无菌室里烧饭、包装，不必像蒸煮袋方便米饭那样进行热处理。无菌包装方便米饭的占有率已远远超过高温杀菌米饭和速冻方便米饭的加工量。其原因就在于无菌包装方便米饭既具有了超越速冻方便米饭的低成本、常温流通性，具有了与传统高温杀菌米饭相同的长期保存性和常温流通性，同时还具有了超越二者的良好风味和口感。同时，无菌包装方便米饭逐渐被接受为日常食品的原因，被认为是它可以适应消费者多样化的需求，并且只通过使用微波炉就可以简便地食用。

无菌包装方便米饭，因为是将刚蒸煮熟的米饭进行无菌化处理之后包装而成的，所以只要用微波炉加热 2～3min，就可以复原至接近于刚蒸煮熟时的状态。这样的米饭可以在常温条件下保存 6 个月～1 年，且在食味、色泽、风味等方面都要优于蒸煮袋方便米饭。

1）工艺流程

无菌包装方便米饭的标准制造工艺是，先将原料大米淘洗、浸泡，然后采用饭锅方式或单独装盒方式蒸煮。前者是使用连续煮饭机煮成米饭之后，再分装至容器内。而后者则是将浸泡后的米计量、充填至每一个单独的成型容器，以加压加热蒸汽或加以超高压进行杀菌后，用蒸汽连续煮饭。

（1）大饭锅加工法的工艺流程。

精白米→洗米→计量、供给→调整酸度→浸泡→煮饭→焖饭→清洁室包装→冷却→针孔检测→成品

（2）加压加热蒸汽处理法的工艺流程。

精白米→洗米→浸泡→供给饭盒→高压加热蒸汽→添加调整酸度的水→蒸汽煮饭→清洁室包装→焖饭→冷却→针孔检测→成品

（3）新无菌包装方便米饭（pH 调整方式）的工艺流程。

免淘米→计量、添加→加水→短时间用微波加压加热杀菌→添加调酸度的水→第 1 次包装→微波煮饭→焖饭→清洁室第 2 次包装→冷却→针孔检测→成品

2）工艺要点

在无菌包装方便米饭的生产工艺中，日本于 1996 年研究开发成功的生产工艺独树一帜。该工艺完全不同于当时其他的加工方式，在整个加工过程中，只需要

将很小的空间布置为无尘空间，其余的生产过程状态与一般食品加工车间的要求没有太大的差异，而且从大米盛装入容器到最终密封排出，都无需人工介入。在实现生产自动化的同时，节约了人工费用，并提高了米饭的加工卫生性（表 3.1）。

表 3.1　加工工艺简单说明

加工工艺（主要步骤）	操作环境
洗米和米的浸渍	一般食品车间
定量罐装	一般食品车间
米和容器的加压高温杀菌	一般食品车间（容器进入设备本身密封）
烧饭水的自动定量罐装	一般食品车间（设备内部自带 $1m^3$ 无菌空间）
自动烧饭	一般食品车间
自动封口和打印	无菌空间（该无菌空间相当于一台设备的空间，放置该无菌空间的加工车间为一般食品车间）
制品自动装卸	一般食品车间

从表 3.1 可以看出，虽然是生产无菌包装方便米饭，但整个生产流水线与一般食品的生产流水线相比，并没有太大的不同。

（1）采用饭锅煮饭方式的无菌包装方便米饭。

饭锅煮饭方式分为单人锅（1 人份）加工法和大饭锅（多人份）加工法。单人锅煮饭工艺是将每个单人锅内装入 1 人份的米，煮成饭后，在清洁室内转装至带有脱氧功能的盒子内，最终进行封盒。单人锅加工法具有自动化程度高、便于无人化操作的特点。大饭锅（多人份）加工法，通常使用大型的连续式煮饭设备，煮饭之后，将饭打松并盛放至盒内。这种加工方式，由于所有的作业都在常压常温下进行，所以必须使用酸味料和脱氧剂等，并需要进行严格的盛放管理和无菌管理。

（2）用单独装盒煮饭方式加工的无菌包装方便米饭。

单独装盒煮饭方式根据杀菌方式可以分为超高压处理法和加压加热蒸汽处理法等。这些方式都是各个设备厂家独自开发的加工法，根据各厂家的思路配置设备和构成加工工艺。

超高压处理法是将免淘米和水加入饭盒(1 人份)内，通过在水中加之以 $200\sim400MPa$ 的超高压（包括容器在内），进行杀菌和蒸汽煮饭，煮熟的米饭十分美味可口。煮饭之后的工序，在清洁室内处于无菌的状态下进行。

加压加热蒸汽处理法是将精白米淘洗、浸泡后，充填到饭盒之内，用加压加热蒸汽进行杀菌处理，连续地将调整酸度的水加入饭盒内，在蒸汽煮饭之后，充入氮气并封盒。采用这种方法，加压加热蒸汽杀菌处理之后的所有工序必须在清洁室内以无菌的方式进行处理。同时，由于使用了 pH 调整剂，所以不需要脱氧剂。

（3）新无菌包装方便米饭。

日本佐竹公司已开发了便于煮饭的免淘米加工设备。通过将此免淘洗加工设备和无菌化米饭加工装置组合在一起，开发出了新的无菌包装方便米饭的加工法。此加工法分为将产品的 pH 调整至 4.6 以下的 pH 调整法和不使用 pH 调整剂、密封后在 F 值（杀菌强度）为 4 以上的条件下加压加热、进行杀菌处理的方式。

新无菌包装方便米饭，是先用免淘米加工装置将精白米加工成免淘米。然后将免淘米计量之后充填到饭盒内，并连续加入所需吸水量的水，用微波进行短时间的加压加热杀菌。当饭盒内的温度达到 140℃、F 值达到 12 时，可以完全灭绝耐热菌。第 1 次包装的特点在于，在封膜时余留下常压煮饭时产生的蒸汽的排放口。煮饭结束后，用氮气进行置换，然后完全密封，并冷却。从加入原料免淘米后开始到氮气置换包装为止的工序，都在等级为 100 的清洁室内进行作业。

新无菌包装方便米饭的加工法，将使用微波进行短时间加压加热处理的装置和常压微波煮饭装置组合在一起，具有 7 个方面的特点：①饭盒内的免淘米因为可以在短时间内吸水，所以不需要浸泡罐。②通过缩短浸泡时间，使短时间煮饭加工法得以实现。③煮饭的米饭饭粒外硬内软，可口味佳。④米饭的成品率有质的提高。⑤通过调整杀菌工序中的 F 值，可以以裂纹粒和过干燥米为原料煮饭。⑥由于生产线采用了免淘米加工装置，使得整套设备处于相对干燥的状态，清洁卫生。⑦大幅度缩短了加工时间，从而与以往相比，提高了生产效率。

3.3.3　品质评价

1. 脱水方便米饭品质评价

脱水方便米饭的品质分析需要从产品的外观、复水性、营养组成、储藏和运输性质以及复水后的感官（口感和外观）等多个方面考虑，是一个复杂、制约因素很多的过程。评价脱水方便米饭品质的首选方法是进行感官评价。其次，为了克服人为因素的差异，目前已采用电子鼻、食味计等仪器，通过测定米饭流变性等的变化客观评价其品质，这种方法简便易行，具有一定的先进性，能为品质分析提供一定的科学依据。其弊端是对于产品的香气等风味难以做出准确评价；同时，由于机器缺乏灵活性，无法判断一种新风味的好坏，不利于新产品的研发。日本研制出的一款食味计可以通过测定大米的水分、直链淀粉、蛋白质、脂肪酸等成分的含量，由计算机中预先设置的食味程序软件，给大米样品定出一个综合评分，但这种仪器无法对大米的香气等做出评价。因此，目前针对方便米饭的品质分析，主要采用感官评价为基础，理化指标及仪器检测为辅的方法。

　　α-脱水方便米饭品质的评价体系和影响因素列于表 3.2。外观品质和风味的评定方法为感官评价。一般认为，α-脱水方便米饭感官状态的差异是由不同生产工艺条件下，米饭在糊化和脱水过程中直、支链淀粉的凝集程度不同而产生的。复水性的评价指标主要为复水率和复水时间。复水率指复水一定时间后米饭湿重与未复水时干重的比值，反映复水后的米饭与新鲜米饭的相似程度；复水时间为方便米饭复水到一定条件（一般为接近新鲜米饭的感官状态）所需的时间。国内研究者采用 TPA 模式对速冻方便米饭样品进行穿刺实验，发现感官指标与 TPA 实验的硬度和黏着性两项指标呈极显著的负相关。

表 3.2　α-脱水方便米饭品质评价体系和影响因素

品质	评价指标	主要影响因素
复水前外观	米粒的完整性、色泽、硬度、结团现象、产品的包装	干燥方式、包装方式、浸泡时间
风味	滋味、香气	干燥方式、干燥时间、复水温度、复水时加水量、复水时间
复水性	复水率、复水时间、黏度、硬度、米汤的 pH、生熟度、	干燥方式、复水温度、加水量
营养组成	蛋白质、淀粉、维生素等的含量	干燥方式、米种
储运性质	货架期、运输过程中的损耗、产品含水量	干燥时间、包装方式

2. 非脱水方便米饭品质评价

　　研究发现，对于速冻方便米饭（属于非脱水方便米饭），质构仪分析指标中的硬度、黏着性和胶黏性与感官指标中的咀嚼性、黏弹性和松散性有极显著相关性，可以采用 TPA 模式，通过仪器分析测定相关质构值来表示感官评分中相关指标的好坏。同时，理化指标中的直链淀粉含量、胶稠度和碱消值都与感官评分有极为密切的关系，其值大小是影响速冻方便米饭品质的关键因素，直链淀粉含量、胶稠度较低，碱消值较高的原料适合用于速冻方便米饭的制作。

　　速冻方便米饭品质的评价方法主要通过感官评价和仪器分析来实现。不同原料大米制作的速冻方便米饭以气味、形态、黏度、弹性、硬度、滋味和综合品质为指标进行感官评价。除弹性指标外，在 TPA 模式下，硬度、黏着性、内聚性、胶黏性、耐咀性等指标可反映不同原料米制作的速冻方便米饭的质地差异，可作为评价米饭质地特性的客观指标。但为了克服感官评价的不稳定性，使用仪器测定速冻方便米饭质地的主要目的就是寻找可以替代感官评价的参数。当然，往往需要多个参数来综合衡量一个感官评价的指标，这样将使米饭品质的评价更为准确可靠，并在一定程度上简化评价的工作量。对十种不同原料米制作的速冻方便米饭的感官评价指标与质地指标的相关性进行分析，结果表明，质构仪 TPA 模式下测定的硬度指标与感官评价的综合得分有极显著的负相关性（$P<0.01$），而黏着性指标与感官的综合得分有极显著的正相关性（$P<0.01$），

因此，可以将质构仪 TPA 模式下测定硬度与黏着性指标作为评价速冻方便米饭品质的推荐指标。

3.3.4 · 质量标准和控制

目前我国只有安徽省颁布了脱水干燥型方便米饭的地方标准（DB34/T 1112—2009）。其中，规定了原辅料要求、感官要求（表 3.3）、理化指标（表 3.4）、微生物指标（表 3.5）、食品添加剂和净含量。

表 3.3　地方标准（DB34/T 1112—2009）中脱水干燥型方便米饭感官要求

项目	要求
色泽	具有该产品应有的、基本均匀一致的色泽
气味、滋味	具有该产品应有的气味和滋味、无酸味、霉味及其他异味
口感	口感正常、不黏牙、不牙碜
杂质	无正常视力可见杂质

表 3.4　地方标准（DB34/T 1112—2009）中脱水干燥型方便米饭理化指标

项目	指标
水分含量（%）	≤10
铅含量（以 Pb 计）（mg/kg）	≤0.2
无机砷含量（以 As 计）（mg/kg）	≤0.15
黄曲霉素 B_1 含量（μg/kg）	≤5

表 3.5　地方标准（DB34/T 1112—2009）中脱水干燥型方便米饭微生物指标

项目	指标	
	米饭	米饭和料包
菌落总数（cfu/g）	≤1000	≤50000
大肠菌群（MPN/100g）	≤30	≤150
致病菌（沙门氏菌、志贺氏菌、金黄色葡萄球菌）	不得检出	

3.4　米　　线

3.4.1　米线的分类及特点

米线，又称米粉、米面，是大米经过浸泡、磨粉、蒸煮、成型、冷却等工艺制成的一种大米凝胶制品。米线在东南亚地区和我国南方地区，特别是湖南、湖北、江西、云南、广西和广东等有广阔的市场。近年来，出现了市场北移的趋势，市场潜力大。米线经过上千年的不断发展，如今品种繁多、名称各异。

根据成品的含水量，可以分为湿米线和干米线。湿米线具有口感滑爽、柔韧而富有弹性、食用方便等特点，而且不需要干燥脱水，可节省能源，降低成本，经济效益好，但是由于产品水分含量高达 65%～68%，保质期短，存在易腐败、黏结成团、淀粉老化回生等问题。干米线需要经过干燥的工序，但是具有保质期长、复水性好、韧性足等特点。

根据食用时的方便性，米线可以分为方便型和烹饪型。方便米线无需蒸煮，用开水泡浸数分钟后即可食用。烹饪型米线则需加水蒸煮后才能食用。

根据米线的成型工艺，可将其分为切粉（切条成型）和榨粉（挤压成型）。切粉一般呈扁长条形，如扁粉、河粉等，其特点是口感润滑，细腻爽口。挤压成型是将料胚通过挤丝机压榨成圆条形的米粉，因此，榨粉一般呈圆形，如过桥米线、银丝米线、桂林米粉等。挤压的过程具有糊化和成型的作用，料胚经过挤压后，内部结晶结构被破坏，米线更加致密，韧性好，且不易老化。按照是否有发酵工艺，米线可以分为发酵米线和非发酵米线。发酵米线是将整粒大米浸泡足够长时间使其自然发酵，从而使米线获得比非发酵米线更好的口感和品质。

根据米线的外形，可以分为扁粉、圆粉、肠粉、银丝米粉等。

3.4.2　米线的生产工艺

1. 切粉的工艺流程

切粉的基本工艺流程如图 3.1 所示。切粉是将高直链淀粉含量的大米或碎米浸泡、磨粉后，将部分米浆（20%～30%）先完全熟化得到熟米浆，然后和生米浆混匀，均匀涂于帆布输送带上，使厚度为 1～2mm。随后通过蒸汽进行第二次加热至米浆完全糊化，然后冷却、切条制成的。在机械化生产中，通常采用链式输送机使第二次加热至切条间的工艺得以连续化。手工生产只能间歇生产。

2. 榨粉的工艺流程

榨粉的基本工艺流程如图 3.2 所示。我国大陆地区有两种榨粉工艺，可根据出现的时间分为现代工艺和传统工艺。传统工艺是将生米浆直接涂布在帆布上，在较短时间内经蒸汽加热成半熟的米粉片；或将手工揉制的大米粉团投入沸水中，其表面的大米粉开始糊化，煮至约一半的大米粉达到糊化时将其捞出。将经过以上处理的米粉片或米粉团经手工挤压成型，再进行完全糊化，可得到榨粉。现代工艺是采用挤压蒸煮的方式进行糊化。这种米粉机（通常为单螺杆挤压机）与普通的挤压机不同之处在于挤压蒸煮过程不是连续的，通常分成两段或三段，即在大米粉投入挤压机经过第一挤压阶段后，通过一段无挤压处理再进入下一个挤压阶段，从漏粉板处即可得到榨粉。

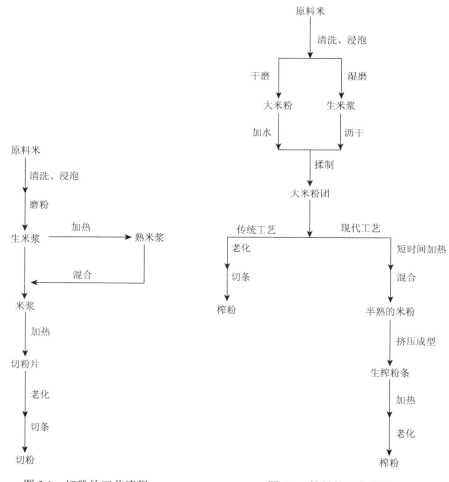

　　图 3.1　切粉的工艺流程　　　　　　　图 3.2　榨粉的工艺流程

3. 发酵米线的工艺流程和工艺要点

　　传统的米线生产有发酵与非发酵之分，发酵米线是指先将大米浸泡较长时间使其自然发酵变酸，然后经蒸煮、压条等工序制成的条状或丝状的米制品。发酵米线的生产工艺除以微生物发酵代替非发酵米线生产工序的浸泡工艺外，其余工艺与非发酵米线基本相同。

发酵米线在我国的贵州、广西、湖南等地均有较长的历史，不同地域的制作工艺不尽相同。例如，在发酵和磨浆工序的先后上，有采用整粒米浸泡发酵后再磨浆制粉的，有先磨浆然后再发酵的；在发酵方式上，有自然发酵和人工接种发酵的区别；在成品含水量上，有鲜湿米线和经烘干制成的干米线。下面介绍一种先磨浆后发酵的鲜湿发酵米线生产工艺。

1）工艺流程

籼米→洗米→除砂→过滤→磨浆→发酵→制胚→预蒸→揉粉→挤丝→蒸丝→搓散→包装→杀菌→成品

2）工艺要点

（1）生产原料。

发酵米线多以早籼米或碎米为原料，要求原料新鲜，无霉变及病虫害，不含任何可能对米线品质或人体健康造成影响的有害物质。

（2）洗米及除砂。

采用三级射流式洗米机。采用流槽式除砂，设备简单易行，除砂效果好。

（3）磨浆（添加发酵菌种）。

采用砂轮磨浆机，在加入清洗过大米的同时也加入发酵菌种，使发酵菌种均匀地加入浆料中。

发酵米线自然发酵过程中的微生物主要是细菌、酵母菌和霉菌。研究大米自然发酵过程中微生物的菌群演变发现，大米原料中细菌总数在 10^5 cfu/mL 左右，以乳酸菌最多，且在发酵过程中的数量一直占绝对优势，为发酵过程中的优势菌种。在发酵前 24h，酵母菌生长迅速，继续发酵，其数量基本保持稳定，由于霉菌在整个发酵过程中大都生长在发酵液的表面，对发酵不起实质作用。而细菌主要是乳酸菌，因此大米发酵主要是酵母菌和乳酸菌的作用。从自然发酵米线发酵液中分离鉴定出的主要的酵母菌为酿酒酵母，其次为假丝酵母，乳酸菌主要有植物乳杆菌、嗜酸乳杆菌、纤维二糖乳杆菌和发酵乳杆菌等。

（4）过滤。

磨好的米浆用板框过滤机除去过多的水分，其水分含量控制在 42%左右，水分的多少可通过调节板框过滤机上的压力来控制，其压力的大小则可通过板框过滤机上的压力表来显示。

（5）发酵。

发酵过程采用恒温控制，保持最佳的发酵温度，通过发酵时间的长短来控制发酵程度。若发酵过度，则产品的酸度大，制作过程的黏度也较大，不便于生产过程的处理。发酵程度不够，其产品体现不出发酵米线易熟、吐浆值低的优点。

在大米发酵过程中，微生物可利用大米中少量的单糖或二糖，由于部分微生物还具有产生少量蛋白酶的能力，可分解大米中部分蛋白质供微生物利用。发酵过程中产酸明显，对发酵液中有机酸进行高效液相色谱分析，结果表明，发酵液中有机酸以乳酸为主，乙酸其次。发酵过程中，微生物的产酸和产酶作用对米线品质改善影响较大。

米线发酵过程中发生的生物化学变化主要体现在淀粉的变化、蛋白质的变化、脂肪和游离脂肪酸的变化三个方面：①淀粉的变化。发酵过程中产生的酸或酶可使淀粉发生一定程度的水解，整体上表现为发酵后直链淀粉的含量增加。这可能是由于支链淀粉较直链淀粉更容易水解，水解后形成类似直链淀粉的物质，同时浸泡发酵过程中原料中的蛋白质、脂肪和灰分等非淀粉成分的含量相对下降造成的。人工接种乳酸菌发酵比自然发酵对直链淀粉的影响要大。而直链淀粉所形成的网状构造能耐酸和高温，这种结构使米线具有良好的烹煮性，发酵后直链淀粉含量的升高可能是米线品质改善的一个重要原因。②蛋白质的变化。大米中约含9%的蛋白质，蛋白质对淀粉的特性有重要的影响。发酵可显著降低大米中蛋白质的含量。在发酵前期，蛋白质的减少主要是蛋白质溶出引起的，而发酵后期，因为微生物的生长需要氮源，微生物所产蛋白酶可分解蛋白质，使其分解成小分子肽甚至氨基酸，被微生物生长利用，微生物的发酵作用可显著降低蛋白质的含量。另外，发酵过程产酸作用明显，发酵所产乳酸可促使蛋白质溶出，因为乳酸具有α-羟基结构，它能与多肽链上的基团形成氢键，从而促进蛋白质的溶出。乳酸菌发酵过程中大米蛋白含量下降主要是乳酸作用的结果。③脂肪和游离脂肪酸的变化。发酵使粉体中脂肪含量显著减少，游离脂肪酸含量升高。脂肪含量的降低一方面是由于浸泡过程中脂肪酸的流失，另一方面是发酵过程中微生物作用使脂肪分解成游离的脂肪酸，这也使米粒中的游离脂肪酸含量升高。另外，脂肪的自动氧化也有贡献。随发酵时间的延长，游离脂肪酸会再分解成低分子的酮、醛等物质，使粉体产生不良气味。

（6）制胚。

米线在挤丝时，粉料应达到一定的温度及熟化度，因此在挤丝前应进行预蒸。预蒸是采用直接蒸汽，经过发酵的粉块如不经处理，表面积很大，预蒸时会吸收过多的水分，不利于挤丝机的工作。为了减少预蒸时粉块的吸水，预蒸前增加了制胚工序，用挤胚机将发酵后的粉块挤压成直径为30mm的米线胚，这样预蒸时的表面积较小，吸收的水分也少，有利于挤丝机的工作。

（7）预蒸。

预蒸采用隧道式连续蒸煮机，用直接蒸汽加热，温度为90℃，时间约为4.5min。蒸胚的熟度要掌握合适，熟度高，挤丝时易粘连，条形差；熟度低，则挤丝时易断条。

（8）揉粉。

蒸胚后只是胚块的表面得到部分的熟化，胚芯只得到了预热的作用，如果直接进入挤丝工序，熟化的部分与未熟化的部分混合不均匀会影响挤丝的效果，通过揉粉可使胚料内外均匀，便于挤丝加工。

（9）挤丝。

挤丝机出粉模具孔径大小对产品的复水性有很大的影响，孔径小，产品冲泡时易熟，可缩短复水时间，反之则会增加复水时间，过小的孔径易产生堵孔现象，影响到出丝的整齐度。挤丝机工作压力的大小对产品的影响也非常大，工作压力大，挤出的产品组织结构紧密，会增加复水时间，工作压力小，产品的组织结构疏松，食用时易断条、分叉。挤丝机工作压力的大小可通过调节挤丝螺旋的螺距来适当调节。

（10）蒸丝。

采用隧道式连续蒸丝机。直接蒸汽加热，时间约为 3min，蒸丝的目的是进一步提高米线的熟化程度，改善品质。

（11）时效处理。

时效处理是为了让糊化了的淀粉返生老化。将米线放入时效处理房内静置密闭保潮 12～24h，使米线老化，增强粉条的弹性和韧性，降低表面黏度。老化时间依环境温度、湿度不同而异。以米线条不粘手、可松散、柔韧有弹性为准。

（12）搓散。

时效处理后的粉条还是粘连在一起的，需用搓散机将其散开。搓散机由两对压辊组成，两对压辊之间都有间隙，前一对压辊的间隙比后一对压辊的间隙大。粉条先用水淋湿，再通过两对压辊的挤压使粉条充分散开。

（13）包装及杀菌。

搓散后的米线经称量后，采用热封口塑料袋包装。包装后的产品在 95℃下常压水浴杀菌 30～40min，杀菌处理后的米线可在常温条件下保存 60d。

3.4.3 影响米线品质的因素

1. 原料米

米线的主要原料是大米，大米原料的成分是影响米线品种的主要因素之一。与小麦粉加工而成的面条不同，大米中不含有面筋，米线的形成主要取决于大米淀粉的理化特性，因此原料米所含淀粉的理化性质决定了米线的品质。大米中支链淀粉与直链淀粉的比例以及支链淀粉的分子结构对大米淀粉的糊化特性和老化特性有很大的影响，因此其与米线的凝胶特性密切相关。一般而言，支链淀粉的平均外支链长度对淀粉凝胶的老化速率有重要影响，其长度越长，老化速率越高。

研究表明，支链淀粉短支链聚合度要大于 10 才能形成双螺旋和结晶结构而老化，
而且聚合度为 6～9 的短支链阻止老化，不利于凝胶的形成。直链淀粉对凝胶老化
的影响程度低于支链淀粉分子，但对于成核和晶体生长方式的影响要比支链淀粉
分子显著。在淀粉制品中，直链淀粉主要是通过影响成核及晶体生长方式来影响
支链淀粉分子的再结晶行为，并由此对整个淀粉凝胶体系的老化行为发生作用。
直链淀粉的结晶能引起淀粉凝胶储藏模量 G' 急剧上升；而支链淀粉的重结晶上升
平缓，刚制备的淀粉凝胶的 G' 与淀粉中直链淀粉含量呈线性相关，而直链淀粉平
均聚合度的增大决定了淀粉凝胶的弹性增强。Wang 等研究发现，支链淀粉的聚合
度与大米凝胶的硬度是呈负相关的。

不同的稻谷品种，其大米的化学组成有差异，形成的米线的品质也不同。刘
友明等采用湖北省广泛种植的 21 个品种稻谷生产方便米线，其中包括籼米、粳米
和糯米，结果表明，稻谷的淀粉含量、直链淀粉含量等与方便米线的感官品质呈
显著相关，直链淀粉含量在 10%～17.5%，蛋白质含量中高等（7.1%以上）的稻
谷适于加工成方便米线。籼米直链淀粉含量高，糊化时膨胀度大，形成的凝胶强
度大，回生值大，制成的米线硬度大、耐咀嚼。但是，目前籼米品种繁多，其特
性具有较大差异，不同籼米品种加工制成的米线的品质也不同。本课题组采用湖
南省各地区广泛种植的 50 种籼米原料来生产鲜湿米线，稻谷品种对鲜湿米线的理
化性质和感官品质有显著的影响（表 3.6 和表 3.7）。通过主成分和聚类分析，确
定感官品质中色泽、组织形态和口感是鲜湿米线感官品质的核心指标，且当感官
品质得分中色泽高（>8.2）、组织形态高（>8.0）及口感高（>8.0）时，鲜湿米
线的感官评分较高，品质较好。由表 3.8 可知，基于感官品质核心指标的聚类分
析，可把籼米原料分成三类。其中第一类的稻谷品种的综合评分在 32 分以上，感
官品质好；第二类的稻谷品种的综合评分为 29～32 分，感官品质一般；而第三类
的稻谷品种的综合评分在 29 分以下，感官品质差。另外，通过主成分、回归和显
著性分析，发现碘蓝值、透射比、断条率和吐浆值这些理化指标与鲜湿米线感官
品质有极显著相关性，可以用来评价鲜湿米线的感官品质。通常，品质较好的鲜
湿米线，其具有低熟断条率（<10%）、高透射比（>0.85）、中等碘蓝值（0.1～
0.3）及低吐浆值（<5%）。50 种籼米原料中，用 T 优 167、早熟 213 和中嘉早 17
品种的籼米制作的鲜湿米线，感官综合评分最高，其品质也最好。

表 3.6 鲜湿米线的理化性质

编号	品种	水分含量（%）	透射比	碘蓝值	酶解值	吐浆值（%）	断条率（%）
1	T 优 167	73.33 ± 0.58	0.867 ± 0.024	0.119 ± 0.010	0.235 ± 0.026	3.04 ± 0.02	8.9 ± 1.21
2	T 优 227	66.30 ± 0.62	0.919 ± 0.028	0.078 ± 0.022	0.327 ± 0.028	2.3 ± 0.36	19.1 ± 2.16
3	T 优 535	70.37 ± 1.68	0.844 ± 0.035	0.218 ± 0.043	0.212 ± 0.011	3.51 ± 0.08	20.6 ± 2.45

续表

编号	品种	水分含量（%）	透射比	碘蓝值	酶解值	吐浆值（%）	断条率（%）
4	T 优 6135	75.13±1.10	0.853±0.031	0.228±0.009	0.403±0.014	2.94±0.09	15.4±1.87
5	T 优 705	73.60±0.40	0.740±0.026	0.301±0.007	0.217±0.025	6.46±0.12	12.3±1.63
6	丰优 1167	66.33±0.31	0.88±0.033	0.333±0.044	0.241±0.044	4.67±0.02	8.7±1.05
7	丰优 416	72.20±0.56	0.788±0.020	0.249±0.019	0.253±0.023	3.9±0.13	12.4±1.78
8	丰优 527	71.10±0.17	0.883±0.031	0.107±0.018	0.413±0.085	3.69±0.02	9.8±0.89
9	丰源优 227	69.20±0.70	0.83±0.021	0.058±0.006	0.306±0.023	9.24±0.07	12.9±1.93
10	华两优 164	67.80±0.20	0.851±0.029	0.280±0.093	0.389±0.022	5.52±0.04	10.0±1.24
11	华两优 285	72.07±0.32	0.832±0.010	0.203±0.027	0.247±0.044	5.28±0.09	13.7±1.31
12	准两优 608	67.27±0.31	0.918±0.012	0.256±0.049	0.392±0.012	5.83±0.10	22.8±3.02
13	金优 207	69.60±0.17	0.856±0.004	0.159±0.028	0.315±0.011	4.08±0.03	12.4±1.16
14	金优 213	72.50±0.36	0.886±0.027	0.162±0.031	0.271±0.039	2.19±0.08	18.1±1.98
15	金优 233	70.30±0.46	0.847±0.036	0.374±0.027	0.450±0.019	4.73±0.18	13.6±1.75
16	金优 433	67.60±0.45	0.812±0.041	0.104±0.006	0.318±0.019	3.09±0.04	10.1±1.73
17	金优 458	71.67±0.45	0.894±0.025	0.239±0.026	0.433±0.026	5.63±0.18	18.2±1.50
18	金优 463	71.30±0.52	0.819±0.045	0.147±0.033	0.355±0.030	5.95±0.12	21.7±2.84
19	两优 527	70.37±0.40	0.796±0.034	0.275±0.027	0.487±0.068	10.53±0.08	19.3±2.29
20	陵两优 942	73.60±1.37	0.835±0.012	0.166±0.040	0.426±0.028	8.75±0.12	24.7±2.90
21	陆两优 28	67.33±0.60	0.844±0.013	0.26±0.027	0.389±0.027	12.53±0.25	18.6±1.83
22	陆两优 819	67.10±1.34	0.76±0.056	0.110±0.017	0.315±0.023	12.45±0.13	19.2±2.06
23	培优 29	74.37±0.45	0.839±0.006	0.095±0.014	0.309±0.016	3.94±0.09	18.5±2.98
24	泰国巴吞	74.10±0.20	0.704±0.040	0.024±0.007	0.252±0.029	6.43±0.15	28.7±4.19
25	泰国香米	74.60±0.20	0.687±0.024	0.035±0.006	0.303±0.015	7.37±0.14	32.1±3.55
26	潭两优 921	71.00±0.36	0.531±0.039	0.089±0.013	0.436±0.068	12.97±0.12	26.2±2.72
27	湘晚籼 13	72.97±0.78	0.721±0.046	0.038±0.004	0.216±0.025	5.79±0.30	21.2±3.94
28	湘晚籼 17	72.27±0.31	0.536±0.032	0.026±0.002	0.161±0.017	11.63±0.66	30.5±5.19
29	湘早籼 06	73.77±0.40	0.845±0.016	0.088±0.012	0.424±0.015	2.69±0.31	17.6±3.15
30	湘早籼 12	73.37±0.61	0.489±0.030	0.085±0.016	0.267±0.012	13.7±0.80	32.5±2.86
31	湘早籼 143	67.47±0.38	0.681±0.040	0.074±0.010	0.320±0.048	6.18±0.07	24.5±2.14
32	湘早籼 17	72.73±0.42	0.786±0.025	0.046±0.013	0.187±0.018	2.38±0.05	9.6±2.12
33	湘早籼 24	72.37±0.42	0.76±0.019	0.029±0.007	0.292±0.020	2.38±0.03	10.6±2.41
34	湘早籼 42	73.33±0.21	0.685±0.035	0.056±0.013	0.231±0.017	6.02±0.10	23.5±3.78
35	湘早籼 45	71.93±0.70	0.831±0.021	0.036±0.002	0.468±0.014	4.27±0.15	28.1±3.19
36	新软粘 13	74.93±0.32	0.616±0.030	0.024±0.007	0.397±0.021	5.13±0.23	31±4.62
37	早熟 213	73.17±0.29	0.920±0.012	0.179±0.024	0.459±0.038	1.26±0.11	6.8±1.55
38	浙福 802	72.23±0.55	0.892±0.039	0.042±0.006	0.381±0.058	2.57±0.03	11.3±1.82
39	浙福种	72.37±0.51	0.867±0.009	0.094±0.013	0.302±0.036	2.47±0.07	13.4±1.56

续表

编号	品种	水分含量（%）	透射比	碘蓝值	酶解值	吐浆值（%）	断条率（%）
40	中嘉早 17	72.37±0.25	0.847±0.032	0.146±0.017	0.376±0.030	2.47±0.09	8.2±1.64
41	株两优 02	71.60±0.62	0.902±0.042	0.237±0.013	0.391±0.017	6.24±0.11	13±1.42
42	株两优 08	68.73±0.40	0.922±0.012	0.072±0.031	0.310±0.025	3.48±0.32	12.7±2.08
43	株两优 199	71.43±0.25	0.915±0.011	0.078±0.004	0.398±0.017	2.43±0.17	7.7±1.79
44	株两优 211	73.17±0.42	0.862±0.014	0.452±0.008	0.297±0.036	10.43±0.15	18.6±2.60
45	株两优 233	71.30±0.96	0.902±0.059	0.076±0.011	0.371±0.019	2.37±0.09	8.6±2.13
46	株两优 268	65.90±0.26	0.921±0.013	0.195±0.029	0.353±0.045	2.96±0.08	4.6±0.85
47	株两优 611	73.80±0.36	0.859±0.011	0.301±0.034	0.437±0.013	14.93±0.38	26.3±3.63
48	株两优 819	71.40±0.36	0.863±0.047	0.051±0.009	0.422±0.041	2.77±0.06	11.3±2.47
49	株两优 90	71.70±0.30	0.871±0.017	0.356±0.042	0.433±0.022	11.13±0.22	24.8±3.12
50	株两优 99	66.90±0.53	0.921±0.007	0.132±0.017	0.464±0.027	2.59±0.06	10.6±1.74

表 3.7　鲜湿米线的感官评分

编号	品种	色泽	气味	组织形态	口感	总分
1	T 优 167	8.4±0.12	8.2±0.10	8.6±0.15	8.5±0.26	33.7±0.63
2	T 优 227	8.3±0.15	8.2±0.21	8.5±0.15	7.8±0.20	32.8±0.71
3	T 优 535	8.5±0.25	8.3±0.15	8.2±0.46	7.1±0.12	32.1±0.98
4	T 优 6135	8.4±0.25	8.1±0.10	8.2±0.25	8.0±0.15	32.7±0.76
5	T 优 705	8.1±0.29	8.0±0.32	8.3±0.26	8.4±0.15	32.8±1.03
6	丰优 1167	8.5±0.15	8.1±0.12	8.0±0.15	8.1±0.12	32.7±0.54
7	丰优 416	8.3±0.31	8.2±0.06	6.7±0.36	7.3±0.25	30.5±0.98
8	丰优 527	8.5±0.26	8.3±0.36	8.4±0.40	8.0±0.25	33.2±1.28
9	丰源优 227	8.0±0.06	8.2±0.06	7.6±0.35	5.5±0.61	29.3±1.07
10	华两优 164	7.9±0.16	8.2±0.12	8.1±0.17	7.8±0.25	32.0±0.69
11	华两优 285	7.8±0.25	8.1±0.12	8.2±0.15	7.3±0.52	31.4±1.04
12	准两优 608	7.5±0.49	8.2±0.17	7.2±0.53	5.8±0.40	28.7±1.60
13	金优 207	8.1±0.06	8.3±0.40	7.5±0.50	6.8±0.25	30.7±1.21
14	金优 213	8.4±0.26	8.1±0.12	8.1±0.17	8.3±0.12	32.9±0.69
15	金优 233	8.2±0.32	8.2±0.21	6.8±0.29	6.8±1.10	30.0±1.92
16	金优 433	8.2±0.29	8.1±0.12	8.0±0.06	7.9±0.23	32.2±0.69
17	金优 458	8.2±0.17	8.4±0.15	8.2±0.06	8.1±0.31	32.9±0.69
18	金优 463	8.1±0.06	8.1±0.10	7.4±0.51	8.0±0.06	31.6±0.73
19	两优 527	8.2±0.36	8.2±0.10	7.4±0.32	6.6±0.36	30.4±1.14
20	陵两优 942	8.3±0.12	8.2±0.20	7.9±0.31	7.1±0.36	31.5±0.98

编号	品种	色泽	气味	组织形态	口感	总分
21	陆两优 28	8.2±0.25	8.2±0.45	7.9±0.66	6.0±0.00	30.3±1.36
22	陆两优 819	8.3±0.20	7.6±0.32	7.9±0.61	7.0±0.50	30.8±1.63
23	培优 29	8.2±0.15	8.3±0.12	8.3±0.31	7.5±0.64	32.3±1.22
24	泰国巴吞	8.3±0.23	8.8±0.25	6.3±1.08	4.8±0.35	28.2±1.92
25	泰国香米	8.4±0.15	8.7±0.06	6.1±0.26	5.1±0.40	28.3±0.88
26	潭两优 921	7.8±0.20	8.4±0.32	5.5±0.91	5.2±0.59	26.9±2.01
27	湘晚籼 13	8.4±0.32	8.4±0.15	7.7±0.50	7.3±0.42	31.8±1.39
28	湘晚籼 17	8.2±0.15	8.6±0.17	5.7±0.70	4.8±0.79	27.3±1.82
29	湘早籼 06	8.3±0.10	8.3±0.30	8.3±0.25	8.7±0.20	33.6±0.85
30	湘早籼 12	7.7±0.12	7.9±0.23	6.8±0.98	5.9±0.66	28.3±1.99
31	湘早籼 143	8.1±0.12	8.3±0.23	5.4±0.20	5.6±0.85	27.4±1.40
32	湘早籼 17	8.3±0.29	8.2±0.10	8.2±0.17	7.5±0.31	32.2±0.87
33	湘早籼 24	8.1±0.25	8.1±0.23	8.4±0.15	5.6±0.36	30.2±1.00
34	湘早籼 42	7.8±0.29	7.8±0.53	6.4±0.57	4.5±0.45	26.5±1.84
35	湘早籼 45	7.8±0.20	8.2±0.15	6.8±0.76	4.8±0.36	27.6±1.47
36	新软粘 13	8.1±0.55	8.3±0.36	5.6±0.60	6.9±0.31	28.9±1.82
37	早熟 213	8.1±0.23	8.6±0.26	8.4±0.44	7.5±0.42	32.6±1.35
38	浙福 802	8.0±0.29	8.0±0.15	7.8±0.30	6.6±1.15	30.4±1.89
39	浙福种	8.3±0.26	8.4±0.17	8.5±0.06	8.1±0.25	33.3±0.75
40	中嘉早 17	8.4±0.37	8.2±0.32	8.5±0.25	9.1±0.26	34.2±1.18
41	株两优 02	8.2±0.15	8.3±0.12	8.1±0.17	8.1±0.15	32.7±0.59
42	株两优 08	8.2±0.17	8.0±0.06	7.5±0.25	7.1±0.26	30.8±0.75
43	株两优 199	8.3±0.12	8.1±0.37	8.1±0.30	6.4±0.60	30.9±1.36
44	株两优 211	8.3±0.26	8.2±0.15	5.5±0.61	6.8±0.76	28.8±1.79
45	株两优 233	8.5±0.25	8.1±0.12	8.1±0.12	7.9±0.38	32.6±0.86
46	株两优 268	8.2±0.21	8.4±0.29	8.1±0.12	7.9±0.12	32.6±0.73
47	株两优 611	8.3±0.17	8.1±0.17	6.7±0.98	6.4±0.84	29.5±2.17
48	株两优 819	8.2±0.10	8.2±0.21	7.7±0.36	7.0±0.25	31.1±0.92
49	株两优 90	8.4±0.25	8.1±0.10	8.2±0.15	8.1±0.31	32.8±0.81
50	株两优 99	8.3±0.20	8.3±0.17	8.3±0.15	7.4±0.40	32.3±0.93

表 3.8　基于感官品质核心指标的 K-均值聚类分析

类别	稻谷品种	特点
第一类	T 优 167，T 优 227，T 优 535，T 优 6135，T 优 705，丰优 1167，丰优 527，华两优 164，金优 213，金优 433，金优 458，金优 463，培优 29，湘晚籼 13，湘早籼 06，湘早籼 17，浙福种，早熟 213，中嘉早 17，株两优 02，株两优 233，株两优 268，株两优 90，株两优 99	综合评分在 32 分以上，感官品质好

类别	稻谷品种	特点
第二类	丰优 416，丰源优 227，华两优 285，金优 207，金优 233，两优 527，陵两优 942，陆两优 28，陆两优 819，湘早籼 24，浙福 802，株两优 08，株两优 199，株两优 611，株两优 819	综合评分为 29～32 分，感官品质一般
第三类	准两优 608，泰国巴吞米，泰国香米，潭两优 921，湘晚籼 17，湘早籼 12，湘早籼 143，湘早籼 42，湘早籼 45，新软粘 13，株两优 211	综合评分在 29 分以下，感官品质差

另外，大米的陈化也对米粉品质有影响。大米在存放过程中，支链淀粉含量减少，直链淀粉含量增加，淀粉的组织结构变得更加紧密，糊化后凝胶硬度大于新米；谷蛋白巯基减少，二硫键交联增大，蛋白质与淀粉相互作用增强，限制了淀粉粒的膨胀和柔润，糊化形成的凝胶变硬，黏度减小；粗脂肪含量减少，非淀粉脂中游离脂肪酸含量增加，与淀粉结合形成复合物，使糊化热升高。一般在常温下储藏一年的大米制作的米粉品质较好。

2. 浸泡和发酵工艺

在浸泡过程中，大米粒吸水、表面产生裂纹，更容易被粉碎。另外，部分物质溶出、糊化焓发生变化。浸泡温度和时间对米粉品质有重要影响。在常温下，浸泡不充分会导致磨粉造成的淀粉损伤，使米粉发黏，蒸煮时溶出率较大。而淀粉浸泡吸水在常温下主要发生在无定形区，达到平衡吸水的时间为 3h，此时磨粉造成的损伤淀粉不会影响米粉的品质。在浸泡过程中会伴随着大米的自然发酵，尤其浸泡时间较长时，发酵作用更加明显。自然发酵能显著地改变大米的组成，大米经发酵 4d 后，其总蛋白的含量下降了 33%，总脂肪含量下降了 61%，总灰分含量下降了 62%，从而使淀粉得以纯化，有利于淀粉分子充分糊化及冷却、老化。自然发酵改变了大米淀粉的结构和组成，主要是支链淀粉的断链和脱支，从而抑制其结晶结构的形成，延缓了支链淀粉的老化。而且淀粉分支程度降低，削弱了空间位阻，加速了直链淀粉的回生及直链淀粉与支链淀粉间的作用，有助于形成稳定的凝胶结构。另外，发酵可以改善米粉的拉伸性能和白度，见表 3.9。

表 3.9 生产工艺的实验室模拟及发酵效果验证

样品名	发酵样品	对照样品
发酵时间（h）	144	3
pH	3.962	5.912
发酵液总酸（g/100mL，以乳酸计）	0.9108	0.0036
最大破断应力（kPa）	97.49	80.2
最大破断应变（%）	16.60	12.50
白度（色差计测定）	92.22	89.95

资料来源：王锋等. 2003. 自然发酵对大米淀粉颗粒特性的影响. 中国粮油学报。

　　传统的发酵米粉虽然品质优于非发酵米粉，但是其生产周期长，占地面积大，特别是生产技术难于掌握，自然发酵难以控制，经常会发生产品腐败变味，质量不稳定等问题。针对这些问题，研究者从自然发酵米浆中分离筛选出发酵的主要作用菌株，研究纯种发酵的作用机理和工艺。发酵以厌氧发酵为主，乳酸菌在整个发酵过程中为优势菌群。微生物发酵的产物——乳酸和酶作用于大米淀粉颗粒是引起大米淀粉凝胶性质发生改变的重要原因。闵伟红对乳酸菌发酵工艺进行了研究，结果表明，每克大米接种乳酸 2×10^6 个，30℃条件下浸泡发酵 12h，生产的米粉在拉伸性能和口感方面明显优于 30℃自然发酵 4d 的米粉，使发酵时间大大缩短。

3. 制粉方法

　　采用不同的磨粉方法和不同类型磨粉机得到的大米粒度分布、糊化度和机械损伤均不同。成明华的研究表明，干磨大米粉的损伤淀粉比湿磨大米粉含量高，导致其保水力和溶解度也较高，并最终降低了米线的抗拉强度。熊柳等分别采用干法、湿法制备五种含有不同含量损伤淀粉的大米粉，随着损伤淀粉含量的增加，大米粉的总直链淀粉没有明显差异，可溶性直链淀粉和溶解度显著升高，溶胀度变化不大而透明度显著降低，糊化温度、回生值、峰值黏度、谷值黏度和末值黏度均降低，糊化后米粉凝胶的硬度和弹性显著降低。

4. 大米粉粒度

　　大米粉的粒度对米线品质有较大的影响。大米粉的糊化温度和糊化焓随着颗粒尺寸的下降而降低，说明粒度越小，越有利于糊化作用。李新华和洪立军的研究表明大米粒度对米线品质有较大影响。粒度在 60 目以上才能正常加工米线，粒度低于 40 目，几乎不能加工成米线，即使出粉，也不成条，黏着力小，糊化效果差，断条率接近 40%，并且容易出现糊汤现象。采用 60～120 目的不同粒度大米颗粒加工米线，结果表明，大米颗粒越细、糊化时间较短，黏着性越好、米线蒸煮损失减小、复水时间短、断条率下降，至 120 目几乎没有断条。但颗粒过细则明显增加生产成本。大米颗粒在 100 目左右即可满足米线质量要求。另外，大米粉粒度越小，制粉过程中受机械摩擦力较大，淀粉粒表面结构破坏严重，破损淀粉含量越高，这也会影响米线的品质。

5. 添加剂

　　添加亲水性胶体对米线的品质有影响。例如，海藻酸钠对米线的硬度、弹性、咀嚼性等有显著的影响，但不影响米线的黏度、黏聚性。魔芋精粉、黄原胶、瓜尔豆胶、羧甲基纤维素钠等都对米线有一定的抗老化作用。添加变性淀粉可以使米线更加光滑、富有光泽、有透明感，增强米粉的弹性、筋力和咬劲，延缓方便米线在保质期内的老化，保持其口感柔韧。β-淀粉酶对米粉品质的影响明显，特别是其硬度变化不大，几周后还很软，而对照样是其硬度的 3 倍左右，其他参数均有一定的下降，说明 β-淀粉酶抗老化效果好。在米线生产中，添加单甘酯能使大米粉末表面均匀地分布有单甘酯的乳化层，迅速封闭大米粉粒对水分子的吸附能力，阻止水分进入淀粉和可溶性淀粉的溶出，有效地降低了大米的黏度。另外，单甘酯还能与直链淀粉结合成复合物，对防止方便米线老化有作用。

3.5　米发糕和年糕

3.5.1　米发糕

1. 米发糕的特点

米发糕一般是以籼型或粳型大米为原料，经浸泡、磨浆、调味、发酵、蒸制而成的。它是一种我国传统的发酵米制品，同北方馒头一样，在我国南方地区有着悠久的加工历史和深厚的文化蕴涵。米发糕具有蜂窝状结构、色泽洁白、口感柔软细腻、易被人体消化吸收等特点，深受人们的喜爱。

大米经发酵等工序制成米发糕后，淀粉和蛋白质降解，还原糖和游离氨基酸含量增加，水溶性成分、氨基酸组成、糖类的组成、有机酸含量及组成发生较大的变化，淀粉和蛋白质的消化性能有所增强，因此，米发糕易于被人体吸收。从质构的角度来讲，米发糕是一种由淀粉等高分子形成的网络结构和线性结构共存的黏弹性凝胶体，气孔分布于凝胶中，米发糕的应力-应变模型符合修正的卡松公式。品质优良的米发糕应该具有较小的硬度和较大的弹性，内部蜂窝状结构细密有序，口感松软，容易咀嚼。大米发酵过程中产生了大量挥发性物质，蒸制过程中进一步产生，从而形成了米发糕特定的风味。

2. 米发糕的生产

1）米发糕的生产工艺

按照生产工艺和特色分类，可将我国的传统米发糕分为湖北米发糕和广式米发糕。湖北米发糕工艺流程如图 3.3 所示。湖北米发糕多以籼米或粳米为原料，在常温下浸泡 2～4h，加水磨浆，料浆过筛、吊浆，调节料浆浓度，加入适量白糖、酵母菌或老浆，将调配好的料浆于一定条件（约 35℃）发酵约 4h，然后上蒸笼蒸制约 30min。刘小翠对米发糕的制作工艺进行了优化，以外接菌液制作米发糕的适宜工艺为大米于 30℃浸泡 21h，磨浆后，将浆液浓度调整到 25°Bé（由波美比重计测得），然后于 38℃发酵 1h 后蒸制。

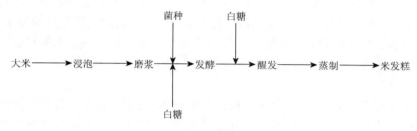

图 3.3　湖北米发糕工艺流程图

广式米发糕多以晚稻谷（粳稻谷）为原料，淘洗后将米粒浸泡至一定程度，然后研磨、吊浆，再用手将粉团揉搓成碎粒，加入一定比例的白糖，用开水冲烫粉团，制成粉浆，冷却后加入发酵剂，发酵到适当程度后，上笼蒸制而成。

2）工艺要点

（1）原料的选择。

原料大米的物理化学特性是影响米发糕品质的重要因素之一。一般认为，以籼米为原料制作的米发糕具有较好的产品品质。但是不同品种、产地和储藏时间的籼米的物化特性有较大的差异，从而导致所生产的米发糕的品质也有较大的差异。沈伊亮等对 10 个大米品种原料大米（包括籼米和粳米）的特性及其所加工的米发糕品质进行了分析，大米品种不同，制作的米发糕的硬度、黏度和咀嚼性均有较大差异。大米的直链淀粉含量越高，米发糕的硬度和咀嚼性越大，回复性越强。李庆龙等指出选用粳米和籼米的混合物磨粉，制得的米发糕组织形态较好。

（2）浸泡。

浸泡过程中，大米颗粒吸水变软，同时，原料米中及外界的微生物会对大米进行自然发酵。通过调节浸泡时间和温度，可以控制发酵程度，从而生产出具有不同风味和质地特征的米发糕。将大米于 30℃下浸泡 21h 后制得的米发糕形态和口感较好。

（3）发酵。

发酵是米发糕生产的重要工序，发酵剂是决定米发糕风味特征的关键因素。发酵过程中会产生大量的挥发性物质，对米发糕风味的形成有重要作用。对米发糕特征风味形成有重要贡献的微生物主要是酵母菌和乳酸菌。刘小翠等从传统的米浆发酵液中分离筛选得到发酵特性良好的卡斯特酒香酵母和植物乳杆菌各一株，其中，酵母菌的产气产酒精性能较好，乳酸菌的产酸能力强。在研究培养基组成、菌种比例、干燥方法、储藏时间等对固体发酵剂发酵特性和产品品质影响的基础上，开发了米发糕生产专用的液态和固态发酵剂（成品中酵母菌和乳酸菌的含量为 10^8 cfu/g），于 4℃条件冷藏 6 个月后，酵母菌和乳酸菌的活菌数仍有 80% 以上。在此基础上开发出了米发糕预拌粉，按照一定比例对预拌粉直接加水调浆，然后发酵和蒸制，就能制成风味、质构特性优良的米发糕，这为米发糕的工业化生产奠定了基础。

（4）蒸制。

在蒸制过程中，大米淀粉发生糊化，形成凝胶网络结构，大米中的蛋白质发生降解产生呈味游离氨基酸。另外，经发酵产生的大量挥发性物质在蒸制过程中进一步产生了以烷烃为主，兼有醇、酸、酚、酮等的挥发性物质，从而形成了米发糕特性的风味。沈伊亮的研究表明汽蒸时间和压力对米发糕的硬度、黏度、回复性有显著的影响，在 101kPa 下蒸制 15min 制得的米发糕松软爽口、咬劲适中。

3.5.2　年糕

1. 概述

年糕是我国一种传统的节令性食品，因其谐音"年高"而寓有"年年高升"的含义。年糕具有口感爽滑、质地细腻、富有弹性、醇香美味等特点，深受消费者喜爱，年糕由时令消费逐渐转向常年消费。

根据制作工艺和产品特色，年糕可以分为两类，一类是水磨年糕（steamed pastry），即以大米为主要原料，经水磨、蒸煮、成型、包装等加工而成的食品；另一类是花色年糕（color pastry），即以大米及其他谷物等为主要原料，裹以（或混合）果蔬和肉类等佐料，经相关工艺制成的甜味（或咸味）食品 [年糕行业标准（SB/T 10507—2008）]。

孙志栋等根据年糕的发展历史、制作原料及制作方法的不同，将年糕分为四大类：第一类是以糯米为主要原料。早期形成的年糕多由糯米制作，代表性的品种有苏州年糕、上海崇明糕、云南蒙自年糕、长沙年糕等；第二类是以粳米为主要原料。后期形成的年糕多由粳米生产，后期形成的水磨年糕主要由粳米生产。代表性品种有宁波年糕、上虞梁湖年糕、江西弋阳年糕等；第三类是以杂粮为主要原料。代表性品种有北京年糕、塞北黄米糕等；第四类是以多元化原料组成，主要以糯米为主，也有的与籼米、粳米或其他杂粮搭配，添加其他天然成分，如红糖、桂花、红枣、猪油等，形成花色年糕，代表性品种有苏式桂花年糕、八宝年糕等。

2. 水磨年糕

目前，水磨年糕已经实现了工业化生产，已经有一定的年糕生产规模的企业和品牌，如"三七市牌"水磨年糕盛名远扬，产品远销美国、澳大利亚、日本、新加坡等地。年糕已经发展成为宁波农业的支柱产业之一。水磨年糕主要生产流程，如图 3.4 所示：

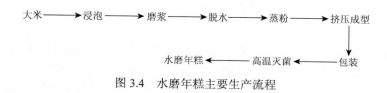

图 3.4　水磨年糕主要生产流程

糯米、粳米及籼米都能用于水磨年糕的生产，糯米年糕软而黏，籼米年糕比较硬，而粳米年糕柔软但有咬劲，因此，我国有名的宁波水磨年糕均采用粳米为原料生产而成。原料米经过浸泡后，一般应采用两次磨浆，使95%的米浆通过60目绢丝筛，以保证米浆粗细度均匀一致。然后，采用真空压滤脱水或者真空转鼓脱水，使米浆含水量控制在 37%～38%。脱水后的米浆进入粉料连续蒸煮机，使淀粉糊化、蛋白质变性。在保证淀粉糊化的前提下，尽量缩短蒸粉时间，一般控制在 5～8min。蒸熟后的粉料趁热送入年糕成型机挤压成型，经冷却后，进行包装和灭菌。

年糕由于含水量高、营养丰富，容易导致微生物生长繁殖；另外，由于其淀粉含量高，在储藏过程中又容易老化回生。因此，如何延长年糕的货架期，保持产品的新鲜度，是年糕工业化生产需要解决的一个关键问题。传统上把年糕浸泡在清水中保存，但是需要每天都换水、清洗，这样才能保存比较长的时间。如果一直将年糕浸泡在水中，很容易产生酸味。目前，在年糕生产中应用得较多的保鲜方法是高温杀菌和真空包装。高温灭菌可以杀死大部分微生物，但是耐热性极强的芽孢却能存活。在相同的杀菌温度条件下，年糕所需的杀菌时间明显长于其他食品。80g 单层 1 条包装的水磨年糕在 108℃、115℃、121℃三种杀菌温度下，达到商业无菌要求的最短杀菌时间分别为 60min、40min 和 20min。而且高温杀菌会使年糕发生褐变，硬度和咀嚼性也增加。真空包装技术可以抑制霉菌的生长，但对厌氧微生物和兼性厌氧微生物的效果却不明显。按照 GB 2760—2014 的规定，水磨年糕中不应该添加任何防腐剂，因此目前对水磨年糕防腐剂的研究主要还是停留在实验室阶段。何逸波的研究表明，导致散装年糕腐败的是青霉属、曲霉属的霉菌，导致真空包装年糕腐败的是芽孢杆菌。在水磨过程中将保鲜剂同时加入或者向水磨好的米浆中加入保鲜剂可以有效地提高年糕的保质期。例如，向散装年糕中添加 1.5g/kg 的保鲜剂（由 20%～40%的柠檬酸和 60%～80%的脱氢乙酸钠组成）；能使其保质期由原来常温下的 2～3d 提高到 7d 左右。向真空包装水磨年糕中加入 1.5g/kg 的保鲜剂（由 0%～40%月桂酸单甘酯、20%～60%脱氢乙酸钠和 20%～40%柠檬酸组成），同时在 95℃下灭菌 40～60min，能将真空包装水磨年糕的保质期由原来的 37℃下 7d 左右提高到 20d。

3.6　汤　　圆

汤圆是中国的传统食品，起源于民间，农历正月十五吃汤圆是我国的传统习俗，具有十分悠久的文化历史。汤圆早期仅限于家庭制作，后发展成为街头摊点和饭店饮食。近年来，随着食品速冻技术的快速发展，一些知名速冻企业如三全、龙凤、思念等对汤圆的传统工艺进行了改造，使速冻汤圆已实现了工业化生产。如今市面上已有汤圆品牌上百种，掀起了汤圆消费的热潮。

3.6.1　生产工艺

速冻汤圆的生产工艺一般包括以下工序：原辅料配方及处理→制馅→调制粉团→包馅成型→速冻→包装→冷藏。按汤圆面皮调制的方法分类，其工艺分为三种：煮芡法、热烫法以及冷水调制法。

煮芡法（蒸煮法）是将糯米粉加水搅拌并常压蒸煮，用凉水冷却后再加入糯米粉、水搅拌混合，揉捏成型、包馅、速冻后冷冻储藏。煮芡法的实质是先将部分糯米粉蒸煮形成糯米凝胶，再将此凝胶加入糯米粉中制成粉团。先凝胶化的糯米的比例一般在 10%～50%较好，由于糯米凝胶在冷藏过程中的脱水收缩作用易引起表面裂纹，因此，随着制作粉团时凝胶用量增加，这种现象越严重。

热烫法是将水磨糯米粉加入 70%左右的沸水，搅拌、揉搓至粉团表面光洁，此方法操作简单易行，与煮芡法原理类似，但是制得的面皮组织粗糙、松散、易破裂。经过热烫后，糯米粉中部分淀粉糊化，为体系提供了黏度，有利于汤圆的加工塑性，但同时也会因为糊化后的淀粉在低温条件下会回生（即冷冻回生），导致其营养价值、口感等在储藏期内都会有明显的劣变，从而给汤圆的整体品质带来负面影响。

冷水调制法，是一种在糯米粉中直接加凉水进行调粉的方法。此法在早期一直因为冷水和面而存在着糯米粉黏度不足的缺陷，近年来这个问题已经通过添加预配好的品质改良剂而解决。这种方法工艺简单，成本得到明显控制，同时冷水调制还可保持糯米原有的糯香味，并且因本身皆是生粉而不存在汤圆的回生情况，因此目前现代工业化生产中均采用预加改良剂冷水调粉法。

3.6.2　影响速冻汤圆品质的因素

1. 糯米粉品质的影响

原料的选择直接影响汤圆的外观和口感。汤圆皮的主要原料是糯米粉，糯米粉主要成分是淀粉和蛋白质，两者含量分别为 91% 和 9%（干基），其中的淀粉主要是支链淀粉，糯米粉的黏度则主要靠支链淀粉提供。不同的糯米粉，其糊的流变特性也不一样，最终会影响产品的黏度、硬度、组织结构等品质。糯米粉黏度越高，制作的汤圆品质越好，糯米粉的黏度低，产品的加工性能也越差。研究表明，经环氧丙烷处理过的糯米粉，冻融稳定性得到显著改善，更有利于在速冻食品中应用。

此外，制作汤圆的糯米粉要求粉质细腻，有研究表明，糯米粉的粒度应达到 160 目/cm² 筛通过率大于 90%，240 目/cm² 筛通过率大于 80%。糯米粉的粒度影响其糊化度、黏度及产品的复水性，粉质细则糊化度高、黏度大、复水性好，品质表现为细腻、黏弹性好、易煮熟、浑汤少。

2. 工艺的影响

1）糯米团的调制工艺的影响

煮芡法费时费力、易产生裂纹的缺点较明显；热烫法工艺简单，但是热烫产生的冷冻回生对汤圆营养价值、口感等存在负面影响。因此，大部分生产厂家已经抛弃了传统的烫面工艺而采用直接冷水和面，但是冷水和面也存在着糯米粉黏度不足的缺陷。

在调制时，加水量对汤圆的品质影响也较大，由于糯米粉本身的吸水性、保水性较差，在加工过程中，加水量的小幅变化就可能影响汤圆的品质。加水量大，制得的汤圆较软，在调制面团的过程中容易偏心、塌架，成型不好，同时导致冻裂率上升；加水量小，则粉团松散，米粉间的亲和力不足，在汤圆团制过程中不易成型，汤圆表面干散、不光滑、不细腻，水分分布也不均匀，在冻结过程中水分散失过快而导致干燥，出现裂纹。在制作时最好不要洒入生粉，否则龟裂发生较多，这可能是由生粉吸收汤圆表面水分，使汤圆表皮水分不均匀造成的。

汤圆制品经长时间的冻藏后，表面会由于失水而开裂，在生产速冻汤圆的面皮时，添加少量经乳化后的植物油可避免速冻汤圆长期储存后，表面失水而开裂的现象。制作好的汤圆应该立即进行速冻，成型后的汤圆在常温中置放时间不能太长，时间太长，容易变形、开裂、塌陷，对汤圆的感官特性产生较大负面影响。

2）速冻工艺的影响

速冻就是食品在短时间迅速通过最大冰晶生成带（$-1\sim-5$℃），因此快速冻结要求此阶段的时间尽量缩短，当食品的中心温度达到-18℃时，速冻过程结束。经速冻的食品中形成的冰晶较小（冰晶的直径小于$100\mu m$）而且几乎全部散布在细胞内，细胞破裂率小，从而才能获得品质较高的速冻食品。速冻速度越快，组织内玻璃态程度就越高，形成大冰晶的可能就越小，速冻可以使汤圆体系尽可能地处于玻璃态。而慢冻时，由于细胞外液的浓度较低，因此首先会使细胞外水分冻结产生冰晶，造成细胞外溶液浓度增大，而细胞内的水分以液态存在。由于蒸气压差作用，细胞内的水向细胞外移动，形成较大的冰晶，细胞受冰晶挤压产生变形或破裂。另外，温度偏高的条件下速冻出的汤圆，表面皮色偏黄，影响外观。速冻温度是决定制品冻结速度的主要因素，温度低效果好，但速冻温度过低会增加产品的成本和设备的投资。

食品的冷却方式常用的有传统的自然冷却、鼓风冷却以及现代食品加工技术中真空冷却、自然冷却与真空冷却相结合的复合冷却等多种方式。经过研究发现，真空冷却方式耗时明显低于其他冷却方式，但是失水较多。自然冷却和真空冷却相结合，既能使汤圆获得良好的外观品质、耗时短，又能够达到延长产品的保质期的效果。

3. 添加剂的影响

在食品的工业化生产过程中，添加剂对食品品质的贡献不可低估，选择合适的添加剂可以提高食品的品质，同时可有效降低生产成本。在以冷水法和面生产汤圆的过程中，添加剂对速冻汤圆的品质影响十分显著，近年来，在速冻汤圆的改良添加剂方面的研究较多。

乳化剂用于速冻汤圆的生产过程，可以有效地改善糯米团中水分分布，减少游离水，保证在冻结过程中冰晶细小，使内部结构细腻，无孔洞，形状保持完好，减少汤圆的冻裂率。随着乳化剂用量的增加，乳化效果也越好。

增稠剂属多糖类，其通过主链间氢键等非共价作用力能形成具有一定黏弹性的连续的三维凝胶网状结构，当它们添加入糯米粉中时，这种网状结构起着类似面筋网络结构的功能。添加适量的增稠剂，可以增强粉团黏结性和使淀粉空间结构更致密，一般要使用在冷水中溶解性好的增稠剂。研究表明，羧甲基纤维素钠（CMC-Na）有利于提高汤圆抗冻裂能力。刘良忠等对魔芋精粉与瓜尔豆胶、羧甲基纤维素钠、海藻酸钠等增稠剂互混时的协同增效作用进行了研究，结果发现，魔芋精粉和瓜尔豆胶之间存在着良好的协同增效作用，二者之间的最佳质量比为 3：2，并按此比例应用于冷冻食品生产中。

汤圆中添加保水剂可以有效改善产品的组织结构和口感，因为其吸水、保湿，从而避免了产品表面干燥，可以减少速冻汤圆在冷冻过程中表面水分散失，使产品的组织细腻、表皮光滑，降低冻裂率，其中，变性淀粉良好的黏度和吸水能力还可以避免糯米粉品质波动所带来的产品性质不稳定的缺陷；对速冻汤圆加工过程和储存、物流过程中由于水分散失和产品温度波动导致的破损率，有比较明显的改善作用。

单一地使用某种添加剂，效果可能不明显，因此，在充分了解各种添加剂的功能的前提下，对添加剂进行复配，可对速冻汤圆的品质达到多重增效的作用。王小英等就采用了分子蒸馏单甘酯（+色拉油）、复合磷酸盐、瓜尔豆胶、交联淀粉、魔芋粉、海藻酸钠、CMC-Na。其中单一地添加分子蒸馏单甘酯、复合磷酸盐、瓜尔豆胶，都有明显的改善效果。添加复合磷酸盐的抗冻效果最好。经实验确定复配比例，瓜尔豆胶、交联淀粉、羧甲基纤维素钠、复合磷酸盐的质量比为1.5：2：4：4.5。任红涛等研究了蔗糖脂肪酸酯、卡拉胶、黄原胶、羧甲基纤维素钠、复合磷酸盐、单甘酯、瓜尔豆胶、焦磷酸盐等对汤圆品质的影响，选出黄原胶、羧甲基纤维素钠、复合磷酸盐、单甘酯四种对速冻汤圆品质改良较好的添加剂进行复配，最终选出最佳配方为羧甲基纤维素钠 0.6%、黄原胶 0.1%、单甘酯 0.3%、复合磷酸盐 0.3%。

3.6.3　速冻汤圆常见的品质问题

1. 开裂问题

速冻汤圆经过冷藏后，会出现不同程度的龟裂甚至开裂现象，由于开裂影响汤圆外观品质且煮后露馅、浑汤、颗粒塌陷，严重影响产品的品质。目前抗冻裂能力已成为速冻汤圆品质的重要评价指标之一，通常用冻裂率来衡量开裂程度。

造成速冻汤圆开裂的原因主要有以下几方面：一是冻结速度慢，导致表面先结冰，待内部结冰后，体积膨胀致使产品表面开裂；二是调制面团时，加水量、熟芡与生粉的比例不当导致开裂；三是在储存过程中产品表面逐渐失水形成裂纹；四是储运过程中，由于温度波动造成汤圆在外力作用下开裂。

此外，速冻汤圆面皮配方、生产工艺条件也有较大影响。一方面，速冻汤圆冷藏后表面开裂，主要因为随着凝胶的冻结，淀粉链即具有相互作用的趋势，迫使水从这一结合体系中挤压出来，从而产生脱水收缩作用，带动粉团内部产生应变力，从而引起粉团在冷藏过程中表面龟裂。随着制作粉团时凝胶用量增加，这种现象越严重。另一方面，因为糯米粉团本身的吸水性、保水性较差，在加工过程中加水量的小幅度变化就可能影响到汤圆的开裂程度，加水量过小，则粉团松散，粉粒间亲和力不足，在冻结过程中水分散失过快而导致干裂。

2. 口感问题

汤圆一般要求嫩滑爽口、绵软香甜、口感细腻，且有弹性、不粘牙。研究中通常以黏弹性、韧性、细腻度三项指标来衡量汤圆的口感品质。

速冻汤圆一般以水磨糯米粉为原料，糯米粉的质量与汤圆的口感密切相关。汤圆的糯米粉质粒度及黏度的要求较高，要求粉质细腻，粒度应基本达到 100 目筛通过率大于 90%，150 目筛通过率大于 80%，口感好，龟裂较少，品质较好。当粉粒较粗时，成型性好，但粗糙，色泽泛灰，光泽暗淡，易导致浑汤，无糯米的清香味；而粉粒过细时，色泽乳白，光亮透明，有浓厚的糯米清香味，但成型性不好，易粘牙，韧性差。同时糯米粉质粒度也直接影响其糊化度，从而影响到黏度及产品的复水性。

3. 外观问题

汤圆速冻后或者熟制后易产生塌陷、扁平、偏馅、露馅、异形、色泽灰暗、泛黄、无光泽等外观缺陷。速冻汤圆的外观一般用成型性、光泽、色泽等三个指标来衡量，要求颗粒饱满，呈圆球状，白色或者乳白色，光亮。

3.7　米乳饮料

米乳（rice milk）又称米浆，是以稻谷为主要原料加工而成的一种谷物乳，通常把一定浓度的供饮用的米乳产品称为米乳饮料（rice milk beverage），是继大豆乳和杏仁乳之后兴起的第三大动物乳替代品。在一些有相关法律规定不允许在不含动物乳的商品标签上标注"milk"字样的国家，如德国，米饮料（rice drink）即成了米乳（rice milk）的代名词。

20 世纪 80 年代，国外已有米乳相关产品开始上市，如美国 Imagine Foods 注册生产的 Rice Dream 系列产品，包括常温型米饮料、冷藏型米饮料、餐后小甜点等，颇受消费者喜爱。在韩国和日本，米乳除了作为饮料外，还被开发成米乳洗发水、米乳护肤品、米乳香皂等多种热销商品。国内关于米乳的研究目前多集中在饮料生产方面，相关的米乳产品也开始在市场上崭露头角，如谷润米乳、米乐意米乳等。然而，由于相关标准和法规仍不健全，因此，国内米乳市场的成熟和完善还需要一定时间。

与牛乳相比，米乳含有较多的碳水化合物，但钙和蛋白质的含量却很低，并且不含乳糖和胆固醇。对乳糖不耐症患者来说，米乳具有安全、低脂肪、低过敏性等优点，其是素食主义者首选的理想饮品，同时也非常适合易过敏人群及心脑血管疾病患者饮用。商品化的米乳饮料通常会对维生素 B_{12}、泛酸等维生素和钙、铁等矿物质加以强化，进一步提升米乳饮料的营养价值。表 3.10 比较了产自韩国的"morning rice"米乳饮料和鲜牛乳的营养成分含量。

表 3.10　米乳饮料和鲜牛乳的营养成分比较（每 100mL 中的平均含量）

营养成分	米乳饮料	鲜牛奶
能量（kcal[a]）	51.3	65.9
蛋白质（g）	0.3	3.5
脂肪（g）	1.1	3.5
钠（mg）	14	58
植物纤维（mg）	0.9	—
钙（mg）	0.61	120
铁（mg）	0.002	0.1
维生素 A	1312IU[b]	34μg
维生素 B_1（mg）	3.8	0.42
维生素 B_2（mg）	5.3	1.57
维生素 C（mg）	17.2	1.80

a 1kcal=4.184KJ；b IU 为国际单位，1 IU=0.33μg。

资料来源：王晓波. 米乳饮料的研究. 上海市粮油学会 2005 年学术年会论文汇编。

3.7.1　米乳饮料的分类

米乳饮料可分为配制型米乳饮料和发酵型米乳饮料两大类。配制型米乳饮料指以大米、碎米或糙米为主要原料，经焙炒、磨浆、过滤等工艺处理后，加入甜味剂、奶粉、植脂末、稳定剂等中的一种或几种调制而成的饮料。发酵型米乳饮料指以大米、碎米或糙米为主要原料，经烘焙、磨浆或粉碎等工艺处理后，再添加微生物菌种或酶制剂，发酵处理后取发酵汁液，并添加稳定剂、植脂末、甜味剂等中的一种或几种制成的饮料。根据发酵时所用发酵剂及菌种的不同，发酵型米乳饮料又可以分为以下四种类型：

1. 加曲糖化发酵型

大米、碎米或糙米经浸泡蒸煮、冷却后加入酒药或糖化曲进行糖化发酵，再经酵母菌发酵，可制得兼具牛乳外观、酒酿风味和碳酸水口感的米乳饮料，郑建仙早在 1997 年就对该饮料的生产工艺进行了报道。闵甜等也报道了利用小曲糖化发酵生产米乳饮料的工艺，所制得米乳饮料色泽乳白、质地均匀、米香浓厚，同时具有纯正的酒酿香味、细腻的口感等优良特征。加曲糖化有利于大米中淀粉的快速水解，便于甜味物质的产生和后期发酵的进行。

2. 乳酸菌发酵型

以乳酸菌为发酵菌种，可制得富含活性乳酸菌的发酵型米乳饮料。由于乳酸菌本身不能分解淀粉，只能发酵简单糖类，因此，发酵前需先进行淀粉的水解或添加糖分以利于乳酸发酵的进行。吕兵课题组、黄亮课题组均对乳酸菌发酵型米乳饮料的生产工艺进行了报道。

3. 不加曲的多菌种混合发酵型

采用霉菌、酵母菌、乳酸菌等多菌种混合发酵，既有利于米乳的快速糖化，提高可溶性固形物含量，同时也利于风味物质的生成。王克明采用多菌种共固定化技术进行了 30 批次的米乳发酵试验，所得产品质量稳定、具有良好的风味和口感，发酵过程不易受杂菌污染。

4. 加酶水解型

酶解属于无细胞发酵体系的范畴，因此，酶法制备的米乳饮料也可认为是发酵型米乳饮料的一种。由于酶解具有高度的专一性，因此，产品质量容易控制。吴红艳等采用碱性蛋白酶酶解法提高了米乳的营养价值和稳定性；潘伯良等运用 α-淀粉酶和糖化酶分别对米浆进行液化和糖化，最终制得口感、风味良好的米乳饮料。

3.7.2 米乳饮料生产工艺

1. 生产原料

1）主料

大米、碎米、糙米及发芽糙米等是生产米乳饮料的主要原料。以早籼米或碎米等低值米来加工米乳饮料，有利于稻谷资源的综合利用，提高稻谷加工产业的经济效益。糙米及发芽糙米中富含谷胱甘肽、谷维素、γ-氨基丁酸、维生素、米糠脂多糖、米糠纤维等多种营养物质，因此，糙米米乳具有较高的营养保健价值。

2）辅料

生产米乳饮料常用的辅料有植脂末、牛奶或奶粉、果葡糖浆、麦芽糊精等。植脂末的加入有利于形成米乳饮料的乳白色浑浊形态；麦芽糊精和果葡糖浆能够增加产品的口感，促进风味形成；奶粉的加入可弥补米乳蛋白质含量较低的不足，同时对米乳形态的形成也有一定的促进作用。

3）食品添加剂

乳化剂和增稠剂有利于增强饮料的稳定性，是米乳饮料生产过程中不可缺少的食品添加剂。常用的乳化剂有蔗糖酯、卵磷脂、单甘酯等，常用的增稠剂有黄原胶、阿拉伯胶、海藻酸钠、羧甲基纤维素等。有些米乳饮料还通过添加甜味剂、酸味剂、食用香精、香料等来改善风味。

2. 工艺流程及工艺要点

米乳饮料品种较多，生产工艺也各有不同。这里重点介绍几种米乳饮料的工艺流程及相关工艺操作。

1）配制型米乳饮料

（1）工艺流程。

配制型米乳饮料生产的一般工艺流程如下：

增稠剂、稳定剂、果葡糖浆等
↓

原料米→清洗去杂→焙炒→浸泡→磨浆→混合调配→均质→灌装封口→杀菌→冷却→成品

（2）工艺要点。

①原料选择。

选取新鲜、无黄粒、无霉变的糙米和大米，用自来水将原料淘洗干净，去除米糠、砂粒等杂质，晾干待用。

②焙炒。

将原料在烤箱中烘焙或炒锅中翻炒至产生浓郁的烘焙香，同时注意在烘烤过程中尽量不要使原料的颜色变得太深。焙炒不仅有助于香味物质的产生，还可增加糙米或碎米成糊后的热稳定性。同时大米淀粉内部的水分子在高温下挥发成水蒸气，水蒸气膨胀使淀粉晶体发生爆裂。由图 3.5 和图 3.6 可以看出，糙米和碎米经焙炒后，原来排列整齐、紧密、表面光滑的不规则晶体结构被破坏，比表面积增大，达到了一定的糊化度，有利于磨浆、酶解等后期操作。

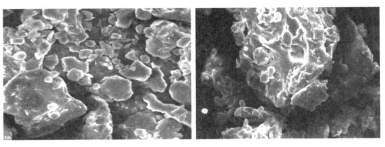

糙米 (×1200倍)　　　　　　　　焙炒糙米 (×1200倍)

图 3.5　糙米和焙炒糙米颗粒的扫描电子显微镜图

图片来源：涂清荣. 米乳饮料的制备及其稳定性研究

碎米 (×1200倍)　　　　　　　　焙炒碎米 (×1200倍)

图 3.6　碎米和焙炒碎米颗粒的扫描电子显微镜图

图片来源：涂清荣. 米乳饮料的制备及其稳定性研究

③浸泡磨浆。

将磨碎焙炒后的糙米和大米按一定比例混合，加入 5～6 倍物料重的水浸泡至米粒吸水软化后进行磨浆，应注意控制磨浆温度和时间，避免蛋白质变性和褐变的发生。可采用粗磨和精磨进行二次磨浆，粗磨后颗粒粒度应小于 80 目，精磨后颗粒粒度小于 120 目。

④混合调配。

将增稠剂、稳定剂、甜味剂等分别用 50～80℃的热水溶解，加入磨浆后的米乳中，再加水至配方所需量，均匀搅拌至完全混合。

⑤均质。

采用二次均质工艺，均质温度为 70～75℃，第一次均质压力为 25～28MPa，第二次均质压力为 38～40MPa。均质后微粒直径应达到 50μm 以下。

⑥灌装封口。

均质后要尽快灌装封口，避免在空气中暴露时间过长影响米乳的品质。灌装封口时，其温度控制在 70～75℃，通过热装罐排除容器内的空气，减少氧化的发生。

⑦杀菌、冷却。

可采用超高温瞬时（UHT）杀菌或高温短时（HTST）杀菌工艺进行杀菌。杀菌完成后，尽快分段冷却使产品温度降至 40℃以下，避免长时间高温加重产品的褐变。

2）发酵型米乳饮料

发酵型米乳饮料由于所用原料的不同、发酵剂或菌种的不同、发酵及调配工艺的不同，而形成了多种不同的工艺类型。虽然不同种发酵型米乳饮料的工艺操作各异，但其基本的工艺过程都包括了原料的糖化、发酵、调配、均质等主要工艺步骤。下面介绍一种乳酸菌发酵型米乳饮料的生产工艺。

（1）工艺流程。

乳酸菌发酵型米乳饮料生产的工艺流程如下所示：

糖化酶　　　　　　　　　　乳酸菌菌种

原料米→清洗去杂→粉碎→糊化→糖化→灭酶→过滤→冷却→乳酸菌发酵→调配→均质→灌装→杀菌→冷却→成品

（2）工艺要点。

①原料及预处理。选取无霉变的大米或碎米，清洗去除砂石等杂质，捞出后沥去水分，晾干待用。②粉碎。将原料通过粉碎机粉碎至 30～40 目。③糊化。每 100g 粉碎后的原料中加水 600～700g，加热至 90～95℃，保温 30min，加热过程中不断搅拌。④糖化。将糊化液的温度和 pH 分别调至所用糖化酶的最适值，按 70U* 糖化酶/g 干米粉的量加入糖化酶，保温糖化 10～15h。⑤灭酶过滤。煮沸 5min 进行灭酶处理，过滤去除沉淀。⑥乳酸菌发酵。冷却至 37℃左右的糖化液，按 2～3mL 菌种/（100mL 糖化液）的量接入单一或混合的乳酸菌菌种，42～45℃保温发酵约 10h，发酵乳 pH 降至 4.2～4.6。发酵完成后，应迅速将米温降至 10℃以下。⑦调配、均质。加入事先调配好的复合稳定剂、甜味剂及酸味剂等，低温下混合并搅拌均匀；低温进料，约 30MPa 压力下均质处理。⑧灌装及杀菌、冷却。采用玻璃瓶灌装并封口，对于 pH<4.6 的中酸性米乳饮料，需采用高压灭菌，而 pH<4.6 的酸性米乳饮料，可采用常压灭菌；杀菌完成后，尽快置于冷水中冷却到常温。

---

* 1U 为在确定的最适应条件下，每分钟催化 1μmol 底物转变成产物所需的酶量。

3.7.3　米乳饮料品质影响因素

乳白或微黄的色泽、均一稳定的形态、细腻柔滑的口感和宜人的风味是一种理想的米乳饮料应具备的特征。然而，实际生产过程中，米乳饮料容易出现分层、沉淀、褐变等问题，影响了米乳饮料的品质。

1. 米乳饮料的稳定性及其控制

影响米乳饮料稳定性的因素较多，各因素间还存在一定的交叉效应。通常，影响米乳饮料稳定性的因素有以下几种。

1）米乳中固形物颗粒直径

米乳中含有蛋白质、脂肪球和淀粉等多种颗粒物质，它们的粒径大小对于米乳饮料的稳定性起着重要作用。吴卫国等认为，米乳中的固体粒子沉降速度符合斯托克斯（Stokes）法则，即粒子在悬浮液中的沉降速度可用下式表示：

$$V=2g\,r^2\Delta\rho/(9\eta)$$

式中：η——介质黏度（Pa·s）；g——重力加速度（m/s^2）；$\Delta\rho$——粒子与介质的密度差（kg/m^3）；r——粒子半径（μm）。

由此式可见，粒子沉降速度与介质黏度成反比，与粒子半径平方成正比。而实际上，米乳饮料中粒子半径的变化往往也会引起黏度的变化。例如，淀粉和蛋白质水解时，颗粒粒径变小，同时黏度也会不同程度地下降，因此，并非粒子越小，沉降速度就越慢。傅亮等的研究表明，当脂肪球粒径为 7.343μm 时，米乳饮料稳定，过大或过小的脂肪球粒径均会影响米乳饮料的稳定性。实际上，颗粒的沉降速度还与其所带电荷数及电位有关，因此，研究颗粒粒径对米乳饮料稳定性的影响时，还应同时考虑黏度、电位等相关因素。

2）乳化剂和增稠剂

合理地使用乳化剂和增稠剂可以极大提高米乳饮料的稳定性。乳化剂同时具有亲水和亲油基团，可以降低油水分散界面的界面能，降低脂肪球上浮的概率，提高体系稳定性。增稠剂的使用，一方面可以提高米乳饮料的黏度，另一方面，周鹏的研究表明，CMC 和海藻酸钠等带电荷胶体还可以提高体系中的 Zeta 电位的绝对值，这些都有利于增强产品中粒子的稳定性。实际生产中，应根据产品特点选择不同种类的乳化剂和增稠剂，有效提高产品的稳定性。

3）高温及杀菌处理

高温容易引起蛋白质等大分子物质的变性和絮凝，引起饮料出现分层或沉淀现象。因此，在达到相关卫生指标的前提下，应尽量降低热杀菌的温度和时间，避免破坏米乳饮料的稳定性。研究冷杀菌等现代杀菌技术在米乳饮料生产中的应用，将有利于提高米乳饮料的品质。

4）其他影响米乳饮料稳定性的因素

米乳饮料的糖酸比、固形物含量等也会对米乳饮料的稳定性产生影响。通常来讲，糖分可以增大米乳饮料的黏度，提高温度性；而过酸则会使饮料中大分子变性沉淀。另外，储存期的微生物污染，也是引起米乳饮料沉淀或分层的一个主要原因。

总结以上原因，增加米乳饮料的稳定性应注意以下几点：

（1）选择合理的磨浆、酶解和均质工艺，将米乳中固体颗粒粒度减小到一定范围。

（2）合理选取乳化剂，防止脂肪球上浮。

（3）选择合适的增稠剂来提高体系的黏度。

（4）使用带电荷胶体来增加体系的 Zeta 电位。

（5）控制合适的糖酸比和固形物浓度。

2. 米乳饮料的色泽及其控制

大米中含有丰富的淀粉，经过糖化处理后产生大量的还原性糖，饮料体系中的蛋白质含量也较多，在加工过程中经过热杀菌等加热过程时，很容易发生美拉德反应而引起最终产品的颜色加深。另外，配制型米乳饮料所用大米原料一般要经过高温焙烤，焙烤会加深大米的色泽，从而使米乳饮料的颜色加深。控制米乳饮料的色泽，主要通过以下方法解决：

（1）加入适量的牛乳进行复配以掩盖褐变。

（2）控制焙烤条件，避免米粒色泽加深。

（3）尽量采用蔗糖、海藻糖等非还原糖作为甜味剂，不用还原糖，以防止美拉德反应的发生。

（4）产品在罐装时，应尽量减少顶空，以尽量减少包装内的氧气，防止褐变的发生。

（5）糖化过程中，控制反应条件，尽量减少褐变的发生。

3.7.4　其他米乳制品简介

米乳除了被加工成米乳饮料外，还可被加工成米乳粥、小甜点、米乳蛋糕、米乳布丁等多种食品。例如，不含牛乳和豆乳等过敏源的米乳蛋糕，不仅风味良好，还解决了传统蛋糕不适合高过敏人群食用的问题。作为一种牛乳替代品，米乳还可广泛应用于糖果、果冻、水果沙拉、果蔬汁饮料等的生产和加工。另外，由于米乳中淀粉颗粒极其细腻，同时含有丰富的抗氧化物质和具有极高的安全性，是生产各种化妆品、护肤品的优良基料。多样化的米乳制品方兴未艾，为稻谷深加工和利用带来了新的生机和活力。

3.8　米　　酒

3.8.1　概况

米酒（rice wine）一般指以稻谷（包括糯米、粳米或籼米）为主要原料，经糖化发酵工艺酿制而成的原汁型酒精饮料，作为黄酒（yellow wine）的一种，米酒通常不包括以大米为原料酿造生产的蒸馏型酒类。然而随着市场经济的发展，新的米酒品种不断出现，目前一些现行的地方标准中，如贵州米酒地方标准（DB52/535—2007），蒸馏型的大米白酒也被纳入了米酒的范畴。因此，广义上的米酒，泛指一切以稻谷为主要原料，经霉菌、酵母或特种酒曲等发酵酿造而形成的含酒类饮料。

传统的米酒酿造多以糯米（俗称"江米"）为原料，因此，米酒又称糯米酒或江米酒。米酒在我国具有悠久的历史，明代人李实在《蜀语》中说："不去滓酒曰醪糟，以熟糯米为之，故不去糟，即古之醪醴、投醪。"《庄子·盗跖》和《后汉书》中都有关于"醪醴"的记载，可见中国米酒历史久远，秦汉已有之。从出土的远古时期酿酒器具可以推知，至少在五千年以前，我国人民已经开始以稻谷等谷物为原料，用酒曲发酵酿酒。受中国"曲蘖酿酒"文化的影响，世界其他国家，主要是日本和韩国，也分别酿造出了和中国米酒极其类似的日本清酒和韩国清酒。如今，米酒作为中华民族的传统特产，已经被全世界所接受和认可。

3.8.2　米酒的分类和命名

1. 米酒的分类

米酒种类较多，按照不同的分类方法可以对米酒进行如下分类：

1）按生产原料分类

可分为糯米酒、粳米酒和籼米酒，其中的糯米酒又包括普通的糯米酒和黑糯米酒。

2）按所用糖化发酵剂分类

可分为麦曲米酒、红曲米酒、小曲米酒等。

3）按酒中的糖分含量分类

有干型米酒（总糖含量≤15.0g/L）、半干型米酒（15.0g/L＜总糖含量≤40.0g/L）、半甜型米酒（40.0g/L＜总糖含量≤100.0g/L）和甜米酒（总糖含量＞100.0g/L）。

4）按是否经过蒸馏分类

可分为原汁型米酒和蒸馏型米酒。

5）按酒精含量分类

可分为普通米酒和无醇米酒等。普通米酒酒精含量通常为 0.5%（质量分数）以上，其中蒸馏型米酒的酒精度可高达 20～53°，而发酵原汁型米酒的酒精度通常为 3～8°；无醇米酒的酒精度通常低于 0.5°。

6）按生产工艺分类

可分为传统工艺米酒和新工艺米酒，传统生产工艺中，主要有摊饭法、淋饭法和喂饭法三种生产方式，所以所生产的米酒分别称为淋饭酒、摊饭酒和喂饭酒。

7）按米酒的物理形态及是否添加特种配料分类

可分为糟米型米酒、均质型米酒、清汁型米酒和花色米酒。含有米粒状糟米的米酒称为糟米型米酒，俗称"醪糟"；均质型米酒指经胶磨和均质处理后得到的呈糊状、浑浊的米酒；经过滤除去酒糟得到澄清、透亮的酒汁，称为清酒；而花色米酒指糟米型米酒添加各种果粒、薯类、食用菌或中药材等一种或多种辅料制成的具有特色风味的米酒。

2. 米酒的命名

米酒在我国产地分布广泛，命名方式多种：有以产地命名的，如孝感米酒（产于湖北孝感）、绍兴酒（产于浙江绍兴）等；有以酒色命名的，如竹叶青（浅绿色）、元红酒（琥珀色）、黑米酒等；有以生产工艺或方法命名的，如九江双蒸（经过蒸馏工艺）、老熬酒（浸米酸水反复煎熬，以替代乳酸培育酒母）和陈缸酒（陈酿及储存时间较长）。

3.8.3　米酒生产原料及发酵剂

米酒生产的原料有稻谷、水、米酒曲及其他辅料。在米酒生产中，所用米、曲和水对米酒的质量品质的形成具有重要影响。

1. 稻米原料

1）糯米

糯米分为粳糯和籼糯两大类。粳糯米粒较短较圆，所含淀粉几乎全部是支链淀粉；籼糯米粒较细长，含有绝大多数的支链淀粉，直链淀粉的含量一般仅有0.2%～4.6%。由于支链淀粉结构疏松，蒸煮时易于吸水糊化，利于后期糖化发酵的进行。因此，优质糯米是传统的米酒酿造原料，也是最好的原料。名优米酒大多以糯米为主要原料。例如，绍兴酒以粳糯为原料酿制，孝感米酒以孝感籼糯为原料酿制。

2）粳米

粳米粒形较宽较圆，透明度较高，直链淀粉含量为 15%～23%，浸米时吸水率低，蒸煮糊化较为困难，在蒸饭时可喷淋热水，使米粒充分吸水和彻底糊化，以保证糖化发酵的正常进行。

3）籼米

籼米中的直链淀粉含量高达 23%～35%。杂交晚籼米中的直链淀粉含量在 24%～25%，蒸煮后能保持米饭的黏湿、蓬松和冷却后的柔软，可用来酿制米酒。而早、中籼米蒸煮时吸水较多，米饭干燥、冷却后变硬，淀粉容易老化，发酵时老化的淀粉难以糖化，成为产酸菌的营养源，使酒醪酸度升高、风味变差，因此，不适宜用来酿制米酒。

总之，酿造米酒时，应选用淀粉含量高，易彻底糊化，蛋白质、脂肪含量少，碎米少，米质纯，糠秕少，精白度高的新米作为原料，陈米或精白度低的劣质米会对米酒质量产生不利影响。

2. 水

米酒生产用水包括酿造用水、冷却用水、洗涤用水、锅炉用水等。酿造用水直接参与糖化、发酵等酶促反应，并成为米酒成品的重要组成部分。酿造用水首先要符合饮用水的标准，其次从米酒生产的特殊要求出发，应达到以下条件：

①无色、无味、无臭、清亮透明、无异常。②pH 在中性附近。③硬度*以 2～6°为宜。④铁质量浓度＜0.5mg/L。⑤锰质量浓度＜0.1mg/L。⑥米酒酿造水必须避免重金属的存在。⑦有机物含量是水污染的标志，常用高锰酸钾耗用量来表示，超过 0.5mg/L 为不洁水，不能用于酿酒。⑧酿造水中不得检出 NH_3，氨态氮的存在表示该水不久前曾受到严重污染。⑨酿造水中不得检出 NO_2^-，NO_2^- 质量浓度应小于 0.2mg/L。NO_2^- 是致癌物质，NO_2^- 大多是由于动物性物质污染分离而来，能引起酵母功能损害。⑩硅酸盐（以 SiO_3^{2-} 计）浓度＜50mg/L。另外，米酒生产用水中的细菌总数、大肠菌群的量应符合生活用水卫生标准，不得存在产酸细菌。

3. 发酵剂

米酒生产所用糖化发酵剂因各地习惯不同和制作方法不同而种类繁多。市场

---

* 1 硬度单位表示每升水中含 10mg CaO。

上常见的米酒糖化发酵剂主要有采用传统工艺生产的酒药（多制成圆形丸子状，又称米酒丸子或曲丸）和以纯种根霉为菌种，采用现代化工艺，经扩大化培养生产的甜酒曲（又称纯种根霉曲）。生产中所用的糖化发酵剂还有麦曲、米曲和酒母等。

1）酒药

酒药是指以早籼米粉、辣蓼草和水为原料，用上一年剩余的优质酒药为母种接种，经过培育繁殖而成的米酒糖化发酵剂。酒药中含有多种微生物，主要有根霉、毛霉、酵母菌及少量的细菌等，多菌种发酵有利于形成米酒浓郁的酒香和良好的风味，但部分有害的细菌可导致酒质过酸，产品质量不易控制。

2）纯种根霉曲

纯种根霉曲是采用人工接种培育纯粹的根霉菌和酵母菌制成的小曲。它的糖化能力强，出酒率高，米酒品质稳定，适用于米酒的工业化生产，只是所生产米酒的香味一般较为平淡。

3）麦曲

麦曲是以小麦为原料制成的，可广泛用于各类黄酒的生产。麦曲可分为以传统工艺生产的麦曲和现代化的纯种麦曲两大类。传统麦曲的生产采用自然发酵的方法，生产的麦曲主要为块曲，其中主要的微生物有米曲霉、根霉、毛霉和少量的黑曲霉、灰绿曲霉、青霉、酵母菌等；纯种麦曲采用纯种的黄曲霉或米曲霉进行培养而制成，多为散曲，其酶活性高，用曲量少，适合机械化新工艺米酒的生产。

4）米曲

米曲是以整粒熟米饭为培养料，经不同菌种发酵而制得的酒曲，主要有红曲和乌衣红曲两种。

5）酒母

酒母是酵母细胞经扩大化培养形成的酵母醪液，黄酒生产中所用酒母主要有经自然发酵制成的淋饭酒母和经纯种酵母菌接种发酵制成的纯种酒母两类。淋饭酒母集中在酿酒前一段时间酿造，其生产工艺如图 3.7 所示，首先将蒸熟后的米饭用冷水淋冷，然后拌入酒药，利用酒药中的根霉和毛霉来糖化淀粉和产生酸类物质，使发酵醪液的 pH 在短时间内降低，起到训育酵母及淘汰不良微生物的作用。采用淋饭酒母所酿制米酒口味醇厚，但酒母培养时间长，操作较复杂，劳动强度大，不易实现机械化生产。纯种酒母操作简单，劳动强度低，酿造过程易控制，可机械化操作。新工艺黄酒使用的是优良纯种酵母菌。AS2.1392 黄酒酵母是常用来酿造糯米酒的优良菌种，其发酵能力强，能发酵葡萄糖、半乳糖、蔗糖、麦芽糖及棉子糖，产生乙醇并形成典型的黄酒风味，而且抗杂菌能力强，生产性能稳定。现已在全国机械化黄酒生产厂中普遍使用。

```
            水              酒药           麦曲
            ↓               ↓             ↓
糯米 → 浸米 → 蒸饭 → 淋水 → 落缸搭窝 → 糖化 → 加曲加水 → 发酵开耙 → 灌坛养醅 → 淋饭酒母
```

图 3.7　淋饭酒母生产工艺流程图

3.8.4　米酒酿造工艺

米酒酿造过程主要包括稻谷原料处理、糖化发酵剂制备、发酵和发酵后的处理几个工艺阶段。

1. 稻谷原料的处理

稻谷原料的处理包括米的精白、洗米、浸米、蒸米和米饭冷却五个步骤。

1）米的精白

稻谷经加工去除稻壳得到糙米，糙米的外层及胚部分含有丰富的蛋白质、脂肪、维生素及灰分，蛋白质和脂肪含量多会使米酒产生异味，而过多的维生素和矿物质也会使微生物营养过剩，产酸菌大量繁殖导致米酒过酸。另外，糙米和粗大米在浸泡时不易浸透，蒸煮时间长且糊化效果差，会影响发酵时淀粉的糖化。因此，酿造米酒所用大米原料应经过精白处理，粳米和籼米的精白度应达到标准一等，糯米应达到标准一等或特等，整体上讲，米酒所用大米的精米率（加工后所得精白米质量占加工前糙米质量的百分比）应达到90%以上。

2）洗米

洗米可去除米中的米糠、尘土和霉菌孢子，防止大米在浸泡时严重发酸而变质。特别是夏季气温较高时，原料米在浸泡过程中容易发酸，因此，适当的洗米是必要的。大型米酒厂多采用自动洗米机或回转圆筒式洗米机进行洗米，小酒厂或家庭制作米酒时可通过人工操作，用清水淋洗或漂洗大米，以淋出的水无明显白浊为度。

3）浸米

浸米可使大米颗粒充分吸水膨胀，有利于蒸煮时淀粉的糊化。浸米时间长短与水温、气温、米的品种和品质、不同品种米酒的工艺要求有关。通常来讲，气温高、水温高时，浸米时间短；精白度高的米吸水快，浸米时间短；软质米比硬质米吸水快。传统的摊饭酒，浸米时间长达 16～20d，并应抽取浸米的浆水（俗称"酸浆水"），将浆水用作浸米和发酵的配料，抑制产酸细菌的繁殖。浙江淋饭酒、喂饭酒和新工艺大罐发酵酒的浸米时间都在 2～3d，而福建老酒在夏季的浸米时间只有 5～6h。

浸米程度一般要求米粒保持完整，浸泡至用手指捏米粒可碎成粉状为准，避免浸泡过度或不足。

4）蒸米

蒸米可使大米淀粉受热糊化，便于发酵时淀粉的糖化和分解。同时，蒸米也具有杀菌功能。经蒸煮后的米饭要达到饭粒疏松不糊、透而不烂、均匀一致、无夹生、无结团，充分吸足水分。蒸米对米酒的品质和产量均有较大影响，若蒸煮不足，饭粒夹生，则发酵时糖化不全，且会异常发酸；若蒸煮过度，饭粒黏结成团，也不利于糖化和发酵，会降低出酒率。蒸饭常用的设备主要有甑桶和蒸饭机，甑桶又称蒸桶，多为圆筒形木桶，底部为透气的竹箅或棕、布垫，是传统工艺酿酒一直沿用的蒸米器具。蒸饭机又分卧式、立式、单煮式和连续蒸煮式蒸饭机等，其蒸米效率较高，更适合工厂化大规模生产的需要。通常，蒸饭多采用常压蒸煮工艺，糯米及精白度高的软质米蒸煮 15～20min 即可，粳、籼米要采用双蒸双淋法或三蒸三淋法，即在蒸饭过程中喷淋 50～70℃的热水，以促进米粒充分吸水和完全糊化。

5）米饭冷却

蒸煮后的米饭，必须快速冷却到适宜的温度（30℃左右），以便接入发酵菌种并促进菌种快速繁殖。传统的冷却方法有淋饭冷却和摊饭冷却两种，立式或卧式蒸饭机则采用机械鼓风等方法进行冷却。

淋饭冷却多采用冷开水从米饭上面淋下，使米饭迅速降温。淋饭过程中还可适当增加米饭的含水量，使饭粒表面光滑、易于分散，有利于均匀拌入酒药。淋饭操作时要注意沥去余水，防止水分过多不利于酒药中根霉菌的生长繁殖。

摊饭冷却是把米饭摊开在竹席或托盘上，使米饭自然冷却。此方法可避免米饭表面的浆质被淋水冲掉，避免了淀粉的损失，是摊饭酒的酿造特色之一。但这种冷却方法占地面积大，冷却时间长，易受有害微生物的污染，且易出现淀粉老化回生的现象。在摊饭过程中结合鼓风冷却，可加快冷却速度，提高冷却的质量和效率。

2. 发酵

米酒发酵是在根霉菌、酵母菌和细菌等多种微生物的参与下进行的复杂的生物化学过程。发酵可分为主发酵和后发酵两个阶段，主发酵又称前发酵，适宜的温度通常为 26～30℃，该阶段主要进行糖化和酒精发酵，后发酵又称后熟，多在10℃左右或更低的温度下进行，有利于米酒风味的形成。

1）米酒发酵的特点

（1）开放式接种发酵。蒸熟后的米饭可直接暴露在空气中冷却，酒母或酒曲的接入通常也在开放环境条件下进行，不需要严格的无菌接种操作。发酵过程中醪液与自然环境直接接触，完全依靠酿酒师采取的一系列科学措施来确保发酵顺利进行。

（2）边糖化边发酵。米酒生产过程中，淀粉糖化与酒精发酵两个过程是同时进行，相辅相成的。

（3）酒醅（醪）高浓度发酵。米酒生产过程中，原料大米与水的质量比为1：2，是所有酿造酒中比例最高的。

（4）低温长时间发酵。发酵生产过程中，除了短时间（4～5d）的主要发酵高温期外，整个后发酵阶段基本处于低温的发酵，对于这个阶段，新工艺米酒为10～20d，传统工艺米酒则长达70～90d。实践表明，低温足够长时间发酵的酒比高温短时间发酵的香气足一些，口味也更加醇厚。

（5）生成高浓度酒精。经过长时间低温发酵，米酒醪发酵结束时，酒醪酒精含量（体积分数）高达15%以上，最高可达20%左右。

2）米酒发酵的方式

（1）主发酵

煮熟的米饭通过风冷或水冷落入发酵缸（罐）中，再加水、曲、药酒，混合均匀。落缸（罐）一定时间，产品温度升高，进入主发酵阶段，这时必须控制发酵温度，利用夹套冷却或搅拌调节温度，并使酵母呼吸而排出 CO_2。主发酵是使糊化米饭中的淀粉转化为糖类物质，并由酵母利用糖类物质转化成米酒中的大部分酒精，同时积累其他代谢物质。主发酵的工艺因不同生产方式而有所不同。

①摊饭法。

摊饭酒酿造工艺流程如图3.8所示，将24～26℃的米饭放入盛有清水的缸中，加入淋饭酵母（用量为投料用米量的 4%～5%，投料后的细胞数约为每毫升 4×10^7 个）和麦曲，加入浆水，混匀后，经约 12h 的发酵，进入主发酵期。此时应开耙散热，注意温度的控制，最高温度不超过 30℃。自开始发酵起 5～8d，产品温度逐渐下降至室温，主发酵即结束。

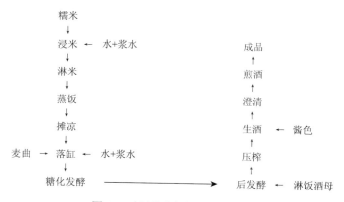

图 3.8　摊饭酒酿造工艺流程图

②淋饭法。

将沥去水的 27～30℃的米饭放入大缸，然后加入酒药，拌匀后，搭成倒喇叭形的凹圆窝，再在上面撒上酒药。维持产品温度 32℃左右，经 36～48h 发酵，在凹圆窝内出现甜液，此时开始有酒精生成。待甜液积聚到凹圆窝高度的 4/5 时，加曲和水冲缸，搅拌。当发酵温度超过 32℃，即开耙散热降温，使物料温度降至26～27℃；待产品温度升高至 32℃，再次开耙。如此反复，自开始发酵起经 7d完成主发酵。

③喂饭法。

落缸和淋饭法一样，搭窝后 45～46h，将发酵物料全部翻入到另一个盛有清水的洁净大缸内。翻缸后经 24h 加麦曲，再经 3h 后第 1 次喂米饭，产品温度维持在 25～29℃。约经 20h，再进行第 2 次喂饭，操作方法如前，也是先加曲后加饭，加饭的量是第 1 次的一半。第 2 次喂饭后经 5～8h，主发酵结束。喂饭的作用：一是不断供给酵母新鲜营养，使其繁殖足够的健壮酵母，以利于保证旺盛的发酵；二是使原料中的淀粉分批糖化发酵，以利控制发酵温度，增强酒液的醇厚感，减轻苦味感。

④新工艺大罐法。

将 25℃左右的米饭连续放入拌料器，同时不断地加入麦曲、水和纯度培养的速酿酒母或高温糖化酒母［接种量为 10%左右，投料后的细胞数也为每毫升（4～5）×10^7 个］，拌匀后落入发酵缸。落缸后经 12h 开始进入主发酵期。可采用通入无菌空气的方法，将主发酵期的温度控制在 28～30℃。自开始发酵起 32h，产品温度改为维持在 26～27℃，之后产品温度自然下降。大约自开始发酵起经 72h，主发酵结束，进入后发酵。

（2）后发酵。

经过主发酵后，酒醪中还有残余淀粉，一部分糖分尚未变成酒精，需要继续糖化和发酵。因为经主发酵后，酒醪中酒精含量已达到 13%左右，酒精对糖化酶和酒化酶的抑制作用强烈，所以后发酵进行得相当缓慢，需要较长时间才能完成。通过这一过程，酒体变得较和谐并达到压榨前的质量要求。

①摊饭法。

酒醪分盛于洁净的小酒坛中，上面加瓦盖堆放在室内，后发酵需 80d 左右。

②淋饭法。

后发酵在酒坛中进行，一般需 30d 左右。

③喂饭法。

后发酵在酒坛中进行，一般需 90d 左右。

④新工艺大罐法。

主发酵结束后，将酒醪用无菌压缩空气压入后发酵罐，在 15～18℃条件下，后发酵 16～18d。醪的发酵是米酒生产最重要的工艺过程，要从曲和酒母的品质以及发酵过程中防止杂菌污染两个方面抓管理，任何一个差错都可能引起发酵异常。

3. 发酵后的处理

1）压榨和添加着色剂

发酵成熟酒醅通过压榨来把酒液和酒糟分离得到酒液（生酒）。生酒中含有淀粉、酵母、不溶性蛋白质和少量纤维素等物质，必须在低温下对生酒进行澄清处理，先在生酒中加入焦糖色，搅拌后再进行过滤。目前，米酒压榨都采用板框式气膜压滤机。压榨出来的酒液颜色是淡黄色（米曲米黄酒除外），按传统习惯必须添加焦糖色。通常在澄清池已接收约 70% 的米酒时开始加入用热水或热酒稀释好的焦糖色，一般普通干米酒每吨用量为 3～4kg，甜米酒和半甜米酒可少加或不加。

2）煎酒

煎酒的目的是杀死酒液中的微生物和破坏残存酶的活性，除去生酒杂味，使蛋白质等胶体物质凝固沉淀，以确保米酒质量稳定。另外，经煎酒处理后，米酒的色泽变得明亮。煎酒温度应根据生酒的酒精度和 pH 而定，一般为 85～90℃。对酒精度高、pH 低的生酒，煎酒温度可适当低些。煎酒杀菌设备一般包括板式热交换器、列管式或蛇管热交换器等。煎酒后，将酒液灌入已杀菌的空坛中，并及时包扎封口，进行储存。

3）陈化储存

新酿制的酒香气淡、口感粗，经过一段时间储存后，酒质变佳，不但香气浓，而且口感醇和，其色泽也会随储存时间的增加而变深。储存时间要恰当，陈酿太久，若发生过熟，酒的品质反而会下降。应根据不同类型产品的要求确定储存期，普通米酒一般储存期为 1 年，名优米酒储存期为 3～5 年，甜米酒和半甜米酒的储存期适当缩短。米酒在储存过程中，色、香、味、酒体等均发生较大的变化，以符合成品酒的各项指标。传统方法储酒采用陶坛包装储酒。现在多数酒厂还在沿用此方法。热酒装坛后用灭过菌的荷叶、箬壳等包扎好，再用泥头或石膏封口后入库储存。通常以 3～4 个为一叠堆在仓库内。储存过程中，储存室应通风良好，防止淋雨。长期储酒的仓库最好保持室温 5～20℃，每年天热时或适当时间翻堆一两次。

现代大容量碳钢罐或不锈钢罐的储酒效果没有陶坛好，酒的香味较少。在冷却操作方法上，当热酒灌入大罐后就用喷淋法使酒温迅速降至常温，不宜采取自然冷却，因其冷却所需时间长，会产生异味异气。

4）勾兑和过滤

勾兑是指以不同质量等级的合格的半成品或成品酒互相调配，达到某一质量标准的基础酒的操作过程。米酒的每个产品，其色、香、味三者之间应相互协调，其色度、酒精度、糖分、酸度等指标的允许波动范围不应太大。为此，米酒在灌装前应按产品质量等级进行必要的调配，以保障出厂产品质量相对稳定。勾兑过程中不得添加非自身发酵的酒精、香精等，并应剔除变质、有异味的原酒。检验合格的酒才能转放后道工序，否则会造成成品酒不合格。生酒经煎酒灭菌、储存后会浑浊，并产生沉淀物，经过滤才能装瓶，以保证酒液清亮、透明、无悬浮物、颗粒物。常用棉饼过滤机、硅藻土过滤机、纸板过滤机、清滤机等设备进行过滤。

5）杀菌与灌装

成品酒应按巴氏消毒法的工艺进行杀菌，然后进行灌装。目的是为了杀灭酒液中的酵母和细菌，并使酒中沉淀物凝固而进一步澄清，酒体成分得到固定。成品酒杀菌一般有两种方式：一种是灌装前杀菌，杀菌后趁热灌装，并严密包装。这种杀菌方式一般适用于袋装新产品；另一种是灌装后用热水浴或喷淋方式杀菌，这种杀菌方式一般适用于瓶装产品。杀菌设备一般包括喷淋杀菌机、水浴杀菌槽、板式热交换器、列管式杀菌器等。灌装封口设备一般包括灌装机、压盖机、旋盖机、袋装产品封口机、生产日期标注设备等。

3.9 米　　醋

3.9.1 概述

米醋指以稻谷为主要原料，经糖化、乙醇发酵、乙酸发酵等工艺酿制而成的以乙酸为主要特征性成分的调味品或保健饮料。米醋的品种繁多，按所用主要生产原料可分为糯米醋、籼米醋、黑米醋等；按生产工艺分，有固态发酵工艺（多数）、液体表面发酵工艺（浙江玫瑰米醋和福建红曲老醋）、自动化液态深层发酵技术（机械化新技术）；按醋汁色泽分，有白米醋、玫瑰米醋等；另外，添加了特种辅料的米醋按照所添加辅料的不同，又有沙棘米醋、姜汁米醋、桑葚米醋等品种。

3.9.2 酿造米醋的原料

酿造米醋的原料主要有稻谷类原料和发酵剂两大类，特种米醋还需要一些特殊的辅料，如老姜、沙棘等。

1. 稻谷类原料

术语云"酒醋同源"，酿醋的前一阶段就是酿酒，理论上讲，可用于酿酒的原料都可用于酿醋。酿制米醋常用的稻谷原料有籼米、糯米和黑米等，原料的前期处理分为浸泡、蒸煮和冷却等环节，与米酒酿制中原料的处理基本相同。

　　2. 参与米醋发酵的微生物

　　参与米醋发酵的微生物主要有糖化菌、酵母菌和醋酸菌三大类。

　　1）糖化菌

　　常见的糖化菌有黑曲霉、红曲霉、黄曲霉等多种霉菌，它们的作用是不仅能把淀粉分解成糖，供乙醇发酵利用；同时分解原料中的蛋白质形成胨、肽和氨基酸等，有助于米醋良好风味的形成；另外，霉菌产生的多种色素对米醋色泽的形成也有重要作用。

　　2）酵母菌

　　酵母菌的主要作用是进行乙醇发酵。所生成的乙醇大部分被氧化成乙酸，少量残留的乙醇及其他醇类物质对米醋的风味和香气成分形成具有重要作用。多采用优质的酵母菌菌种，经纯培养后制成酒母。

　　3）醋酸菌

　　在米醋的酿制过程中，醋酸菌把酵母菌发酵生成的乙醇氧化成乙酸。传统工艺酿制米醋时是靠自然界中的醋酸菌进行乙酸发酵，因而发酵缓慢，生产周期长，产品质量不稳定。采用人工选育的优良醋酸菌菌株制成发酵剂醋母，并将醋母接种到发酵原料中，可缩短生产周期，提高米醋质量和产量。醋母制备的工艺流程如下：

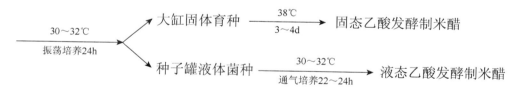

　　3. 米醋酿制辅料

　　保健米醋饮料中往往需要添加一些特殊的辅料，以形成特殊的风味和增强保健功能。例如，姜汁米醋的生产过程中需要鲜姜、蜂蜜、白砂糖等作为辅料；沙棘米醋需要天然沙棘果作为辅料。

3.9.3　米醋酿制的生化过程

　　米醋酿制的过程中涉及多个生化反应，主要的生化过程可分为三个步骤，第一步是大米淀粉经水解作用生成可发酵性糖，即糖化作用；第二步是糖在厌氧条件下发酵生成乙醇；第三步是乙醇氧化生成乙酸。除此之外，还涉及蛋白质的水解和米醋中风味物质的形成等。糖化和乙醇发酵在米酒酿制部分已经介绍过，这里主要讲述乙酸发酵、蛋白质分解和香味物质形成。

1. 乙酸的形成

在好氧条件下，醋酸菌氧化乙醇生产乙酸的过程称为乙酸发酵。反应过程如下：

$$CH_3CH_2OH+[O] \longrightarrow CH_3CHO+H_2O$$

$$CH_3CHO+H_2O \longrightarrow CH_3CH(OH)_2$$

$$CH_3CH(OH)_2+[O] \longrightarrow CH_3COOH+H_2O$$

在醋酸菌氧化酶的作用下，乙醇首先被氧化生成乙醛，乙醛再与水分子作用生成乙醛水化物，最后，乙醛水化物被氧化生成乙酸。理论上讲，一分子乙醇能生成一分子乙酸，即 46g 乙醇应该生成 60g 乙酸。但实际上乙酸的产量往往低于理论值，这主要是由发酵过程中乙酸的挥发、再氧化以及形成酯等原因造成的。因此，工艺上应采取适当措施减少乙酸损失，提高乙酸含量。

2. 蛋白质水解

稻谷原料中的蛋白质成分，在曲霉分泌的蛋白酶的作用下，分解成氨基酸等小分子氮源，除供酵母菌、醋酸菌生长繁殖外，余留在米醋中的氨基酸也是米醋鲜味的重要来源，部分氨基酸还可与糖类物质发生美拉德反应，形成色素，这也是米醋颜色的一个来源。

3. 酯化反应

米醋酿制过程中产生的一些有机酸，如乙酸、氨基酸、葡萄糖酸、琥珀酸等，与醇类结合生成酯类，尤其在米醋的陈酿过程中形成更多酯类，赋予米醋特有的芳香气味。

3.9.4　米醋酿造工艺

1. 固态发酵法酿造米醋

1）工艺流程

固态发酵法酿造米醋的一般工艺流程如下所示。

糖化曲、酒母　　　　　醋母

↓　　　　　　　↓

原料大米→浸米→蒸米→冷却→糖化及乙醇发酵→乙酸发酵→压滤→杀菌→澄清→过滤→陈酿→米醋

2）工艺要点

（1）原料处理。

采用固态发酵法生产米醋过程中对稻谷原料的处理，包括浸米、蒸米、冷却等操作，均可参照米酒酿造过程中相应的操作。

（2）发酵。

冷却后的米饭，每 100kg 加入糖化曲 5kg、酒母 4kg，补水 30～40kg，保持米粒湿润但无水分流出，拌匀后入缸搭窝发酵，起始温度控制在 26～28℃，约 24h 后，发酵产品温度升至 30～32℃时，开头耙降温。以后每隔 4～5h 开耙一次，开耙时机根据发酵醪液的发酵速度、产品温度和成熟度来决定。经四次开耙后，乙醇发酵已比较微弱，乙醇含量在 4%～5%（体积分数），此时，每 100kg 米饭接入 5～8kg 醋母，拌匀，静置发酵 3～4d 后，液面形成一层菌膜，开始生成乙酸。继续在 30～35℃下发酵至两次测定的酸度值不再上升，即为发酵成熟。静止式乙酸发酵周期较长，通常需经过 30d 以上，才可酿成具有曲香、含有氨基酸而口味浓厚的米醋。

（3）压滤。

成熟后的醋醪放入压滤机中，压榨并收集滤液，第一次压榨所得醋汁称为头醋，所得滤渣称为头渣，头醋经澄清、杀菌、陈酿等处理后，可直接作为商品米醋。头渣还可加清水浸泡并进行第二次压滤，所得滤液称为二醋，二醋可以与头醋适量混合调配，也可用来浸泡醋醪提取醋汁。

（4）杀菌。

压滤所得醋汁应及时进行杀菌处理，以杀灭各种微生物，同时使醋汁中的多种酶类失活，避免过度发酵给风味带来不良影响。通常将醋汁加热到 80～85℃并保温 30～60min 进行杀菌。

（5）澄清及过滤。

杀菌后的醋汁，经过 10～20h 冷却和静止后，醋汁中的淀粉颗粒等物质沉淀下来，然后通过硅藻土过滤除去沉淀并使醋汁进一步澄清。也可应用超滤技术进行米醋的澄清处理，提高米醋的稳定性，减少存放过程中沉淀的发生。

（6）陈酿及罐装。

陈酿可以丰富和增加风味物质，明显提高米醋的酯香味，陈酿期一般应在 6 个月以上。为了保证米醋在陈酿期的质量安全，应使米醋处于密封状态，同时建议将米醋的总酸含量控制在 9% 以上，以免在陈酿过程中杂菌生长。经陈酿后的米醋，经过滤去脚调配，装入清洁干净 250～500mL 的玻璃瓶中。然后进行压盖、贴标、装箱、检验、成品、出厂工序。

2. 自动化液态深层发酵技术酿造米醋

1）工艺流程

$$\begin{array}{cccc}
\text{粉碎} & \alpha\text{-淀粉酶} & \text{糖化酶} & \text{酵母菌} \\
\downarrow & \text{加水} \downarrow {\scriptstyle 90℃} & \downarrow {\scriptstyle 60℃} & \downarrow
\end{array}$$

大米→米粉→调浆→液化→冷却→糖化→冷却→乙醇发酵→成熟酒醪
　　　　　　　　　　　　　　　　　　　　　　　　　　　↓
　　　　　米醋←陈酿←过滤←澄清←压滤←杀菌←乙酸发酵←醋酸菌

2）工艺要点

（1）原料米的液化与糖化。

所采用大米原料必须新鲜，不含任何对生产有害的成分。可采用新鲜的碎米为原料，以节约生产成本。经粉碎后的大米，加入约 5 倍质量的水调浆，然后分别经 α-淀粉酶和糖化酶作用进行液化和糖化。

（2）乙醇发酵。

将糖化醪送入乙醇发酵罐，并补充水分，使原料米与水的质量比达到 1∶5.5，然后每 100kg 发酵醪接入 5～6kg 酒母，发酵温度控制在 30～34℃，经过约 60h，乙醇含量达到 7%（体积分数），含酸量（以乙酸计）为 0.3%～0.4%（质量分数）。

（3）乙酸发酵。

将乙醇发酵后的发酵醪液送入已灭菌的乙酸发酵罐，按 10%（体积分数）的接种量接入醋母。乙酸发酵罐多为自吸式发酵罐，保证乙酸发酵过程中氧气的供给和罐内溶氧的均匀。发酵罐温控制在 32℃，发酵周期为 65～72h，至酸度不再上升，即可判断乙酸发酵结束。

（4）压滤。

发酵醪经板框式压滤机压滤后，滤液即为生醋，进一步加工为成品醋。

3）工艺特点

（1）大罐发酵。

打破传统的陶缸中发酵的落后方式，采用 80～100t 大罐发酵，相当于传统约 250～300 个陶缸，极大减少了占地面积。

（2）机械化。

对大米进行粉碎蒸煮，改变了传统浸米和蒸饭时间过长，实现了机械化和连续化生产。

（3）自动化。

对蒸煮、液化、糖化、冷却、发酵等各个环节的温度、时间及罐中液位实施自动控制，改变了传统醋醪生产随季节温度变化易产生的不稳定性，用冷却系统调节室温和发酵温度，实现了醋醪常年生产质量稳定。

（4）提高了原料利用率。

使用淀粉酶和糖化酶使蒸煮料液化和糖化，再加入纯种培养酵母菌，保证了菌种质量，提高了淀粉利用率。

3.9.5 米醋的功能及应用

现代研究表明，米醋具有降血脂、醒酒、抑菌、助消化等生理功能。米醋可以降低血清总胆固醇，降低血液的黏稠度，可用于预防心脑血管疾病；一些特种米醋，如沙棘米醋，其降血脂的效果更为明显。常饮米醋可改善肠道微生态环境，抑制肠道有害菌的生长繁殖，防止由大肠杆菌等有害菌引起的肠炎和腹泻。米醋还可促进肠道蠕动，有利消化，对老年糖尿病、便秘等有一定的治疗效果。

目前对米醋中功效成分的研究较少，因此，对米醋保健功能的认识还不够深入和系统。进一步研究米醋中的保健成分，揭示米醋的更多保健价值，拓展米醋的应用市场，将是一个值得深入研究的课题。

参 考 文 献

柏芸，熊善柏，方炎鹏，等. 2009. 传统发酵食品米发糕生产工艺的革新与现代化. 粮食与食品工艺，16（5）：4-6

鲍方芳，袁佰华，熊青，等. 2012. 米发糕专用米粉生产工艺的研究. 中国粮油学报，27（12）：93-100

陈德文，张粹兰，沈伊亮，等. 2009. 大米发糕抗老化技术研究. 中国食品学报，9（5）：147-150

陈桂全. 1998. 大米为原料乳酸发酵饮料中试研究报告. 饮料工业，1（3）：33-38

陈季洲，卢训，吕政义. 1998. 磨粉方法对糯性米谷粉理化特性之影响. 中国农业化学会志，36（3）：272-282

陈洁，蔡永艳，吕莹果，等. 2011. 原料粒度对米粉品质的影响，粮食与饲料工业，（2）：27-32

陈朋引. 2002. 冷冻汤圆品质研究. 粮食与饲料工业，（12）：42-43

陈蔚青，程长平. 2001. 30M³标准型通风发酵罐进行液态深层米醋发酵的应用研究. 中国调味品，10：30-32

陈志刚. 2003. 钙和赤霉处理对糙米发芽过程中生理生化及主要物质变化的影响. 南京：南京农业大学硕士学位论文

成明华. 2000. 米粉品质评价体系和生产工艺的研究. 北京：中国农业大学博士学位论文

傅亮，田利春，王丽丽. 2006. 米乳饮料稳定性与脂肪球粒径之间的关系初探. 农产品加工（学刊），1：36-37

傅小伟，冯玉琴. 2002. 粘质类糕团品质改良剂的效果应用. 粮食与饲料业，12（11）：44-45

傅晓如，万小宝，彭阳生. 2001. 速冻汤圆面皮生产新工艺. 冷饮与速冻食品工业，7（2）：8-10

高群玉，黄立信，林红，等. 2000. 糯米及其淀粉性质的研究——糯米粉和糯米淀粉糊性质的比较. 郑州粮食学院学报，（1）：22-25

龚魁杰，尹庆良，秦岭，等. 2006. 湿磨法生产速冻糯玉米汤圆的工艺. 农产品加工（学刊），（5）：53-54

顾振新，陈志刚，蒋振辉. 2003. 赤霉素处理对糙米发芽力及其主要成分变化的影响. 南京农业大学学报，26（1）：

　　　74-77

何国庆. 2011. 食品发酵与酿造工艺学. 2 版. 北京：中国农业出版社

何新益，刘金福，崔晶，等. 发芽糙米及其深加工研究. 国家科技成果

何逸波. 2012. 水磨年糕保鲜技术的开发研究. 杭州：浙江大学硕士学位论文

胡中泽，高冰，柳志杰. 2008. 热风干燥和微波干燥对发芽糙米中 γ-氨基丁酸含量影响的研究. 粮食与饲料工业，

　　　12：4-5

黄迪芳. 2005. 糙米萌发工艺及发芽糙米功能饮料的研究. 无锡：江南大学硕士学位论文

黄来发，洪文生，黄恺. 2000. 食品增稠剂. 北京：中国轻工业出版社

黄亮，林亲录，王在亮. 2009. 发酵型功能早籼米乳饮料的制备. 中国粮油学报，24（7）：116-119

江湖，付金衡，苏虎. 2010. 富硒发芽糙米生产工艺的优化. 食品科学，31（4）：90-94

江正强，李里特，韩东海，等. 2001. 方便鲜米粉加工技术的研究. 中国粮油学报，16（4）：36-39

姜欣，黄立新. 1999. 糯米及其淀粉性质的研究. 郑州粮食学院学报，（3）：33-37

姜欣，黎碧娜，崔英德. 2002. 羟丙基糯米粉糊的特性及应用初探. 广州化工，（3）：24-28

金本繁晴. 2008. 新无菌化包装米饭的制作工艺. 农产品加工，（1）：55-56

金本繁晴. 2010. 日本稻米深加工技术与高附加值食品的现状. 粮食加工，01：38-42

李昌文，刘延奇，岳青. 2007. 影响速冻汤圆质量的因素. 四川食品与发酵，43（138）：54-56

李昌文，刘延奇. 2006. 添加剂对速冻汤圆冻裂率影响的研究. 粮食与食品工业，（4）：25-26

李次力，王茜. 2009. 发芽糙米面包的研制. 食品科学，30（18）：436-439

李凡飞，熊柳，郑燕，等. 2008. 保鲜剂对湿米粉保鲜效果的研究. 食品科技，（9）：251-253

李瑾，李汴生. 2008. α-方便米饭加工工艺及产品品质研究. 食品工业科技，29（11）：305-308

李庆龙，胡洋华，黄明泰. 1993. 自发米发糕粉的研制. 粮食与饲料工业，3：14-15

李思，方坚，梁建芬. 2007. 浸泡液对糙米发芽的影响研究. 食品科学，28（7）：138-141

李新华，洪立军. 2011. 生产工艺条件对米线产品品质的影响. 食品研究与开发，32（9）：124-127

林亲录，肖华西. 2009. 两种大米淀粉及其磷酸酯淀粉理化特性的比较研究. 食品与机械，25（4）：9-13

林鸳缘，曾绍校，郑向华. 2008. 发芽糙米微波干燥特性的研究. 农产品加工（学刊），1：10-13

刘超，汪晓鸣，张福生，等. 2009. 鲜湿米粉保鲜工艺研究. 安徽农业科学，37（11）：5113-5114

刘良忠，卢耀辉. 2001. 魔芋精粉与瓜尔豆胶等稳定剂的协同增效作用及配比分析研究. 食品工业科技，22（4）：

　　　34-36

刘小翠，李云波，赵思明. 2006. 生米发酵食品的研究进展. 食品科学，27（10）：615-618

刘小翠. 2008. 米发糕发酵剂及复配粉的研发. 武汉：华中农业大学硕士学位论文

刘友明，谭汝成，荣建华，等. 2008. 方便米粉加工原料的选择研究. 食品科技，（3）：133-136

刘贞. 2009. 糙米发芽制备高 γ-氨基丁酸营养粉的研究. 武汉：华中农业大学硕士学位论文

刘壮，凌彬，谢子江，等. 2010. 湿米粉在存放过程中的品质变化. 粮食与饲料工业，（8）：16-18.

鲁海波，罗莉萍，胡常春. 2007. 杀菌对甜酒质量的影响. 中国酿造，12：51-52

鲁卉. 2000. 速冻汤圆生产工艺的探讨. 冷饮与速冻食品工业，（2）：12-13

鲁战会. 2002. 生物发酵米粉的淀粉改性及凝胶机理研究. 北京：中国农业大学博士学位论文

吕兵. 1999. 米乳汁发酵饮料的研制. 冷饮与速冻食品工业，（2）：1-3

吕思伊，周荣，黄行健，等. 2010. 复合乳化剂、酶制剂和亲水性胶体对米发糕品质的影响. 中国粮油学报，25（5）：

　　　81-89

罗云波，生吉萍. 2011. 食品生物技术导论. 2 版. 北京：中国农业大学出版社

马涛，卢镜竹. 2012. 提高挤压膨化糙米粉的冲调分散性. 食品工业科技，05：277-279，284

孟繁华. 2010. 发芽糙米变温干燥工艺研究. 南京：南京农业大学硕士学位论文

闵甜，潘伯良，吴晖，等. 2012. 利用小曲发酵生产米乳饮料的工艺研究. 食品与机械，28（2）：206-209

闵伟红. 2003. 乳酸菌发酵改善米粉食用品质机理的研究. 北京：中国农业大学博士学位论文

欧立军，邓力喜，陈良碧. 2007. 不同浸种方法对水稻种子发芽率的影响. 种子，26（12）：8-10

潘伯良，胡晓溪，吴晖. 2012. 碎米米乳饮料的研制. 现代食品科技，28（2）：187-189

彭志英. 2008. 食品生物技术导论. 北京：中国轻工业出版社

邱泼，韩文凤，殷七荣，等. 2006. 生物酶法抑制鲜湿米粉回生的研究. 粮食与饲料工业，（11）：17-19

任红涛，程丽英，吴文博. 2010. 添加剂对速冻汤圆品质的影响. 农产品加工，12：39-51

阮富升，章海峰. 2007. 机械化浙江玫瑰米醋生产线的建立和评价. 中国调味品，10：62-64

桑卫国. 2007. 一种方便年糕片的加工方法：中国，CN101091516A

沈伊亮，陈德文，李秀娟，等. 2009. 大米品种特性与米发糕质构特性的相关性研究. 食品科学，30（7）：79-82

孙福来，鲁茂林，王华，等. 2001. 速冻糯米粉团品质研究. 粮食与饲料工业，（3）：44-47

孙庆杰. 2006. 米粉加工原理与技术. 北京：中国轻工业出版社：76-77

孙向东. 2005. 发芽糙米研究最新进展. 中国稻米，（3）：5-7

谭汝成，刘友明，赵思明. 2008. 膨化米饼加工原料选择模型研究. 中国粮油学报，06：16-20

涂清荣. 2005. 米乳饮料的制备及其稳定性的研究. 无锡：江南大学硕士学位论文

汪正洁. 2005. 米乳饮料生产工艺研究. 武汉：华中农业大学硕士学位论文

王邦辉，李玮，郭琦，等. 2009. 新型食品添加剂在鲜湿方便食品改良中的应用. 食品研究与开发. 30（9）：184-186

王锋，鲁战会，薛文通，等. 2003. 自然发酵对大米淀粉颗粒特性的影响. 中国粮油学报，18（6）：25-27

王京厦. 2006. 发芽糙米工艺研究. 成都：四川农业大学硕士学位论文

王克明. 1998. 菌种共固定化发酵大米乳饮料的研究. 中国粮油学报，13（4）：59-62

王琴，李健伟，陈信. 2005. 改善速冻水饺、汤圆抗冻性的研究. 冷饮与速冻食品工业，11（3）：19-21

王维坚，马中苏，孟凡刚，等. 2003. 发芽糙米浸泡工艺的研究. 吉林粮食高等科技专科学校学报，18（4）：7-10

王维坚. 2004. 糙米发芽工艺的基础研究. 长春：吉林大学硕士学位论文

王小英，谢苒黄，张金玲，等. 2002. 速冻汤圆低温抗裂性的研究. 食品工业，（5）：13-15

王晓波. 2005. 米乳饮料的研究//上海市粮油学会2005年学术年会论文汇编. 上海：上海市粮油学会：88-92

王辛，周慧明，蒋蕴珍. 2007. 传统糕点类食品抗老化技术的研究. 粮食与饲料工业，1（5）：23-24

王玉芳，刘小翠，鲍方芳，等. 2012. 米发糕双菌发酵剂的工艺研究. 中国粮油学报，27（8）：88-92

王玉萍，韩永斌，蒋振辉. 2006. 培养温度对发芽糙米生理活性及GABA等主要物质含量的影响. 中国粮油学报，
　　21（3）：19-21

魏玉翠. 2011. 米粉品质改良研究. 长沙：长沙理工大学硕士学位论文

吴红艳，郭成宇. 2011. 酶法制备米乳及其稳定性研究. 中国食品学报，11（2）：110-113

吴涛，吴晖，吴剑锋，等. 2004. 湿米粉保鲜技术应用研究. 粮油与油脂，（4）：24-26

吴卫国，陈许辉. 1998. 米乳饮料的研制. 食品科学，6：39-40

射定，刘永乐，单阳，等. 2006. 保鲜方便米粉抗老化研究. 食品与机械，22（2）：8-10，29

熊柳，初丽君，孙庆杰. 2012. 损伤淀粉含量对米粉理化性质的影响. 中国粮油学报，27（3）：11-14

熊善柏，杨尔宁，王益. 1994. 膨化谷芽营养米粉生产研究. 武汉食品工业学院学报，2：23-27

许秀峰，李桂玉. 2004. 速冻水饺、速冻汤圆生产缺陷的改善. 冷饮与速冻食品工业，（3）：36-37

杨慧萍，李常钰，王超超. 2011. 响应面法优化糙米发芽工艺条件研究. 粮食与饲料工业，4：1-5

杨勇, 任健. 2009. 速溶婴幼儿营养米粉的挤压膨化工艺研究. 中国粮油学报, 12: 129-132

姚森, 杨特武, 赵莉君, 等. 2008. 发芽糙米中 γ-氨基丁酸含量的品种基因型差异分析. 中国农业科学, 41 (12): 3974-3982

姚爱东. 2001. 冷冻糯米团糕点品质的研究. 食品与发酵工业, 27 (9): 66-70.

姚森, 郑理, 赵思明, 等. 2006. 发芽条件对发芽糙米中 γ-氨基丁酸含量的影响. 农业工程学报, 22 (12): 211-215

叶敏, 章焰, 谭汝成, 等. 2005. 方便湿米粉的加工工艺研究. 粮食与饲料工业, (11): 15-17

于衍霞, 鲁战会, 安红周, 等. 2011. 中国米制品加工学科发展报告. 中国粮油学报, 01: 1-10

张国治, 姚艾东. 2006. 影响速冻汤圆品质因素的研究. 河南工业大学学报 (自然科学版), (3): 49-52

张国治. 2006. 糯米粉的品质分析及速冻汤圆品质改良. 冷饮与速冻食品工业, 12 (12): 39-42

张群. 2006. 籼米发芽糙米制备工艺及其营养特性的研究. 长沙: 湖南农业大学硕士学位论文

张瑞宇. 2006. 超声波处理对糙米发芽生理影响的研究. 食品与机械, 22 (1): 56-58

张文叶. 2005. 冷冻方便食品加工技术及检验. 北京: 化学工业出版社

张永和, 朱麓雯, 蘇女淳. 1996. 不同品种稻米之水分扩散与淀粉糊化速率的探讨. 食品科学, 23 (5): 739-751

张喻, 杨泌泉, 吴卫国, 等. 2003. 大米淀粉特性与米线品质关系的研究. 食品科学, 24 (6): 35-38

张中义, 晁文, 李东岭, 等. 2010. Nisin 协同下的甜米酒超高压杀菌研究. 粮油加工, 9: 163-165

章焰, 叶敏, 赵思明, 等. 2006. 方便湿米粉的老化特性研究. 粮食与饲料工业, (8): 17-19

赵思明, 刘友明, 熊善柏. 2002. 方便米粉的原料适应性与品质特性研究. 粮食与饲料工业, (6): 37-39

郑春燕, 张坤生, 任云霞. 2013. 不同冷却方式对速冻汤圆品质的影响. 食品工业科技, (17): 236-240

郑建仙. 1997. 米乳汁发酵饮料的研究. 中国粮油学报, 12 (6): 19-23

郑理. 2005. 糙米发芽工艺与发芽动力学研究. 武汉: 华中农业大学硕士学位论文

郑向华, 陈荣, 叶宁. 2009. 温度和时间对发芽糙米中 γ-氨基丁酸含量的影响. 中国粮油学报, 24 (9): 1-4

周鹏. 2008. 含牛乳米乳饮料的工艺及稳定性研究. 无锡: 江南大学硕士学位论文

周秀琴. 2002. 日本开发糙米及糙米发芽营养食品. 粮食与油脂, (12): 41-43

周秀琴. 2003. 日本功能醋的开发动态. 江苏调味副食品, (79): 24-25

祝美云, 任红涛, 刘容. 2008. 速冻汤圆常见质量问题产生的原因及其对策. 粮食与饲料工业, (1): 19-20

Arihara K, Nakashima Y, Mukai T, et al. 2001. Pepride inhibitors for angiotensin-I-converting enzyme from enzyme atichydrolysates of porcine skeletal muscle proteins. Meat Science, (57): 319-324

Consuelo M P, Corazon P V, Bienvenido O, et al. 1993. Amylopection-staling of cooked noneaxy milled rices and starch gels. Cereal Chemistry, 70 (5): 567-571

Durand A, Franks G V, Hosken R W. 2003. Particle sizes and stability of UHT bovine, cereal and grain milks. Food Hydrocolloids, 17 (5): 671-678

Hamada J S. 1997. Characterization of protein fractions of rice bran to devise effective methods of protein solubilization. Cereal Chemistry, 74: 662-668

Hizukuri S, Takeda Y, Maruta N. 1989. Molecular structures of rice starch. Carbohydrate research, 189: 227-230

Kyoko O, Midori K, Atsuko S, et al. 2007. Effects of acetic acid on the rice gelatinization and pasting properties of rice starch during cooking. Food Research International, 40: 224-231

Metcalf L, Lund D B. 1985. Factors affecting water uptake in milled rice. Journal of Food Science, 50: 1676-1679

Mitchell C R, Mitchell P R, et al. 1988. Nutritional rice milk production: USA. US4744992

Mua J P, Jackson D S. 1997. Relationships between functional attributes and molecular structures of amylase and amylopectin fractions from corn starch. Journal of Agricultural and Food Chemistry, 45: 3848-3854

Radhika R K, Ali S Z, Bhattacharyam K R. 1993. The fine structure of rice-starch amylopectin and its relation to the texture of cooked rice. Carbohydate Polymer, 22: 267-276

Saito Y, Wane Z K, Kawato A. 1994. Structure and activity of angiotensin I coverting enzyme inhibitory peptides from sake and sake lees. Bioscience, Biotechnology, and Biochemistry, 58 (10): 1767-1771

Suphatta P, Sanguansri C. 2007. Morphology and physicochemical changes in rice flour during rice paper production. Food Research International, 40: 266-272

Wang Y J, Wang L F. 1996. Structures of four waxy rice starches in relation to thermal, pasting and textural properties. Cereal Chemistry, 79 (2): 252-256

Whistler R L, Paschall E F. 1967. Starch chemistry and technology. NewYork: Academic Press

Yang Y, Tao W Y. 2008. Effects of lactic acid fermentation on FTIR and pasting properties of rice flour. Food Research International, 41: 937-940

Zhang J H, Zhang H, Wang L, et al. 2010. Isolation and identification of antioxidative peptides from rice endosperm protein enzymatic hydrolysate by consecutive chromatography and MALDI-TOF/TOF-MS/MS. Food Chemistry, 119 (1): 226-234

第4章 稻谷副产物加工及其制品

稻谷粒由颖（外壳）和颖果（糙米）两部分组成，稻谷加工中经砻谷机处理得到糙米和稻壳，糙米再经加工碾去皮层和胚，留下的胚乳，即为食用的大米。在此加工处理过程中，会产生大量的副产物：稻壳、碎米、米糠。而长期以来我国稻谷加工仅处于一种满足人们口粮大米需求的初级加工状态，稻壳、碎米、米糠等资源未能得到有效的开发与利用。

4.1 稻   壳

稻壳是稻谷加工过程中数量最大的副产品，按质量计约占稻谷的20%。长期以来，国内外对稻壳的综合利用进行了广泛的研究，获得了许多可供利用的途径。但真正能够形成规模生产且能大量消耗稻壳的利用途径并不多。究其原因或是经济效益不显著，增值不大；或是在工艺上、技术上、质量上、环境污染等方面还存在一些问题。因此许多地方把稻壳作为废弃物，这不仅是对资源的极大浪费，在经济上造成巨大损失，且对环境也造成了很大污染。因此，对稻壳综合利用的技术与经济研究具有重要的意义。

稻壳富含纤维素、木质素、二氧化硅（SiO_2），而脂肪和蛋白质含量极低。稻壳最为显著的特点是高灰分（7%～9%）和高硅石含量（20%左右），具有良好的韧性、多孔性、低密度（112～144kg/m^3）以及质地粗糙等特性，从而决定了它在工业上的一些特殊用途与应用范围。其应用方式有稻壳的直接利用以及稻壳灰的利用。

4.1.1 稻壳做燃料

稻壳中可燃物达70%以上，稻壳发热量为12560～15070kJ/kg，约为标准煤的一半。稻壳是一种既方便又廉价的能源，国内外有关稻壳的综合利用，研究最多的也是稻壳做燃料。

1. 稻壳的热解

稻壳用作燃料可追溯到1000多年以前，中国几个世纪以来都是在一个灶中燃烧稻草和稻壳的混合物做饭。从20世纪50～60年代开始，稻壳作为燃料再次引发关注，当时主要是想找出一种手段对这种废物进行处理而已。例如，一个日处理 100t 稻谷的米厂每天将产生 20t 左右的稻壳，而其所占仓库容量一点也不比 100t 稻谷的仓库容量小，以致稻壳满仓，无法正常生产。为此，许多米厂常雇人拉壳或就近焚烧，对环境污染很大。近几十年煤炭、石油等资源枯竭型能源价格急剧上升的现实重新燃起人们对再生能源的兴趣。稻壳在我国可以说是"取之不尽，用之不竭"，其着火性能好，且不含硫和重金属，燃烧时对环境的污染比煤要小得多。第一次有记录的稻壳作为能源的应用是在 1889 年缅甸建造稻壳燃烧炉。尤其在碾米工厂中应用最为实用，在获得能源的同时又处理了稻壳。中粮（江西）米业有限公司年产 20 万 t 蒸谷米，稻谷水热处理所需热能全部为稻壳直接燃烧提供，每年可节省 2.5 万 t 标准煤。但这一应用一直没有取得商业地位，这主要是受到稻壳容积大、供应不稳定、运输困难等不利因素的制约。

2. 燃料棒（块）

稻壳的堆积密度小，一般为 $100 \sim 140 kg/m^3$，其呈松散状态，具有容重轻、易飞扬、易污染等特点，不便运输和集中。而在其中加入黏合剂或助燃剂，通过压缩成型制成燃料棒（块），除克服上述缺点外，尤其是压缩的稻壳块火力强，发热时间长，能显著提高燃烧效率，降低运输及储存成本，方便使用，是解决稻壳利用的一条有效途径。

3. 稻壳发电

用稻壳作为锅炉的燃料产生蒸气，为发动机提供动力以至发电，这是稻壳作为能源的又一重要途径。稻壳发电在我国主要采用稻壳煤气发电技术，此工艺由煤气发生炉、脱焦和发电机组成，稻壳在煤气发生炉中气化转化为可燃气体（煤气），经水洗脱焦油后，进入发电机组转变成电力。$2 \sim 3 kg$ 稻壳可产生电能 $1 kW \cdot h$，成本约 0.30 元。稻壳发电和火电及水电相比，投资较小，通常只有火电或水电的 $1/3 \sim 1/2$。稻壳煤气发电技术目前需要解决的问题是：煤气水洗脱焦油产生的焦油的回收及废水处理；环境污染问题；产气均衡性亟待提高；产生的大量炭化稻壳的利用（炭化稻壳经压缩成块后主要用于钢铁企业的铁水保温）。

我国湖南岳阳城陵矶粮库米厂，建了一个功率为 1500kW 的稻壳蒸气发电站，每年可发电 720 万 $kW \cdot h$，节约电费 72 万元。还可利用余气、余热进行生产，可节约蒸气费用 57.6 万元，节约标准煤 4320t，不仅节约了能源，每年还可新增利润 60 万元。

4.1.2　稻壳型材

稻壳型材包括稻壳板、快餐盒等容器。稻壳板是以稻壳为原料，以合成树脂为胶黏剂，经混合热压形成的一种板材。利用稻壳压制板材是稻壳的又一重要用途。1951 年，英国曾用粉状热固性酚醛树脂松脂与稻壳混合制成了稻壳板，但由于板材性能差，且成本高，未能引起人们的重视。直到 20 世纪 60 年代末 70 年代初，加拿大、美国、日本、英国、德国等多国相继开发研制稻壳型材，加拿大较早取得专利权，于 70 年代生产出成套稻壳板制造设备并向菲律宾转让。

我国的稻壳板研究起步较晚，20 世纪 70 年代末 80 年代初，江西与上海相继研制成功，江西省建材科学研究设计院于 1982 年完成研究并通过鉴定。稻壳板制造工艺简单，设备投资少，稻壳价格低廉，经济效益好。0.9t 稻壳原料即可生产 $1m^3$ 板材。稻壳纤维虽短，但经过添加其他纤维及添加物质，改善了其缺点，具有坚韧耐腐、抗虫蚀、导热性低、弹性强、耐压耐磨等优点。稻壳板还可制成包装箱、家具等，若进行二次加工贴微薄木、贴纸和塑料贴面板材，其用途会更加广泛。

以稻壳为主要原料，经过粉碎、混合、制片、成型、固化、表面喷涂等工序，制得的一次性餐具具有安全、无毒、可降解、成本低、表面光洁、外形美观等优点，完全可以取代目前广泛应用且造成"白色污染"的发泡餐具，具有很大的市场推广前景。

4.1.3　稻壳灰的利用

稻壳灰是稻壳燃烧后剩下的灰烬，为稻壳质量的 20%，其容重为 200～400kg/m^3，相对密度为 2.14。由于灰尘粒度很小，易被烟气带走而污染环境，因此稻壳锅炉被限制建在市区外使用，一般要采用干法或湿法处理，降低灰尘以满足环保要求。利用稻壳灰制成的产品很多，主要可分为因其比表面积大（50～100m^2/g）所具有的吸附性利用和高含量硅（稻壳完全燃烧后的主要成分是 SiO_2，含量为 94%～96%）的利用两大类。

1. 低温稻壳灰的吸附

稻壳的组成中，75% 为有机物，25% 为 SiO_2。如果采用一般的方法进行焚烧，即产生炭化，其作为吸附材料的价值不大，只能用于改良土壤。其吸附性能低劣的原因在于稻壳内所含的 SiO_2。在 600℃ 以下将稻壳焚烧，所得低温稻壳灰 90% 以上是 SiO_2，并且仍保持无定型 SiO_2 状态。低温稻壳灰比表面积大，研究文献表明，稻壳灰对多种金属元素如镉、铜、铅、锰、汞等以及砷、磷等有毒元素具有极好的吸附作用，300℃ 下加热所得到的稻壳灰有特殊的硅醇基团和氧化态的碳基团，可吸附金和硫脲的复合物，这是一种吸附金和硫脲复合物的新方法。

低温稻壳灰还可用于油脂的精炼，在粗加工的大豆油中存在着各种非甘油三酸酯的混合物即色素、脂肪酸、磷脂、蜡等，这些物质直接影响产品的质量。为了提高食用油的质量，必须除去这些物质。除去油脂中脂肪酸的方法很多，目前我国经常采用碱炼脱酸、混合油脱酸、蒸馏脱酸等工艺，尤以碱炼脱酸为主，但碱炼脱酸易发生皂化或乳化，影响油脂的色泽和透明度，并且沉淀和静止的时间长。在国外，使用低温稻壳灰从粗加工的大豆油中吸附游离脂肪酸的研究正在进行之中，这是最新的油脂脱酸的吸附方法。

2. 稻壳硅的利用

稻壳做燃料后产生的稻壳灰中的硅再处理利用，包括制造水泥、水玻璃、白炭黑、硅胶、高纯硅和纳米硅等产品。利用稻壳灰和石灰生产稻壳水泥，其主要原理是稻壳中的硅与石灰高温反应生成硅酸钙水合物。还有的研究是将稻壳灰作为硅酸盐水泥的代用料，用来配制砂浆和混凝土，以取代部分水泥。稻壳灰中残留的碳对水泥强度和凝结时间都有影响。稻壳灰与烧碱反应制泡花碱（水玻璃），水玻璃的半成品既可以制白炭黑，也可制钠 A 型沸石、硅胶及硅溶胶等化工系列产品。所产水玻璃可用作肥皂的填充剂和瓦楞纸的黏合剂。稻壳灰与硫酸铵反应制备白炭黑，白炭黑大量用作橡胶和塑料制品的补强剂。稻壳与酸煮沸，除去金属氧化物，再经干燥、高温分解和合成，得到碳化硅，碳化硅是一种强共价结合陶瓷，具有高强度、高硬度、高导热的特点及优良的耐腐蚀性能。稻壳制高纯 SiO_2，高纯 SiO_2 是精细陶瓷、光导纤维和太阳能电池等工业的基础材料，SiO_2 也是生产橡胶的辅助剂。利用低碳稻壳灰作为一种接合剂（水泥）或作为混凝土集料，多年来一直是国外大力进行研究和发展的课题。低温稻壳灰因其比表面积大，有超高的火山灰活性，对混凝土有超强的增强改性作用。在混凝土中掺入 10%低温稻壳灰，就可提高混凝土抗压强度 10MPa 以上。

4.1.4　稻壳的水解

1. 稻壳生产木糖

稻壳中的缩聚戊糖包括半纤维素和果胶多糖，其中五碳糖有木聚糖、木葡聚糖、阿拉伯聚糖、阿拉伯半乳聚糖等。在比较缓和的水解条件下，缩聚戊糖水解生成木糖：

$$(C_5H_8O_4)_n + nH_2O \longrightarrow nC_5H_{10}O_5$$

结晶木糖粉末呈白色，甜度相当于蔗糖的 67%，是一种戊醛糖，广泛应用于医药、化工、食品和染料等行业。由于它在人体内的代谢与胰岛素无关、不蛀牙、代谢的利用率低，近年来已引起国内外的重视，是糖尿病患者和肥胖病患者的理想甜味剂。木糖经过催化加氢生成木糖醇：

$$C_5H_{10}O_5 + H_2 \longrightarrow C_5H_{12}O_5$$

结晶木糖醇粉末为斜光体，呈白色，熔点为 91～93.5℃，在 20℃水中的溶解度为 14.4%，甜度与蔗糖相当。木糖醇为不发酵物质，不能被大部分细菌分解，可以防止龋齿，因此，木糖醇是生产口香糖的最好原料之一。将稻壳用硫酸处理，加氢氧化钙中和，以活性炭脱色，将滤液浓缩和结晶也可得木糖。另外，将稻壳纤维素通过酸碱或酶法分解成低聚糖、葡萄糖，再进一步发酵成乙醇是许多研究者正在进行的课题。这是继国内外淀粉制乙醇引发与人争粮现象后人类寻求新能源的一种必然选择，如果在纤维素预处理及酶活性提高方面的技术有了突破，成本将会再大幅降低一些。

2. 稻壳生产糠醛

糠醛是一种重要的有机化工原料，经加工可以合成得到一系列化工产品。糠醛是只能用农作物秸秆生产的一种重要有机化工原料，生产糠醛的主要原料是缩聚戊糖含量高的玉米芯、甘蔗渣、稻壳等农作物秸秆。稻壳经深度水解可获得糠醛。稻壳在稀酸溶液中，加热加压条件下，缩聚戊糖先水解成戊糖，戊糖进一步脱水生成糠醛。

$$(C_5H_8O_4)_n + nH_2O \longrightarrow nC_5H_{10}O_5$$

$$C_5H_{10}O_5 \longrightarrow C_5H_4O + 3H_2O$$

由于稻壳中缩聚戊糖半纤维素和果胶多糖组成的多样性，在较剧烈的水解条件下制备糠醛的同时，副产物也非常复杂，其中比较有经济价值的主要有乙酸、丙酮、甲醇等。

4.2　碎　　米

稻谷是我国的主要粮食作物，在碾制过程中产生 10%～15%的碎米，碎米的多少与稻谷的品种、新鲜度、加工工艺及生产操作等因素密切相关。碎米通常用作饲料，其蛋白质、淀粉等营养物质的含量与大米相近，但经济价值比大米低 1/2～1/3。若碎米能综合利用加工成其他产品，则可大大提高其经济价值。

碎米综合利用的传统产品主要是酒、醋和饴糖。近二十年，我国粮食工业工作者在碎米的综合利用方面做了大量的研究开发工作，推出了一批批新产品。碎米综合利用新途径主要有两方面：一是开发利用碎米中较高含量的淀粉；二是利用碎米中的蛋白质。碎米中含淀粉约为 75%，蛋白质为 8%。目前，我国利用碎米淀粉生产的新产品主要有果葡糖浆、麦芽糖醇、麦芽糊精粉、山梨醇、液体葡萄糖、饮料等。碎米中蛋白质含量虽然不高，却是一种质量较好的植物蛋白。大米蛋白的蛋白质生物价（BV）为 77%，高于其他谷物蛋白，总蛋白价（GPV）为 0.73，高于牛奶、鱼肉、大豆，大米蛋白质真实消化率（TD）高达 0.84。将碎米中的蛋白质含量提高后制得高蛋白米粉，可作为添加剂生产婴儿、老年人、病患所需的高蛋白食品。碎米淀粉利用后的米渣含有较多的蛋白质，可用来生产酱油、发泡粉、蛋白胨、蛋白饲料、酵母培养基等多种产品。

4.2.1 碎米发酵生产红曲色素

红曲米又称红曲、赤曲、红糟等，古称丹曲，是以大米为主要原料，经人工接种红曲霉属真菌发酵而成的红色米曲，被我国中医认为是珍贵的保健产品。红曲在我国已有一千多年的生产、应用历史，明代李时珍（1518—1593）著《本草纲目》，记录红曲有"活血化瘀、通经活络、健脾消食"的功效，由此可见，我国利用红曲的历史久远。

红曲色素是中国古老的天然食用红色素，广泛应用于酒、糖果、熟肉制品、腐乳、雪糕、冰棍、冰淇淋、饼干、果冻、膨化食品、调味类罐头、酱菜、糕点、火腿的着色，也可用于医药和化妆品的着色，为红色着色剂。近二十多年来，科学家发现人工合成的红色素有致畸致突变的潜在威胁，因此，人们日益重视天然红色素的开发和应用。但大多数从动植物中提取的红色素稳定性差，且价格贵、色价低。红曲色素是一种优良的食用天然色素，其具有安全性高、热稳定性强、耐光性强、对蛋白质着色性好、色泽鲜红等特点，同时具有原料价廉、生产周期短、价格波动小等优点。研究还证明，红曲色素具有一定的抑菌作用和降血压、降胆固醇、降血脂、降血糖以及抗疲劳、增强免疫力等功能。传统红曲色素生产是以粳米为原料，经红曲霉发酵，繁殖成红曲色素，再经过提取、精制、干燥而成。功能性红曲色素生产是以碎米或粕米为原料，工艺中采用了红曲米固体发酵、液体种子发酵的新工艺，并重点对红曲色素生产所需的菌种进行分离诱变、优选。其产品的特点是：生理活性成分如莫纳卡林-K（Monacolin K）类物质、昌醇、氨基多糖含量丰富，Monacolin K 含量达 250～340mg/kg，最高可达 345mg/kg。色价达 2300u/g，是现行国家标准红曲色素色价的 2.3 倍。

1）生产原料

普通碎米原料均可用于生产红曲米，要求米粒新鲜、无霉变霉烂。

2）参与发酵的微生物

从不同地区红曲米样品中分离出的红曲属（*Monascus*）真菌有几十种之多，常见的有紫色红曲菌（*M.purpureus*）、红色红曲菌（*M.ruber*）、丛毛状红曲菌（*M.pilosus*）、安卡红曲菌（*M.anka*）、巴克红曲菌（*M.barkeri*）、橙色红曲菌（*M.aurantiacus*）、烟灰色红曲菌（*M.fuliginosus*）、发白红曲菌（*M.albidus*）、新月红曲菌（*M.lunisporas*）、阿根廷红曲菌（*M.argentinensis*）等。红曲米发酵时所用母曲中红曲菌种的差异，决定了成品红曲米在色泽、风味及保健成分上会有一定的不同。

3）发酵过程中所发生的生物化学变化

（1）淀粉的变化。大米中淀粉在红曲菌产生的淀粉酶的作用下，分解为糊精、低聚糖及寡糖等物质，增强了溶解性，并具有一定的甜味。

（2）蛋白质的变化。大米蛋白在红曲菌分泌的多种蛋白酶的作用下，分解为胨、肽、和氨基酸等，更利于消化和吸收。

（3）红曲色素的生成。红曲米发酵生成过程中由红曲菌产生一种优质的天然食用色素，即红曲色素，又称红曲红或红曲米色素。该色素是目前世界上唯一利用真菌发酵生产的食用级微生物色素，可广泛用于糕点、肉制品、糖果等食品的着色，同时具有调节血脂、抗菌保鲜等优良性能。

（4）风味物质及功能性成分的生成。发酵过程中，还产生少量的乙醇、琥珀酸、乳酸、乙酸等风味物质，其中，乙醇可以和酸类物质反应生产香味物质酯类，发酵产生的氨基酸赋予红曲米特有的鲜味。红曲菌还能利用大米中的营养物质合成生物素、泛酸、维生素 B_2、γ-氨基丁酸、Monacolin K 等物质。其中 γ-氨基丁酸和 Monacolin K 因其特有的保健功效，近年来备受研究者关注。

4）工艺流程及工艺要点

（1）工艺流程。

$$试管菌种 \rightarrow 三角瓶培养 \rightarrow 帘子种曲$$
$$\downarrow$$

碎米→清洗→浸泡→沥干→蒸煮→凉饭→拌曲→保温发酵→倒包→喷水调湿→后熟管理→烘干→成曲干燥

（2）工艺要点。

①清洗和浸泡。

大米原料用清水洗去糠粉，然后浸泡至充分吸水。根据季节与米质浸米时间的长短不同，一般来讲，冬春浸泡 10～16h，夏秋浸泡 6～8h，吸水量一般控制在 28% 左右。目的是使米中淀粉颗粒吸水膨胀，使颗粒之间逐渐疏松，便于蒸煮糊化。

②蒸煮。

浸泡后的大米，捞出并沥去多余的水分，均匀铺在蒸笼上开始蒸饭。目前，蒸饭主要使用两种方法：机械蒸饭和饭甑蒸饭。两种方法各有优缺点。机械蒸饭，劳动强度低，但因为是连续蒸饭，一定要保持蒸汽压力在 0.6MPa，否则米饭生熟不均匀。饭甑蒸饭，一般每次约蒸 50kg 的大米。将沥干的大米倒入饭甑内，通入蒸汽，待蒸汽溢出表面时，用竹刷将表层大米扫平后用麻袋罩上蒸 8～10min 即可。饭甑蒸饭的优点是米饭质量好，缺点是劳动强度大。曲饭质量很重要，如不均匀、不透心，会直接影响红曲米的质量。因此，曲饭应外硬内软、无白心、透而不烂、疏松不糊、均匀一致。

③凉饭。

机械蒸饭一般在出料口安装鼓风机降温；饭甑蒸饭则是将蒸熟的饭倒入场地，捣散后用轴流风机冷却，注意未捣散之前不能风冷，以免结团。饭温降至 36～38℃后，进行拌曲。

④拌曲。

将经过扩大化培养的种曲接入冷却后的米饭中，每100kg原料米接入种曲6～7kg，采用螺旋输送机拌和输送，将曲料拌和均匀，再入窖或装袋进行保温发酵。

⑤保温发酵。

拌曲后，应进行 18～22h 的保温处理，使曲料温度升高到 40～45℃，最高不能超过 50℃。

⑥倒包、喷水调湿。

保温后，将袋内曲料倒出，摊开在发酵池或曲窖内，称为倒包。此时曲温下降，应在表面覆盖麻袋以保温。当温度升高到 45℃时，进行翻料，以后每隔 5h 左右翻料一次，保持曲料各部分温度均匀，避免烧曲，有利曲料呼吸，并可及时散去酸气。一般在倒包 24h 后，曲料上应进行第一次喷水调湿，每 100kg 曲料喷水 20～30kg，喷水后，将曲料搅拌均匀，堆积在中间升温，50～60min 后，产品温度升至 37℃，此时将曲料散开摊平。摊曲时，进风口一端与另一端要有一定的斜度，靠近风口一端应薄些，另一端厚些，这是因为进风口一端风力小，另一端风力大。第一次喷水完毕，控温 37℃，湿度保持为 80%，室温为 20～23℃。第一次喷水后，每隔 10h 左右再按同样的方法喷水一次，整个过程共喷水 3～4 次，注意曲料搅动和控温均匀。

⑦后熟管理。

四次喷水后过 12h 的曲料称为断水曲，一般断水曲控温 34℃，室温降为 20℃左右，湿度保持 80%，断水后经 24h 的后熟发酵即可烘干。

⑧烘干。

烘干为红曲米生产的最后一道工序。红曲堆层控制在 30cm 左右，当每池红曲米装到 1/3 时，打开风机与蒸汽开关。烘干阶段，要每隔 2h 翻堆一次，保持上下层干度均匀一致，当曲料含水量在 12% 以下时达到标准。

⑨成品干曲。

成品干曲为棕红色至紫红色的米粒，断面为粉红色，味淡，微有酸味，无霉变和不良气味，无肉眼可见杂质。以红透质酥，陈久者为佳。

5）红曲米的功效及应用

作为我国的一种传统保健食品，红曲米不仅具有活血化瘀、健脾益胃等功能。同时，随着科学研究的不断深入，红曲米中 γ-氨基丁酸、Monacolin K 等物质的发现，使红曲米的药用和保健价值更加突出，应用也更加广泛。

（1）在食品加工中的应用。

红曲米在食品加工中可用作发酵剂，用来生产红曲米酒、红曲老醋和红腐乳。红曲色素也是一种优良的天然食用色素，广泛应用于肉制品、奶制品及糕点等的着色和品质改良。

我国红曲米用于酿酒有着悠久的历史。红曲米酒是将糯米先蒸煮，添加红米曲和水发酵后经压榨、澄清、储存，调配而成的。红曲老醋是以糯米、红曲米为原料，将糯米蒸熟，拌入米量 25%的红曲米，利用其含有的糖化酶、酒化酶等多种酶系，经液体发酵酿制而成，具有独特的风味。红腐乳是在后期发酵过程中，利用红曲米提供的色素和多种酶类，使产品表面形成诱人食欲的红色，内部形成多种香气和香味成分。红曲色素在肉制品中也得到广泛的应用，尤其在一些西式肉制品中。水溶性的红曲色素在腌制液及注射液中分散性好，且具有良好发色和防腐作用，能使肉制品的色泽均匀一致，并对脂肪代谢有促进作用。

（2）在营养保健方面的应用。

①预防高血压。红曲米中富含 γ-氨基丁酸，具有较好的降压功效，可用于高血压疾病的治疗及预防。除此之外，γ-氨基丁酸还具有健脑安神、抗癫痫、促进睡眠、美容润肤、延缓衰老等多种保健功能。②调节血脂。红曲米中含有的 Monacolin K 作为胆固醇合成抑制剂，能减少体内胆固醇的合成，调节人体内异常血脂，对预防因高血脂引起的心脑血管疾病具有积极的作用。红曲米中的 Monacolin K 具有高效、低毒、食用安全等特点。③抗菌消炎。红曲霉培养物对蜡状芽孢杆菌、金黄色葡萄球菌、荧光假单胞菌有较强的抗菌作用；同时，对绿脓杆菌、鸡白痢杆菌、大肠杆菌也有一定抗菌作用。

4.2.2 碎米淀粉的利用

1. 大米淀粉糖浆

淀粉糖浆是淀粉不完全水解的产物，其糖分组成为葡萄糖、麦芽糖、低聚糖及糊精等，为无色或淡黄色、透明黏稠的液体。淀粉糖浆储存品质稳定，无结晶析出。随着医药和食品工业的迅速发展，其用途越来越大。

淀粉的水解在工业上称为转化，按照转化程度的不同，淀粉糖浆分为低转化糖浆，即 DE 值（dextrose equivalent value，葡萄糖当量值）在 20 以下，也称为低 DE 值糖浆；中转化糖浆，即 DE 值在 38～48，也称为中转化值糖浆；高转化糖浆，DE 值在 60 以上，也称高 DE 值糖浆。工业上生产量最大、应用比较普遍的是中转化糖浆，又称普通糖浆或标准糖浆，一般称为液体葡萄糖，简称液糖，在有些地区和工厂又叫糊精浆或化学稀。其大概的糖分组成为：葡萄糖 25%，麦芽糖 20%，麦芽三糖和麦芽四糖 20%；糊精 35%。

我国稻谷年产量可达 1.85 亿 t，在稻谷碾制过程中会产生约 10%的碎米。碎米的化学组成和整米一样，其淀粉含量超过 70%，而市场价格较低，仅为整米的 1/3～1/2，利用碎米这一优势，将其作为生产淀粉糖浆的主要原料，可降低生产成本，同时提高稻谷加工的附加值。

1）生产工艺及工艺要点

传统的淀粉糖浆生产采用的是酸水解法，但由于酸水解过程需要高温高压的苛刻条件，且酸碱的大量使用对环境不利。因此，现代化的生产工艺中，多采用酶法水解大米淀粉来生产淀粉糖浆。

（1）工艺流程。

　　　　　　　　　　　　　α-淀粉酶，氯化钙　　　　　糖化酶
　　　　　　　　　　　　　　　　　↓　　　　　　　　↓
碎米→洗涤→浸泡→磨浆→调浆→搅拌升温→保温液化→粗过滤→糖化→脱色过滤→浓缩→产品(淀粉糖浆)

（2）工艺要点。

①浸泡、磨浆。

碎米浸泡 10～12h，换水两次；磨浆粒度为 60～80 目。用碎米直接生产淀粉糖浆，省掉了制取淀粉的工序，但粉碎的粒度对液化、糖化及转化率有着直接的影响，当粉粒太大时，淀粉酶的作用效果受到影响，导致液化不能完全进行，从而降低效率；但当淀粉颗粒大于 90 目时，虽然有利于液化，但粗过滤造成困难，滤渣中含糖量增加，同样影响效率。所以粉碎粒度以 60～80 目为宜。

②调浆。

磨浆后，用去离子水将米浆浓度调至 15～20°Bé。因为米浆中有纤维素、蛋白质等杂质的存在，会引起淀粉乳的稠度增高，若调制的淀粉乳稠度过高，则液化、糖化不易均匀；稠度过低，会不利于后期的产品浓缩，因此，淀粉乳的浓度控制在 15～20°Bé 较适宜。

③升温、液化。

调节浆液的 pH 为 6.2～6.5，液化温度为 90～92℃，液化酶用量为 10U/g 干米粉，同时，按占干米粉质量的 0.3%的量添加氯化钙，以稳定和保护淀粉酶的活性。

液化的目的是利用液化酶将糊化的淀粉颗粒水解到糊精和低聚糖大小的分子，使黏度急剧下降，增加其流动性，为糖化创造条件。一般将大米淀粉水解到 DE 值 12～15 的范围即可停止液化。

④糖化。

对按上述工艺得到的液化滤液，先将 pH 调节到 4.2～4.5，再按 8～10U/g 固形物的量加入糖化酶，温度控制在 60℃，2～3h 后，检验糖液 DE 值达到 42～48时，再将糖液温度升至 100℃灭酶，然后使糖液温度降至 85℃以下。

⑤脱色过滤。

按每批料固形物总量的 1.5%的量加入糖用活性炭，搅拌、用稀碳酸钠溶液调糖液 pH 达 4.8～5.2，脱色 0.5h，使用滤机过滤，即可得到微黄透明的糖液。

⑥浓缩及成品。

得到澄清滤液后，使用釜式真空浓缩罐对糖液进行浓缩。为防止糖色增深，可按固形物总量的 0.05%添加焦亚硫酸钠到糖液中。浓缩时控制真空度在 0.08MPa以上。浓缩到要求的浓度即可得到成品淀粉糖浆。

2）大米淀粉糖浆的功能及用途

（1）在食品加工中应用。

大米淀粉糖浆的甜度比蔗糖低，不易结晶，同时具有防止蔗糖结晶、吸湿性很低、热稳定性好等特点，可广泛应用于低甜度食品中。

①用于糖果制造。中转化糖浆可作为填充剂用于糖果制造，可防止糖果中的蔗糖结晶，又利于糖果的保存，并能增加糖果的韧性和强度，使糖果不易破裂，同时，可降低糖果甜度，使糖果甜而不腻。因此，其是糖果工业不可缺少的重要原料。②用于饮料生产。淀粉糖浆的黏度较大，用于饮料中可增强黏稠度、改善口感、增加饮料的稳定性。③用于果脯、蜜饯、果酱等的生产。由于糖浆溶液中溶解氧很少，有利于防止氧化，保持水果的风味和颜色，可用于果脯、蜜饯、果酱、水果罐头等的生产。④用于焙烤食品。高转化糖浆在高温条件下可在食品表面形成良好的焦黄色外壳，非常适合于焙烤食品的生产。

（2）在发酵工业中应用。

高转化糖浆中葡萄糖和麦芽糖的成分加大，具有良好的发酵性能。与传统的淀粉类发酵原料相比，高转化糖浆由于几乎不需经过任何处理即可直接使用，因此常作为优质碳源用于经济价值相对较高的产品，如医药、保健品及其中间制品的发酵生产。

2. 果葡糖浆

果葡糖浆是一种新型甜味剂，可代替蔗糖作为糖源。果葡糖浆具有蔗糖不具备的优良性能，其甜度高，是蔗糖的 7 倍，但在味蕾上的甜味感比其他糖品消失快，因此用其配制的汽水、饮料，入口后给人一种"爽口"、"爽神"的清凉感。果葡糖浆能与各种不同香味和谐并存。当用于果汁、果汁汽水、果酒汽水、药酒等食品时，不会掩盖其原有香味。

果葡糖浆还具有抑制食品表面微生物生长，保留果品风味本色，使糕点质地松软，延长食品保鲜期等特点。果葡糖浆在营养保健功能方面也具有许多优良的性能。果葡糖浆中果糖的热量仅为蔗糖的 1/3，果葡糖浆用于低热食品，适用于肥胖症患者食用，果糖代谢不需要胰岛素辅助，且果糖在体内代谢转化的肝糖生成量是葡萄糖的 3 倍，因此果葡糖浆具有保肝作用，是糖尿病、脂血症及老弱病者的理想甜味剂。

碎米生产果葡糖浆是利用碎米淀粉经酶水解成葡萄糖，再经葡萄糖异构化酶的催化作用转化为果糖，从而制得含 40% 以上果糖的果葡糖浆。具体生产工艺如下：

碎米→粉碎→调浆→液化→糖化→脱色→过滤→树脂处理→精制糖化液→浓缩→精制糖液→异构化→脱色→树脂处理→浓缩→果葡糖浆

3. 麦芽糖浆

麦芽糖因其优越的加工性能和理化特性，应用范围非常广泛，已引起国内外食品、医药、化工等领域的高度重视。依麦芽糖含量的高低，麦芽糖浆可分为普通麦芽糖浆、高麦芽糖浆和超高麦芽糖浆。干物质中麦芽糖含量小于 60% 的为普通麦芽糖浆，大于 60% 而小于 80% 的为高麦芽糖浆，大于 80% 的麦芽糖浆为超高麦芽糖浆。目前生产麦芽糖浆的主要原料是玉米淀粉，以玉米淀粉生产麦芽糖浆的技术比较成熟，而且在生产上已大规模化投产应用。而以稻谷特别是低值稻谷（如早籼米、节碎米等）为原料生产麦芽糖浆可以综合利用我国的稻谷资源，在一定程度上还可节约生产成本，延长稻谷深加工产业链，增加产品的附加值。近年来，以碎米等低值米为原料加工麦芽糖浆的技术也取得了长足的进展。下面分别介绍以碎米为原料生产普通麦芽糖浆和超高麦芽糖浆的技术。

1）工艺流程

以碎米为原料生产超高麦芽糖浆的工艺流程：

认为碎米为原料生产普通麦芽糖浆的工艺流程：

碎米→粉碎→大米淀粉→调浆→耐高温α-淀粉酶液化→β-淀粉酶糖化→糖液精制→真空浓缩→麦芽糖浆

以碎米为原料生产超高麦芽糖浆的工艺流程：

　　　　　耐高温α-淀粉酶　　　　　　　　　　　　　　复合糖化酶
　　　　　　　　↓　　　　　　　　　　　　　　　　　　　　↓
碎米→破碎调浆→喷射液化→离心或过滤脱渣→滤液糖化→脱色、离子交换→浓缩→麦芽糖浆

2）工艺要点

（1）以碎米为原料生产普通麦芽糖浆的工艺要点。

①原料预处理。

粉碎前，大米中糠粉和杂质必须除干净，以保证下道工序的质量。

②调浆。

可采用粒度为 60～70 目的大米粉，按米粉与水 1∶3（质量比）的比例加入 40～60℃温水，调浆浸泡约 20min；也可浸米 2～3h 后磨浆。

③液化。

按 15U/g 干淀粉的量加入耐高温 α-淀粉酶，同时加入 $CaCl_2$ 和 NaCl，使浆液中 Ca^{2+} 和 Na^+ 的浓度为 0.01mol/L，于 85～90℃液化 10～15min。

④糖化。

液化后，降温至 55～60℃，按 25U/g 干淀粉的量加入 β-淀粉酶，保温糖化 2～3h。糖化后，升温杀酶并立即过滤。

⑤浓缩及成品。

真空浓缩糖液至 38～40°Bé，即得 DE 值为 40 的麦芽糖浆。

（2）以碎米为原料生产超高麦芽糖浆的工艺要点。

①碎米预处理。

破碎成 60 目以上，加适当水浸泡 2～6h。

②调浆喷射液化。

浸泡后的米浆加一定量耐高温 α-淀粉酶，调成质量分数为 30%～33%的米浆液，调 pH，经 105～110℃喷射液化，在 95℃保温液化一定时间，控制液化 DE 值为 14。由图 4.1 可以看出，液化时 DE 值过高或过低，均不利于麦芽糖的生成。

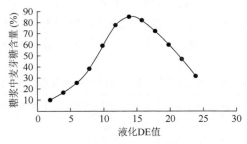

图 4.1　液化 DE 值与成品麦芽糖含量的关系

影响液化 DE 值的因素很多，从经济的角度看，耐高温 α-淀粉酶的使用量越低越好，在保证液化 DE 值为 14 的前提下，选用了不同用量的耐高温 α-淀粉酶。从图 4.2 可以看出，当耐高温 α-淀粉酶用量为 9U/g 干米淀粉时，DE 值就可以达到 14，用量增加不仅增加成本，而且促使 DE 值增加，不利于后续糖化过程中麦芽糖的形成。从图 4.3 可以看出，当液化时间为 105min 左右时，DE 值达到 14。

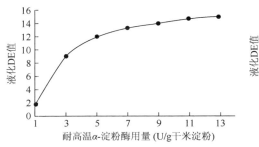 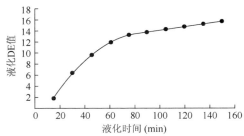

图 4.2　耐高温 α-淀粉酶用量与液化 DE 值的　　图 4.3　耐高温 α-淀粉酶液化时间与 DE 值的
　　　　　　　　关系　　　　　　　　　　　　　　　　　　　　关系

③脱渣。

采用离心或过滤方法脱除米蛋白等成分。

④糖化。

调整滤液 pH，并加一定量的真菌淀粉酶和普鲁兰酶等糖化酶，在设定温度下糖化一定时间，灭酶。

真菌淀粉酶是一种常用的糖化酶，而且有产麦芽糖的功效，有些厂家就直接用真菌淀粉酶糖化生产麦芽糖浆。但添加一定量的普鲁兰酶后，能显著提高麦芽糖产量。见表 4.1，单独用真菌淀粉酶（用量为 0.6FAU/g 干米淀粉）或普鲁兰酶（用量为 0.3PUN/g 干米淀粉），糖浆中麦芽糖含量分别为 60%或 9%左右，而真菌淀粉酶和普鲁兰酶同时使用时，可以达到 85%以上，差异极显著。这主要是因为淀粉有直链和支链淀粉之分，籼米淀粉包含有部分支链淀粉，真菌淀粉酶主要是降解 α-1,4 糖苷键，很难降解支链中的 α-1,6 糖苷键，而普鲁兰酶是一种典型的分支酶，几乎不能降解 α-1,4 糖苷键，却能选择性降解 α-1,6 糖苷键。因此，这两种糖化酶结合使用，具有协同增效作用，能极显著提高麦芽糖含量。

表 4.1　不同糖化酶糖化 18h 后糖浆中麦芽糖含量比较

糖化酶种类	普鲁兰酶（0.3PUN[a]/g 干米淀粉）	真菌淀粉酶（0.6FAU[b]/g 干米淀粉）	普鲁兰酶+真菌淀粉酶（0.3PUN/g 干米淀粉+0.6FAU/g 干米淀粉）
糖浆中麦芽糖含量(%)	9±0.3	60±2.1	85±4.2

注：a PUN 为通用的普复兰酶的活力单位；b FAU 为真菌淀粉酶的活力单位。

以两种糖化酶协同糖化时,对于糖化时间、pH 和温度等参数的选择尤为重要。从图 4.4 可以看出,当糖化时间为 18h 左右时,结果比较理想;超过 18h 后,麦芽糖含量还略有降低,这可能是糖化时间过久,麦芽糖进一步转化为单糖或合成其他三糖等寡糖。

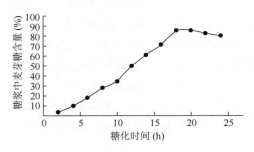

图 4.4　糖化时间与糖浆中麦芽糖含量的
关系

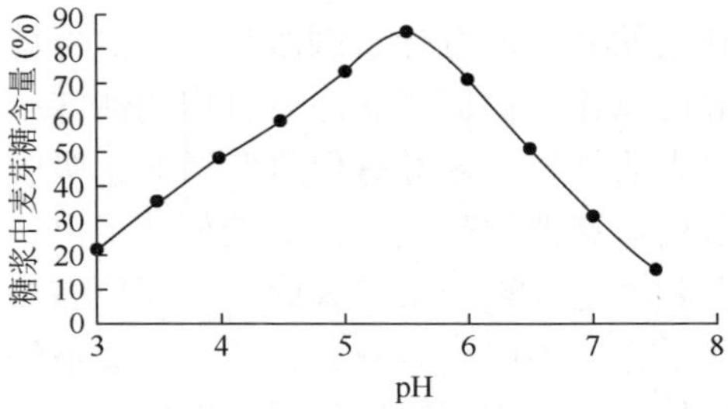

图 4.5　糖化 pH 与糖浆中麦芽糖含量的
关系

酶对 pH 非常敏感,普鲁兰酶的最适 pH 范围为 4.5～5.5,而真菌淀粉酶的最适 pH 范围为 5.0～6.0,把这两种糖化酶混合使用时,调整适宜的 pH 也是非常关键的。从图 4.5 可知,pH 为 5.5 左右时比较理想,有助于提高麦芽糖得率,高于或低于 5.5 时,麦芽糖含量均显著降低。

另一个影响酶糖化的重要参数是温度,真菌淀粉酶和普鲁兰酶的最适温度不完全吻合。从图 4.6 可以看出,两种酶混合糖化时,最适温度为 59℃左右,高于或低于该温度,麦芽糖含量都有所降低,因糖化时间比较长,糖化温度过低则易发生酵母菌和细菌污染,从而影响产品质量和麦芽糖得率。因此,在不影响麦芽糖得率的情况下,应尽可能增加糖化温度以抑制杂菌生长。

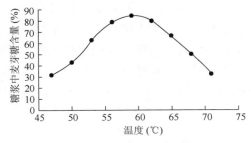

图 4.6　糖化温度与糖浆中麦芽糖含量的关系

⑤精制、浓缩。

加活性炭脱色,离子交换脱除离子,通过降膜浓缩法浓缩至所需浓度即可。

4. 麦芽糖醇

麦芽糖醇不是产酸的基质，几乎完全不会导致细菌合成不溶性聚糖，所以麦芽糖醇是极难形成龋齿的非腐蚀性新糖质。

麦芽糖醇由于难以消化吸收，血糖值上升少，故而对葡萄糖代谢所必需的胰岛素的分泌没有什么刺激作用，这样就减少了胰岛素的分泌。由此可见，麦芽糖醇可以作为供糖尿病患者食用的甜味剂。麦芽糖醇可促进钙的吸收。通过动物实验表明，麦芽糖醇有促进肠道对钙吸收的作用、增加骨量及提升骨强度的性能。若用麦芽糖醇替代砂糖制造如冰淇淋、蛋糕、巧克力之类的高脂肪食品，由于不会刺激胰岛素分泌，因此可以期望减少体内脂肪的过度积聚。麦芽糖醇在人体内几乎完全不能被唾液、胃液、小肠液等中的多种酶分解，除肠内细菌可利用一部分外，其余均无法消化而排出体外。

摄入体内的麦芽糖醇中，约 10% 在小肠分解吸收后作为能源利用；余下的 90% 在大肠内细菌作用下分解为短链脂肪酸，其余一部分在大肠吸收后作为能源利用。麦芽糖醇是由麦芽糖经氢化还原制成的双糖醇。工业上，其生产工艺可分为两大部分，第一部分是将淀粉水解制成高麦芽糖浆，第二部分是将制得的麦芽糖浆加氢还原制成麦芽糖醇。其生产工艺如下：

淀粉→调浆（浓度为 10%～20%，pH 为 6.0～6.4）→液化（100℃，DE 值为 10～12）→糖化（45～50℃，pH 为 5.8～6.0）→压滤→脱色（pH 为 4.5～5.0，80℃，20～25r/min）→压滤→离子交换→真空浓缩（0.086～0.092Mpa）→高麦芽糖浆→备料（浓度为 12%～15%）→调 pH（7.5～8.0）→进料反应（温度为 120～130℃，压力为 8MPa）→过滤脱色→离子交换→蒸发浓缩→成品

麦芽糖醇因其优点在食品行业有广泛的应用：①麦芽糖醇在体内几乎不分解，可用作糖尿病患者、肥胖病患者的食品原料。②麦芽糖醇的风味口感好，具有良好的保湿性和非结晶性，可用来制造各种糖果，包括发泡的棉花糖、硬糖、透明软糖等。其有一定的黏稠度，且具难发酵性，所以在制造悬浮性果汁饮料或乳酸饮料时，添加麦芽糖醇代替一部分砂糖，能使饮料口感丰满润滑。③冰淇淋中使用麦芽糖醇，能使产品细腻稠和，甜味可口，并延长保存期。④麦芽糖醇作为食品添加剂，被允许在糕点、果汁、饼干、面包、酱菜、糖果中使用，可按生产需要确定用量。

5. 麦芽糊精

麦芽糊精也是一种淀粉糖，但它的甜度极低。与各种淀粉糖品相比，其水溶性、吸湿性、褐变性、冰点下降度也是最低的，而黏度、黏着力、防止粗冰

结晶、泡沫稳定化、增稠性等方面则最强。麦芽糊精同样具有与其他香味和谐并存的特点，是甜味和香料的优良载体。利用麦芽糊精冰点低、抗结晶性强、增稠作用强的特点，将其应用于冰淇淋生产，可减少冰淇淋中奶油和蔗糖的用量、降低甜度和热值、减少脂肪和胆固醇含量。麦芽糊精甜度低、吸湿性低、耐高温、发酵性好和不掩盖其他香味的特点，使其成为生产糖果的最佳原料。麦芽糊精作为填充剂，广泛应用于果汁、汤料、咖啡等粉末产品中，能保持风味，防止褐变。

麦芽糊精可以以干粉的形式或凝胶的形式替代脂肪。以麦芽糊精干样替代脂肪，可提供 16.72kJ/g 的能量，而当其与 3 倍体积的水混合溶解后，冷却，形成热可逆胶，则仅提供 4.18kJ/g 能量。当用 25% 的麦芽糊精或糊精来代替脂肪时，其热量值比脂肪减少 8kJ/g。低 DE 值麦芽糊精非常适用于低脂保健食品的生产，还有助于改善食品的黏度和硬度，延长食品的货架期。

低 DE 值麦芽糊精的凝胶制品具有类似奶油的外观及口感，十分适合加工酸奶和部分替代奶油的乳制品，通过不同含量的调配，可加工成供人造奶油生产的加氢油脂。低 DE 值麦芽糊精用于减脂或低脂奶酪、低脂肪冰淇淋、无脂人造奶油、沙司和凉拌菜调味料的生产，蕴含着巨大的商业价值。在火腿和香肠等肉制品中添加用量为 5%～10% 的低 DE 值麦芽糊精，可体现出其胶黏性和增稠性强的特点，使产品细腻，口味浓郁，易包装成型，延长保质期。在肉制品中加入脂肪替代品，还可以保持制品的多汁性和嫩度，并且还能降低制品的蒸煮损失。美国已经在低脂牛肉饼和猪肉饼中加入脂肪替代品，添加 1% 的脂肪替代品制成含 10% 脂肪的肉饼，比起含 20% 脂肪的传统牛肉饼更嫩、更具汁液，而且在生鲜猪肉香肠中也加入脂肪替代品。在烘烤食品中，脂肪用来保持产品的物质结构和提供脂肪的感官和风味。脂肪替代品主要是一些填充剂，其作用是提高产品的硬度。脂肪替代品取代部分焙烤食品中的油脂时，并不能模拟出油脂与淀粉或面筋的相互作用状况，但在脂肪酸型乳化剂的协助下，其相互间的作用得以加强，这样制得的产品就更具有油脂的口感。低 DE 值麦芽糊精配成浓度为 20%～25% 的溶液时就具有类似脂肪的特性，可用于生产品质良好的低能量焙烤食品，如夹心蛋糕、松饼、奶酪蛋糕，且不会出现低脂食品中常见的干燥粗糙的口感。在调味品中的应用表现在，低 DE 值麦芽糊精可用于改善耗油的稳定性、透明度和货架稳定性，在辣椒酱和果酱等调味品中添加低 DE 值麦芽糊精，也可增加产品的光泽度，使产品体态醇厚，耐剪切力，不析水，不老化。

低 DE 值的麦芽糊精能形成柔软的、可伸展的、热可逆的凝胶，并且入口即溶，具有类似脂肪的滑腻口感，因此，在食品加工中可作为脂肪替代品应用于冰淇淋、饮料、面包等多个领域的产品中。低 DE 值麦芽糊精具有安全性高、性质稳定和低热量等特点，可用于低脂食品的生产，更适合肥胖症及心脑血管疾病的患者食用。

以大米为原料制备低 DE 值麦芽糊精，具有诸多优点：不会像脂肪酸酯那样因摄入过多而引起腹泻和腹部绞痛等副作用，影响机体吸收某些脂溶性的维生素和营养素；也不会像蛋白质为基质的脂肪模拟品那样使某些人群产生过敏反应；是一种不用精制的大米淀粉水解制品，大米中原有的成分如蛋白质、维生素等都得以保存。

1）工艺流程

耐高温 α-淀粉酶
↓

清理→浸泡→磨浆→调浆液→液化→灭酶→二次降温出料→中和脱色→离子交换→浓缩→干燥→成品

2）工艺要点

（1）稻谷原料。

凡是无污染、无霉变、不含有害物质的天然大米，均可用于制备低 DE 值麦芽糊精。通常采用早籼米、碎米等低值稻谷作为原料，可降低生产成本。首先，清除原料中的糠粉、稻壳等杂质，再添加相当于稻谷原料质量 3～5 倍的水浸泡 2～6h，磨成浆液，过 60～80 目滤网。

（2）调浆液。

调整浆液 pH 至 5.5～6.1，波美浓度为 16～19°Bé，加入耐高温 α-淀粉酶，搅拌混匀。

（3）液化、灭酶。

将浆液在 105～110℃喷射，降温至 90～97℃，控制液化液 DE 值为 8～11，在出料时用喷射器升温至 125～130℃，灭掉 α-淀粉酶活性，抑制 DE 值继续增加。

（4）二次降温出料。

首先降温至 110℃，停留 5～10min，再继续降温到 85～90℃后，通过箱式压滤机过滤，滤掉浆液中米蛋白等成分。

（5）中和脱色过滤。

在温度为 85～90℃，pH 为 4.5～4.8 条件下，添加稻谷原料重 1%～5%的活性炭混合中和 30～45min，待其形成滤层后，用箱式压滤机和密闭过滤机过滤，滤掉残留米蛋白等成分，至料液清澈透明，无炭粒、异物即可。

（6）离子交换。

用一次离子交换方式精制料液，料液透明、气味纯正，pH 为 4.2～6.1。

（7）浓缩。

采用四效降膜式蒸发器蒸发，浓缩至浓度为 75%～80%。

（8）干燥。

采用"真空低温连续干燥机"干燥或喷雾干燥，至水分含量≤6%即可。

（9）成品。

干燥后为白色粉末，按国家标准（GB/T 20885—2007）检测，DE 值为 8～11。

4.2.3　碎米蛋白的利用

目前国外大米蛋白的产品很多，有不同的蛋白质含量、性质和用途。碎米、籼米以及米淀粉加工的副产品（米渣）都是提取大米蛋白质的原料，运用不同的提取手段可以得到不同蛋白质含量和不同性能的产品。一般作为营养补充剂用于食品的是蛋白质含量为 80%以上并具有很好水溶性的大米蛋白产品，含量为40%～70%的大米蛋白产品一般用作宠物（猫、狗）食品、小猪饲料、小牛饮用乳等。大米蛋白浓缩物是一种极佳的蛋白质源，作为高级宠物食品、小猪饲料、小牛饮用乳等，其天然无味和低过敏，以及不会引起肠胃胀气的独特性质，使其非常适合用作宠物食品。在爱尔兰，有用米粉制成的面包，它不同于一般面包，不仅式样各异，而且松软可口。美国也有大米面包的开发，因为美国约有 2%的人不适应小麦中的谷朊蛋白。除此之外，大米蛋白还有在日化行业中的应用，如用于洗发水，作为天然发泡剂和增稠剂。

1. 高蛋白米粉

高蛋白米粉的蛋白质含量高达 28%，是婴幼儿、病患和老年人的营养食品。高蛋白米粉中只含有麦芽糖而无乳糖，用高蛋白米粉制成的食品，更容易被婴幼儿吸收利用。

碎米生产高蛋白米粉是利用 α-淀粉酶酶解淀粉的性质，除去碎米中的部分淀粉，得到蛋白质含量高的米粉，生产工艺如下：

碎米→粉碎→调浆→淀粉酶水解→分离→干燥→高蛋白米粉

淀粉酶解分离后得到的上清液，是糊精、麦芽糖和葡萄糖的混合物，可进一步制取饮料或葡萄糖、高果葡萄糖、麦芽糊精等。

2. 米渣生产发泡粉

米渣是以大米为原料的味精厂、葡萄糖厂、酒厂、麦芽糊精厂等在利用完大米淀粉之后的副产物。米渣中主要含有的成分是蛋白质和碳水化合物，蛋白质含量约为 35%，是大米中含量的 5 倍，是良好的蛋白质资源。米渣中的蛋白质主要由胚乳蛋白、清蛋白（4%～9%）、盐溶性球蛋白（10%～11%）、醇溶性谷蛋白（3%）和碱溶性谷蛋白（66%～78%）组成。米渣作为饲料处理，经济价值低。若以米渣为原料制取蛋白发泡粉，其成本低，且工艺简单。蛋白发泡粉作为食品添加剂，应用在糕点、糖果、冰淇淋等生产中有助于制品膨松，提高制品的口感。蛋白发泡粉还可用作灭火发泡剂。国内对蛋白发泡粉的需求量每年约为 4000t，而国内可提供量约为 1000t，每年需要大量进口。传统使用的蛋白发泡粉多用鸡蛋蛋白干作为原料，每 15t 鸡蛋只能制取 1t 发泡剂，价格昂贵。已有报道介绍用豆粕、奶酪、脱脂棉籽粕生产蛋白发泡粉，但由于工艺条件复杂，生产成本高而无法大规模进行工业化生产和推广。

味精厂下脚料米渣生产发泡粉是采用碱法或酶法将米渣浆中的蛋白溶解出，再浓缩干燥而成。具体工艺如下：

米渣→打浆→碱溶解→过滤→（上清液）浓缩→干燥→发泡粉

3. 大米生物活性肽

天然食用蛋白质是人体所必需的一种重要营养素，其不仅提供人体合成新蛋白质必需的氨基酸及能量，还具有另外一个特殊生理机能，即食用蛋白质第三功能（edible protein tertiary function）：食用蛋白经不完全酶解后能产生若干个氨基酸残基相连的低聚肽，这些肽经消化道酶作用后并不会被分解为游离氨基酸，而是直接以肽的形式被机体吸收，且具备产生它的蛋白质和组成它的氨基酸所不具备的特殊生理功能。这类肽被称为生物活性肽（biological active peptides，BAP），简称活性肽。目前，已从食用蛋白质的不完全水解物中获得了各种活性肽，如降血压肽、抗氧化肽、抗菌肽和免疫调节肽等。活性肽的研究已成为保健食品研究开发的热点。

大米蛋白因其具有高营养价值和低过敏性等优点，受到越来越多的关注。特别是近年来，随着大米淀粉糖产业的不断发展和壮大，作为该产业副产物的大米渣，其产量也不断提高。大米渣中蛋白质的含量高达 40%以上，也被称为大米蛋白渣，是一种非常优质的蛋白质资源，但以往却被作为饲料蛋白廉价销售，没能充分体现其应用价值。以大米蛋白渣为原料来制备大米生物活性肽，可以使这一资源得到充分的开发利用，延长大米加工产业链，提高其附加值。

目前，已发现的大米活性肽有抗氧化肽、降血压肽、风味肽、免疫调节肽等。这些活性肽对人体具有非常重要的不可替代的调节作用，这种作用几乎涉及人体的所有生理活动。研究发现，一些调节人体生理机能的肽的缺乏，会导致人体机能的转变。因此，在进行以营养学为基础的食物结构调整以满足人体必需的氨基酸需要的同时，适当补充活性肽对促进体质提高，增强防病、抗病能力，延缓衰老都具有深远的意义。

目前，获得活性肽的方法主要有以下几种：①从生物体中分离提取天然活性肽。②通过酸、碱水解蛋白质制取活性肽。③酶法水解蛋白质获得活性肽。④利用化学合成、基因工程等方法制取活性肽。生物体中天然活性肽含量较少，且提取难度大，不能满足大规模的需求；化学合成法所得活性肽，具有成本高和副产物对人体有害的特点；而采用适当的蛋白酶水解蛋白质，可获得大量的具有多种生物功能的活性肽，而且其成本低、安全性较好、便于工业化生产。

酶法制备活性肽吸引了国内外众多研究者的关注，目前的研究表明，酶解产物的活性受原料及其预处理方法、所用蛋白酶种类、蛋白水解度（degree of hydrolysis，DH）等多种因素的影响。以米渣为原料制备多肽时，一般要通过适当的水洗工艺来去除米渣中的糖分、脂肪和微生物等杂质；以早籼米、碎米等为原料时，要通过碱溶酸沉法提取大米蛋白；酶解前对原料进行超微粉碎可提高多肽的得率。常见的蛋白酶有中性蛋白酶、酸性蛋白酶、碱性蛋白酶、木瓜蛋白酶、风味蛋白酶等，不同蛋白酶的水解能力不同，水解位点不同，所得活性肽也有较大区别。关于水解度，并非水解度越大，所得活性肽活性越高。例如，采用中性蛋白酶水解大米蛋白制备抗氧化肽时的最适水解度为 13 左右，一般认为水解不足或水解过度都会影响所得抗氧化肽的活性。

1）大米抗氧化肽

自 1956 年英国科学家 Harman 提出了自由基理论之后，人们发现机体的衰老、肿瘤以及其他的一些疾病与自由基代谢失调和氧化反应损伤有关。因此，在人们的日常膳食中，将抗氧化剂作为食品添加剂使用可以降低自由基对人体的危害，减少脂质过氧化反应对人体造成的损伤。目前，食品行业使用量较大的是化学合成的抗氧化剂，因它具有明显的毒副作用，人们开始将目光转向天然抗氧化剂的研究。抗氧化肽是一种优良的天然抗氧化剂，目前研究较多的抗氧化肽主要有存在于生物体内的抗氧化肽和动植物蛋白源的抗氧化肽等。由于含量较低且提取困难，存在于生物体内的抗氧化肽不可能满足人类大规模的需求，因此，酶法水解动植物蛋白生产抗氧化肽是目前生产抗氧化肽的首选方法。

由于所选用的大米原料及处理方式不同，水解时所用蛋白酶种类不同等多种因素的影响，目前，大米抗氧化肽的生产工艺也不尽相同。下面介绍一种以米渣蛋白为原料，采用中性蛋白酶水解大米蛋白生产抗氧化肽的生产工艺。

（1）工艺流程。

中性蛋白酶
↓

米渣→水洗除杂→制备大米蛋白悬浊液→调节pH→调节温度→酶解→灭酶→离心分离→上清液→真空浓缩→冷冻干燥→大米抗氧化肽

（2）工艺要点。

①水洗除杂。水洗可除去米渣中的大部分糖分及脂肪。水洗时液固质量比应控制在 7～9∶1，温度为 70～80℃，时间为 30～40min，水洗两次。水洗后米渣蛋白的含量可达 80%左右。②大米蛋白悬浊液的制备。用去离子水配制大米蛋白悬浊液，浓度为 5～8g 干米渣粉/100mL 悬浊液。③调节温度和 pH。将大米蛋白悬浊液的温度和 pH 分别调节到所用中性蛋白酶的最适温度和 pH，一般为 35～42℃，pH 中性。④添加中性蛋白酶。按照 5000U/g 干米渣蛋白粉的量添加中性蛋白酶，混匀后在已调节好的温度和 pH 条件下反应 3.5～4h，使水解度达到 10%～14%为宜。⑤灭酶。酶解反应结束后，85℃灭酶 10min，冷却后以 5000r/min 离心 15min，上清液即为大米肽液。⑥浓缩、干燥。上清液经真空浓缩和冷冻干燥，即得大米抗氧化肽。

与大米蛋白相比，所制得的大米抗氧化肽，其溶解度大大提高，可达 80%以上，同时黏度大大降低，非常有利于在食品及保健品中添加使用。该产品具有较强的清除羟自由基（·OH）和超氧阴离子自由基（O_2^-·）的能力，对双氧水诱导的小鼠红细胞溶血的抑制率可高达 80%以上。

（3）大米抗氧化肽的应用。

①在食品中的应用。

由于大米抗氧化肽具有抗氧化性、低过敏性和营养性等优良性能，将其作为一种抗氧化剂添加到食品中，不仅能预防脂类物质的氧化，同时还能改善食品的质构、口感，改进食品的品质，增强稳定性，延长货架期。例如，大米抗氧化肽可添加到婴幼儿配方奶粉中，不仅可防止奶粉氧化变质，而且作为一种重要的植物蛋白来源，有益婴幼儿营养吸收，促进婴幼儿生长、发育。还可作为一种天然抗氧化剂添加到保健食品，如卵磷脂中，防止卵磷脂氧化。另外，大米抗氧化肽本身可制成胶囊或口服液等制品，用于清除人体中的自由基，具有解毒、延缓衰老、减轻疲劳等多种保健功能。

②在化妆品中的应用。

皮肤的老化、粗糙、色斑等问题，都与皮肤氧化有关。大米抗氧化肽作为一种安全的抗氧化剂，可添加到护肤霜、面膜、唇膏等多种护肤品中，起到嫩肤淡斑的效果。同时也可以防止化妆品中脂质成分的氧化。

2）大米 ACE 抑制肽

高血压是一种以动脉收缩压或舒张压增高为特征的临床综合征，并会引起心脏、血管、脑和肾脏等器官功能性或器质性改变的危险因子。血管紧张素转换酶（angiotensin converting enzyme，ACE）是广泛存在于人体组织及血浆中的一种酶，它在血压调节方面有很重要的作用。血管紧张素转换酶抑制剂（angiotensin converting enzyme inhibitor，ACEI）是通过竞争性抑制血管紧张素转换酶而发挥作用的一类药物。其降压作用主要通过抑制血管紧张素转换酶，阻止血液及组织中血管紧张素 II 的形成而实现。血管紧张素 II 是体内最强的缩血管物质，且能促进醛固酮分泌，导致水、钠潴留及促进细胞肥大、增生，与高血压及心肌肥厚等疾病的形成具有密切关系。

1977 年，Cushma 等提出了一个有关降压肽作用的模型假说，后来，许多研究学者都以该模型来解释降压肽的作用机理。ACE 抑制肽是一类具有 ACE 抑制活性的多肽物质，属于竞争性抑制剂，它在人体肾素 - 血管紧张素系统（renin-angiotensin system，RAS）和激肽释放酶-激肽系统（kallikrein-kinin system，KKS）中对机体血压和心血管功能起着调节作用。RAS 和 KKS 的平衡协调对维持正常的血压有重要的作用。ACE 在这两种系统中具有非常重要的作用，当 ACE 活性升高时会破坏正常体液中升压和降压体系的平衡，使血管紧张素 II 生成过多，体系中扩张血管的物质缓激肽和前列腺素合成减少，导致血压升高。因此，抑制 ACE 的活性对降低血压有着很重要的作用。

ACE 抑制肽是一类能够降低人体血压的小分子多肽物质，它可以通过抑制 RAS 系统中的血管紧张素转换酶的活性而降低血压。自 1965 年 Ferreirra 首次从巴西蝮蛇毒液中分离提取出 ACE 抑制肽以来，人们现已从不同的动植物蛋白资源中提取并分离出 ACE 抑制肽。目前 ACE 抑制肽的食物来源，主要有天然提取 ACE 抑制肽、乳源蛋白、发酵食品以及动植物蛋白。

天然 ACE 抑制肽即直接从天然物质中分离提取而得到的一类具有抑制 ACE 活性的多肽类物质。Suetsuna 分离提取出大蒜中具有 ACE 抑制活性的肽类物质，进一步分离纯化获得 7 种具有 ACE 抑制活性的二肽，且均具有降血压的作用。

Saito 等通过对清酒和清酒酒糟的研究，分离和鉴别了多种 ACE 抑制肽，这些抑制肽含较少的氨基酸残基且 C 端为 Tyr 或 Trp 残基。

自发现可以通过蛋白酶水解蛋白质的方式获得具有 ACE 抑制活性的肽之后，人们也开始关注用动植物原料蛋白质经处理后获得 ACE 抑制肽的研究。目前对大豆蛋白源制备大豆 ACE 抑制肽的研究较为深入。在 1995 年，Shin 等利用韩国豆酱分离提取出大豆 ACE 抑制肽，其半抑制浓度 IC_{50} 值为 2.2μg/mL，具有较好的降压效果。Zealk 等分离大豆蛋白肽中具有较强 ACE 抑制活性的片段并确定了氨基酸序列，通过体内实验测定，所得肽具有较强的抗高血压的活性。Miyoshi 等利用嗜热菌蛋白酶水解玉米醇溶蛋白，获得一种具有降低血压作用的活性肽，由此开发出一种可作为功能食品使用的玉米多肽混合物"缩酸"。Wu等以脱脂的芸苔水解物先经过交联葡聚糖凝胶 G-15 进行分离，接着将其中的高活性组分经高效液相色谱法纯化，得到两种降压肽 Val-Ser-Val 和 Phe-Leu，其 IC_{50} 分别为 0.15μg/mL 和 1.33μg/mL。在 2001 年，Arihara 等研究了 8 种蛋白酶对猪的骨骼肌蛋白水解液，通过比较得出，嗜热菌蛋白酶的水解产物对血管紧张素转换酶的抑制效果最好，测定其氨基酸序列为 Pro-Pro-Lys、Met-Asn 和 Ile-Thr-Thr-Asn-Pro。此外，人们还从海水鲤鱼、金枪鱼、南极磷虾中发现了降压效果很强的 ACE 抑制肽。

（1）工艺流程。

碎米或米渣→提取米蛋白→粉碎→制备大米蛋白悬浊液→调节 pH→调节温度→蛋白酶酶解→灭酶→离心过滤→真空冷冻干燥→ACE 抑制肽

（2）工艺要点。

①原料及其处理。选用碎米为原料时，首先，需进行米蛋白的提取，可采用碱溶酸沉法来提取大米蛋白。选用米渣为原料时，原料需要首先经过水洗除杂。②粉碎可改善米蛋白的溶解性能，有利于酶解的进行。③大米蛋白悬浊液的制备。按照料液比为 3～5g 干米蛋白粉/100mL 去离子水的比例配制蛋白悬浊液。④将大米蛋白悬浊液的温度和 pH 调节到所用蛋白酶的最适作用温度和 pH 条件下。例如，选用风味蛋白酶时，温度应控制在 50℃，pH 为 7.0。应适当控制酶的添加量和酶解时间，确保水解有利于产生高活性的 ACE 抑制肽。⑤灭酶。酶解完成后，升温至 90～95℃，保持 10min，将达到灭酶效果。⑥离心过滤。3000r/min 条件下离心10min，收集上清液。⑦浓缩、干燥。上清液经真空浓缩、冷冻干燥，得到 ACE抑制肽干粉制品。

（3）大米 ACE 抑制肽的应用。

通常，用于治疗高血压的药物都具有一定的副作用，经常服用会对患者的肾脏、心脏、胃肠等器官造成不良影响。而大米 ACE 抑制肽却无任何毒副作用，同时，大米 ACE 抑制肽对血压的降低作用比较缓慢，降压效果平缓，且持续时间较长。而目前大米 ACE 抑制肽的质量和稳定性还有待进一步提高，因此，进一步研究和优化大米 ACE 抑制肽的生产工艺，优化其生产技术、提高产品质量，将是一个值得继续研究的课题。

4.2.4　碎米其他加工及利用

大米常见的食用方式除了米饭和米粥之外，还有一些大米加工制品，如米粉、米糕等。这些制品一般要求对大米进行粉碎，为了降低成本，可以考虑直接利用碎米。由于米粉产量高，市场潜力大，作为一种重要的大米加工食品，米粉以其方便快捷、营养合理、口味丰富等特点成为我国南方地区包括港澳台地区餐饮业的重要组成部分，在世界许多地区也可品尝到不同风味的米粉。国外对米粉的应用较多。日本食品公司利用米粉为原料制成用于肉类加工的添加剂，可提高肉汁和水分含量，增加产品的柔软性和强化制品的风味、色泽等品质指标。这种添加剂主要应用于瘦肉质的肉品、炖焖类制品及鸡肉产品的加工中；加拿大开发大米软状产品，其中米原料占 87%，还以米粉代替小麦粉制面条、通心粉，有优良的吸附各种香气的性能，比以小麦粉为原料的产品油脂及热量低、钠含量低，不含谷朊蛋白。美国农业部南部研究中心研究开发的改进米淀粉新产品"ricemic"，是以大米粉为原料，先分离蛋白质，再经加热和酶处理工艺加工成 100% 延缓消化、50% 加快消化和 50% 延迟消化的改性米淀粉制品。国外的面包除面粉制作的之外，还有用面粉-米粉做成的，甚至是用全米粉做成的。用米粉做面包不但丰富了面包品种，而且扩大了米的用途，提高了米的利用率。同时还为某些特殊的患者带来了好处。例如，对吃面粉面包有消化道过敏的人，可提供低蛋白质膳食。应用米粉生产面包，目前在我国尚未有研究报告或作为商品出售。大米是我国的粮食之一，研究开发米粉面包对提高碎米或次米的利用价值，丰富市场供应商品，满足某些人的特殊需要无疑是很有意义的，同时也还有节粮的意义。用米粉加工蛋糕，不仅扩大了大米的应用范围，提高了大米的价值，而且其产品别有一番风味。以碎米粉等为原料，添加到香肠中，不但可以增加香肠的花色品种，而且使香肠脂肪含量减少 50%，热量减少 40%。同时，大米又起黏着剂的作用，赋香肠以米香、保水性好、口感好的效果。将碎米磨成米粉，制成大米豆腐，其质量、口感能和黄豆豆腐相媲美，在市场上也有一定的销路。总之，应充分利用碎米资源，实现农副产品的加工增值；开发稻谷加工新产品以适应不同消费群体的需要；改善和提高稻谷食用风味与营养，使之具有良好的社会效益和经济效益。

4.3　米　　糠

　　米糠是把糙米碾成大米时所产生的种皮、外胚乳和糊粉层的混合物。我国每年产稻谷 1.85 亿 t，产出米糠约 1000 万 t，占稻谷质量的 5%～7%。米糠集中了 64% 的稻谷营养素，含有丰富和优质的蛋白质、脂肪、多糖、维生素、矿物质等营养素和生育酚、生育三烯酚、γ-谷维醇、28 碳烷醇、角鲨烯、神经酰胺等生理功能卓越的活性物质，这些成分具有预防心血管疾病、调节血糖、减肥、预防肿瘤、抗疲劳、美容等多种功能。米糠不含胆固醇，其必需氨基酸构成与 FAO/WHO

（联合国粮食及农业组织/世界卫生组织）的蛋白质氨基酸构成的理想模式基本一致，更重要的是，米糠中还含有一般食物罕见的长寿因子谷胱甘肽。在人体内，谷胱甘肽通过谷胱甘肽过氧化酶的催化，可与过氧化物发生反应，还原过氧化物，避免其对人体造成危害。同时，米糠所含脂肪主要为不饱和脂肪酸，必需脂肪酸含量达 47%，还含有 70 多种抗氧化成分。因此，米糠在国外被誉为"天赐营养源"。而在我国，长期以来，米糠都作为一种饲料使用，经济效益不明显。近年来，我国对米糠的综合利用进行了一系列的研究，并在一些方面已经取得了一定的进展。

4.3.1　米糠功能性油脂

　　米糠中含油脂 16.13%，其中中性油脂、糖脂分别为 75.20%、16.71%，其余为磷脂。从米糠中提取高营养米糠油，油中含有 80% 以上的亚油酸等不饱和脂肪酸、丰富的谷维素、维生素、磷脂及植物甾醇。其营养价值超过豆油、菜籽油，能有效地降低血液中低密度胆固醇浓度，提高有益的高密度胆固醇浓度，可预防高血压、皮肤病。米糠油中的磷脂是人体神经系统正常运转的必需物质，可预防神经紊乱，是健脑物质。米糠油中含有糖脂，有降血糖、抗肿瘤等功效。米糠油在欧洲、美洲、日本等地十分畅销，可用作烹调用油。从米糠中可分离出蜡质、单葡萄糖基甘油酯、双葡萄糖基甘油酯、三和四葡萄糖基甘油酯、糖脂、抗肿瘤活性的脂肪酸等功能性油脂，这些功能性油脂经常被应用于食品及药品中。

　　米糠油所含脂肪酸的质量分数分别为饱和脂肪酸 15%～20%，不饱和脂肪酸 80%～85%。其组成为棕榈酸 13%～18%、油酸 40%～50%、亚油酸 26%～35%。米糠油所具有的气味芳香、耐高温煎炸、耐长时间储存和几乎无有害物质生成等优点，受到世界上许多发达国家的普遍关注，成为继葵花籽油、玉米胚油之后的又一优质食品用油。米糠油在食品工业中作为油炸食品用油，对于鱼类、休闲小吃的风味有增效作用。米糠油可用于制造人造奶油、人造黄油、起酥油和色拉油等。米糠油也可作为各种烹饪菜食的佐料，有激发食欲和改善消化的作用。米糠油中含量很高的不饱和脂肪酸可以改变胆固醇在人体内的分布状况，减少胆固醇在血管壁上的沉积，用于防治心血管病、脂血症及动脉硬化症等疾病。米糠油中含有维生素 E、角鲨烯、活性脂肪酶、谷甾醇和阿魏酸等成分，对于调整人体生理功能、健脑益智、消炎抗毒、延缓衰老都具有显著的作用。因此，米糠油不仅是一种营养丰富的食用油，而且也是一种天然绿色的健康型油脂。

　　米糠制油目前有三种生产工艺，分别是机械压榨法、溶剂浸出法、酶催化处理法。

1. 机械压榨法

　　机械压榨法操作工艺：

清选→蒸炒→饼粕→压榨→过滤

1）清选

可用风选、筛选等方法去除米糠内的碎米及其他杂质。

2）蒸炒

将米糠直接放入平底炒锅中，温度为 120℃，蒸炒时间为 10min 左右。或将米糠放入立式多层蒸炒锅内，加入水，使其含水量达 25%，蒸炒压力为 490～686.6kPa，结束时温度为 130℃，水分含量为 4%～5%。

3）饼粕

将蒸炒好的料坯放入螺旋式压饼机中压榨成饼粕，做饼速度要快。

4）压榨

用 90 型或 95 型榨机进行压榨，压榨时先快榨，时间为 3～5min，然后慢榨，待大部分油被压榨出来后再进行沥油，沥油时用高压泵升压至顶点。

5）过滤

将压榨好的毛糠油用帆布或双层白布在滤油机上过滤，过滤温度控制在 70℃。压榨出来的毛糠油，必须经过精炼才能食用。

2. 溶剂浸出法

新鲜米糠中一般含有 18%～25%的油脂。其含油量取决于稻谷种类、大米脱皮程度、储存条件和储存时间。溶剂浸出法采用有机溶剂对米糠中的油脂进行浸提，以往常采用的浸提剂是己烷，己烷作为浸提剂存在着易燃、挥发性大、沸点高、对人体有害等特点。己烷在 1990 年被美国"净化空气行动"列为空气污染物之一，因此新的浸提剂不断涌现，而异丙醇则是近年来比较好的替代浸提剂。

3. 酶催化处理法

酶催化处理法已广泛应用于橄榄油、菜籽油、大豆油、葵花籽油、花生油等油脂的制取。近年来在米糠油的提取中也有所应用。酶催化浸出工艺优于其他制取工艺，其几乎可有效地从米糠中获取全部油脂。油脂质量优异，粕中蛋白质含量高，灰分和纤维含量低，残粕可作为家畜饲料或其他食品用。酶催化浸出工艺如下。

1）米糠的预处理

米糠磨成粉状（20 目）同水混合，在 95℃加热 15min 以钝化脂肪酶的活性或米糠在 120℃蒸炒 1min 而取代水热处理。

2）酶浸出

预处理米糠冷却，用 HCl 将水和米糠混合物的 pH 调至 4.5，加入果胶酶和纤维素酶，在指定温度下进行酶催化反应。

3）油和其他组分的收集

限定催化反应后，提高米糠-水混合物温度，维持 80℃达 5min 以破坏酶的活性，加入浸提剂浸出油脂。水酶催化浸出工艺取决于温度、酶反应时间、酶用量、米糠浓度、己烷用量等。

4.3.2 米糠多糖

20 世纪 80 年代，日本学者发现米糠中含有抗肿瘤成分，其化学成分是一种活性多糖，从此米糠多糖引起了人们的兴趣。日本研究开发米糠多糖最多，其产品丰富。多糖有增强免疫力、促进网状内皮组织增殖和提高吞噬细胞吞噬能力的功能；有抑制大肠杆菌、李斯特菌和绿脓杆菌等细菌活性的作用；有提高免疫和抗肿瘤活性的功能。有些米糠半纤维素（RBH）能促进肠内双歧杆菌增殖，可作为有效成分配制改善代谢的药材。

米糠多糖主要存在于米糠的细胞壁中，与纤维素、半纤维素、果胶等成分紧密结合。提取水溶性米糠多糖的关键是使多糖从细胞壁中溶解出来，其方法主要有热水浸提法、微波辅助浸提法、酶处理法、高压脉冲提取法等，但这些方法在工业应用上都不是很成熟。其中，最经济、最易推广应用的是热水浸提法。其基本工艺流程如下：

米糠→热水浸提→浸提浑浊液→离心→上清液加酶去淀粉、蛋白质（弃残渣）→离心上清液→醇析→沉淀→粗多糖

在米糠多糖提取的过程中，有一个关键的技术需解决：米糠因含脂肪氧化酶而极易氧化、酸败，需要加以稳定。目前，米糠稳定化方法主要有微波钝化法、冷藏钝化法、化学法、热处理法、挤压法等。

4.3.3 米糠饼

以前，糠饼（粕）主要用作饲料，但脱脂糠饼中除有较丰富的蛋白质外，还有质量分数为 10%左右的植酸钙镁（也称菲丁），有较大的经济价值，提取的植酸钙经进一步加工可获得肌醇（一种水溶性维生素；维生素 B 族中的一种，主要用于治疗肝硬化、肝炎、脂肪肝、血中胆固醇过高等症状）、植酸。植酸作为食品添加剂有广泛的用途（在罐头食品中添加植酸可达到稳定护色效果；在饮料中添加 0.01%～0.05%植酸，可除去过多的金属离子，特别是对人体有害的重金属，对人体有良好的保护作用。在日本、欧美等地常用作饮料除金剂）。

4.3.4　米糠蛋白质

　　米糠蛋白质是一种低过敏的优质蛋白，是一种营养价值较高的植物蛋白。尽管米糠中蛋白质质量分数（12%～20%）相对于其他油料种子（如大豆、花生等）较低，但由于稻谷是我国第一大农作物，种植面积广、产量大，因此其蛋白质资源的数量是不容忽视的。

　　米糠蛋白质中主要是清蛋白、球蛋白、谷蛋白以及谷醇溶蛋白，这四种蛋白质的质量比大致为 37∶36∶22∶5，其中，可溶性蛋白质约占 70%，与大豆蛋白质接近。米糠蛋白质中必需氨基酸齐全，生物效价较高。将米糠与大米中的蛋白质相比较，前者的氨基酸组成更接近 FAO/WHO 的推荐模式，营养价值可与鸡蛋相媲美。米糠蛋白质还有一个最大的优点即低过敏性，它是已知谷物中过敏性最低的蛋白质。因此，米粉是最常见的婴幼儿辅助食品，从大米或米糠中提取的蛋白质可作为低敏性蛋白质原料用于婴幼儿食品中。

　　米糠蛋白质的营养价值虽然较高，但在天然状态下，与米糠中植酸、半纤维素等的结合会妨碍它的消化与吸收。天然米糠中蛋白质的 PER（蛋白质功效比）为 1.6～1.9，消化率为 73%，经稀碱液提取的米糠浓缩蛋白质的 PER 为 2.0～2.5，与牛奶中的酪蛋白接近（PER 为 2.5），消化率高达 90%。为了提高米糠蛋白质的利用价值，宜将其从天然体系中提取出来。

　　目前世界上生产大米蛋白质主要以米粉或碎米为原料，以米糠为原料的产品很少。美国农业部南部地区研究所正在寻找合适的方法实现米糠蛋白质的工业化生产。米糠蛋白质中因含有较多的二硫键，以及与体系中植酸、半纤维素等聚集而不易被普通溶剂（如盐、醇和弱酸等）溶解。另外，米糠的稳定化处理条件、米糠饼的脱溶方式对米糠蛋白质的溶解性也会产生严重影响。湿热处理下，蛋白质非常容易变性，在中性 pH 下，氮可溶性指数（NSI）较未经加热处理的下降 80%。pH 也是影响米糠蛋白质溶解性的最重要因素之一。米糠蛋白质的等电点在 pH 为 4～5，当 pH 小于 4 时，米糠蛋白质的溶解度有小幅上升；但在 pH 大于 7 时，米糠蛋白质的溶解度会显著上升；pH 大于 12 时，90%以上的蛋白质会溶出，因此，过去米糠蛋白质的提取中常用较高浓度的 NaOH 溶液。但是在碱浓度过高的情况下，不仅影响到产品的风味和色泽（提取物的颜色较深），而且蛋白质中的赖氨酸与丙氨酸或胱氨酸还会发生缩合反应，生成有毒的物质（对肾脏有害），丧失食用价值。目前，植物蛋白质的生产工艺中一般要求在高温条件下（高于 50℃），避免使用过高的碱浓度（pH 小于 9.5）。

　　米糠蛋白质及其系列水解产物可以用在很多食品中，如焙烤制品、咖啡伴侣、搅打奶油、糖果、填充料、强化饮料、汤料以及其他调味品中。米糠蛋白质不仅可作为营养强化剂，还会带来一些功能性质，如结合水或脂肪的能力：乳化性、发泡性、胶凝性等。作为蛋白质类添加剂，米糠蛋白质的优势还在于它的价格较低，将它添加到肉、乳制品中可降低产品的成本。日本还利用米糠蛋白质的衍生物（乙酰化多肽钾盐）作为化妆品的配料，它有很好的表面活性，且对皮肤的刺激性小，对毛发的再生和亮泽有较好效果。另外，控制蛋白酶的水解进程，制备具有生理活性的功能肽，是目前国内外食品、医药领域研究的热点。此外，米糠蛋白质中谷氨酰胺和天门冬酰胺的含量较高，通过蛋白酶的水解作用和脱酰胺作用，可生产谷氨酸类的风味增强剂。

4.3.5　米糠纤维

米糠纤维是一种具有很高生物价值的谷物纤维。近十多年来，食品中的膳食纤维引起了世界各国营养学家的极大关注，可预防和控制一些与饮食有关的疾病。米糠中含有丰富的膳食纤维，特别是包含可溶性和不溶性的膳食纤维。不溶性膳食纤维可减少膳食在体内的输送时间，可溶性膳食纤维能降低血清胆固醇，影响食品的结构性质、胶凝性质、稠化性质和乳化性质。不仅如此，米糠纤维中还含有 74 种能消除体内活性氧自由基的抗氧化剂，有广泛的生理功能，对预防和改善冠状动脉硬化造成的心血管病具有重要的作用；可抑制和延缓胆固醇和甘油三酯在淋巴中的吸收，比麦麸纤维的吸附能力强；还具有吸附人体内有害农药，预防肝癌和大肠癌的重要作用。米糠纤维中还有多种最新发现的具有强生理活性的维生素 E，以及多种微量元素（锌、硒、镁等），因此它可作为功能纤维素源，在传统食品中作为营养素源而不影响食品原有的风味和组织结构。

国外已经成功地在稳定化米糠的基础上开发出了多种米糠保健食品和休闲食品，并取得了良好的经济效益。借鉴国外的经验，加大我国米糠的深度开发和综合利用，开发米糠营养功能食品是食品行业的研究方向之一。随着国内经济的迅速发展和人民生活水平的不断提高，米糠将不再局限于食用的单一用途，还应该大力开发米糠在其他领域如医药、日用化学工业等方面的用途。

参 考 文 献

陈辉，林亲录，田蔚. 2008. 耐高温 α-淀粉酶液化大米淀粉制取高麦芽糖浆的工艺研究. 粮食加工，33（3）：39-41

陈玉雄，单玉霞. 1993. 稻壳灰作吸附剂的研究. 粮油仪器科技，（1）：8-9

陈正行，姚惠源，周素梅. 米蛋白和米糠蛋白开发利用. 粮食与油脂，2002，（4）：6-9

程小续. 2010. 以大米淀粉为基质的低 DE 值麦芽糊精的研究. 长沙：中南林业科技大学硕士学位论文

方婧杰，梁盈，林亲录，等. 2012. 大米活性肽功能效应研究方法及其应用前景. 食品与发酵工业，38（9）：119-121

桂向东，王洪. 2009. 大米糟渣中食用蛋白碱法提取的研究. 中国调味品，（4）：68-69

何国庆. 2011. 食品发酵与酿造工艺学. 2 版. 北京：中国农业出版社

洪庆慈. 2002. 新型吸附剂稻壳灰性能研究. 中国油脂，27（1）：29-30

黄宝祥. 2007. 稻壳利用现状综述. 现代农业科技,（6）：113-115

黄正虹, 钟芳, 李月, 等. 酶法改性大米蛋白的研究. 食品与机械, 2009,（1）：28-32

纪俊敏. 2007. 酸化稻壳灰吸附剂制备及脱色性能的研究. 中国油脂, 32（8）：70-72

蒋晶结, 纪明艳, 王玉明, 等. 1995. 稻壳灰的开发利用研究. 哈尔滨师范大学自然科学学报, 11（1）：50-51

蒋艳. 2012. 碎米酶法制备抗氧化肽和 ACE 抑制肽的研究. 合肥：合肥工业大学硕士学位论文

李玥. 2004. 稻壳灰制取大豆精炼中脱色剂的研究. 中国油脂, 29（1）：30-32

林亲录, 肖华西, 喻凤香, 等. 2010. 稻米酶法制取超高纯度麦芽糖浆工艺研究. 食品科学, 31（10）：26-29

林亲录. 2009. 稻米低 DE 值麦芽糊精制取技术：中国, 200910304843

刘恒权, 孙时知, 于欣伟, 等. 2000. 由稻壳发电剩余物——稻壳灰生产白炭黑研究. 无机盐工业, 32（5）：41-44

刘丽娜, 王文亮, 徐同成, 等. 2011. 降血压肽研究现状及其前景分析. 中国食物与营养, 17（6）：64-67

刘星. 2010. 以大米淀粉为原料制取高麦芽糖浆研究初探. 长沙：中南林业科技大学硕士学位论文

刘英, 陈运中. 2002. 碎米综合利用新途径. 粮食与油脂,（3）：38-39

吕莹果, 季慧, 张晖, 等. 2009. 米糠资源的综合利用. 粮食与饲料工业,（4）：19-22

罗云波, 生吉萍. 2011. 食品生物技术导论. 2 版. 北京：中国农业大学出版社

欧阳东. 2003. 稻壳灰中的 SiO_2 及其在混凝土中的应用. 农业环境科学学报, 22（3）：374-375

彭清辉, 林亲录, 陈亚泉. 2008. 大米蛋白研究与利用概述. 中国食物与营养, 8：34-36

彭志英. 2008. 食品生物技术导论. 北京：中国轻工业出版社

申衍豪, 刘芳. 2010. 酶法制备大米活性肽及抗氧化性的研究. 现代农业科技, 23：319-321

申衍豪. 2011. 大米抗氧化活性肽的分离纯化和性质研究. 长沙：中南林业科技大学硕士学位论文

史云丽. 2009. 酶法制备大米抗氧化活性肽的研究. 长沙：中南林业科技大学硕士学位论文

田蔚, 林亲录, 刘一洋. 2009. 米渣蛋白的提取及应用研究. 粮食加工, 34（2）：31-33

王章存, 申瑞玲, 姚惠源. 2004. 大米蛋白开发利用. 粮食与油脂,（1）：12-14

席文博, 赵思明, 刘友明. 大米蛋白分离提取的研究进展. 粮食与饲料工业, 2003,（10）：45-47

尤新. 2010. 淀粉糖品生产与应用手册. 2 版. 北京：中国轻工业出版社

张君慧. 2009. 大米蛋白抗氧化肽的制备、分离纯化和结构鉴定. 无锡：江南大学博士学位论文

张名位. 2000. 特种稻米及其加工技术. 北京：中国轻工业出版社

张文彬, 蔡保, 徐艳丽. 2010. 我国生物燃料乙醇产业的发展. 中国糖料, 3：58-63

赵思明, 刘友明. 2003. 大米蛋白分离提取的研究进展. 粮食与饲料工业,（1）：45-47

Andrew P. 1996. X-ray diffraction and scanning electron microscope studies of processed rice hull silica. Journal of the American Oil Chemists' Society, 67（9）：576-583

Arihara K, Nakashima Y, Mukai T, et al. 2001. Peptide inhibitors for angiotensin I-converting enzyme from enzymatic hydrolysates of porcine skeletal muscle proteins. Meat Science, 57（3）：319-324

Chakraverty A, Mishra P, Banerjee H D. 1988. Investigation of combustion of raw and acid-leached rice hull for production of pure amorphous white silica. Mater Science, 23（12）：21-25

Chandrasekhar S, Pramada P N, Raghavan P, et al. 2002. Microsilica from rice husk as a possible substitute for condensed silica fume for high performance concrete. Journal of Materials Science Letters, 21（12）：1245-1247

Krishnarao R V, Subramanyam J, Kumar T J. 2001. Studies on the formation of black particles in rice husk silica ash. Journal of the European Ceramic Society, 21（7）：99-104

Saito Y, Wane Z K, Kawato A. 1994. Structure and activity of angiotensin I coverting enzyme inhibitory peptides from sake and sake lees. Bioseienee, Bintechnology, and Biochemistry, 58（10）：1767-1771

Suetsuna K. 1998. Isolation and characterization of angiotensin I-converting enzyme inhibitor dipeptides derived from *Allium sativum* L（garlic）. The Journal of Nutritional Biochemistry，（9）：415-419

Wu J P，Aluko R E，Muir A D. 2008. Purification of angiotensin I-converting enzyme-inhibitory peptides from the enzymatic hydrolysate of defatted canola meal. Food Chemistry，111：942-950